Christian Jäkel

ZUKUNFT MADE IN EUROPE

ZUKUNFT MADE IN EUROPE

Nachhaltigkeit und Digitalisierung als Wachstumsmotor – ein Manifest für eine selbstbestimmte europäische Wirtschaft

von

Christian Jäkel

Covergestaltung: Buchschmiede

Druck und Vertrieb im Auftrag der Autorin/des Autors:
Buchschmiede von Dataform Media GmbH
Julius-Raab-Straße 8
2203 Großebersdorf
Österreich

www.buchschmiede.at – Folge deinem Buchgefühl!
Kontaktadresse nach EU-Produktsicherheitsverordnung:
info@buchschmiede.at

ISBN:
978-3-99192-201-8 (Paperback)
978-3-99192-188-2 (Hardcover)
978-3-99192-189-9 (E-Book)

Aus Gründen der leichteren Lesbarkeit wird im folgenden Text gelegentlich auf eine geschlechtsspezifische Differenzierung, wie zum Beispiel Teilnehmer und Teilnehmerinnen verzichtet. Im vorliegenden Text wird die männliche und/ oder weibliche Form benutzt. Im Sinne des Gleichbehandlungsgesetzes sind diese Bezeichnungen als nicht geschlechtsspezifisch zu betrachten, sondern schließen beide Formen gleichermaßen mit ein. Bei der Erstellung dieses Buches wurden KI-gestützte Tools zur Recherche und zur Optimierung des Schreibprozesses eingesetzt.

Inhalt

Warum dieses Buch entstanden ist und Sie es lesen sollten

Industrieunternehmen, eine europäische Erfolgsgeschichte geprägt von Ingenieurskunst, Prozessen und Management-Wissenschaften – dieses Bild beherrschte viele Jahre die Wahrnehmung der Unternehmensführung. Dabei standen Effektivität und Effizienz im Vordergrund der Unternehmungen und alles, was scheinbar nicht von Nöten war, wurde dieser Philosophie geopfert. Der Mensch, degradiert als Lückenbüßer für Aufgaben in Produktionsprozessen, welche sich nicht maschinell ausführen, oder durch digitale Prozesse ablösen ließen. Verfolgt man die heutige Entwicklung von Industrieunternehmen im internationalen Kontext, muss man sich zwangsläufig die Frage stellen, wie lange der Mensch grundsätzlich noch geduldet wird. Paradoxerweise beschleunigt die technischen Entwicklungen, die weltweite Klimaerwärmung, der Tech- und Wirtschaftskrieg zwischen den USA und China und die damit verbunden Fragen nach Ethik und Moral, die Re-Integration der Menschlichkeit. All diese geopolitischen Veränderungen werden begleitet von der Neubewertung menschlicher Fähigkeiten und die Ambition, das Richtige zu tun. Der Schritt nach vorne bedeutet die Nutzung neuer Technologien im Einklang mit europäischen Wertevorstellungen, Schulterschlüssen und Mut – nicht, weil wir es können, sondern weil der europäische Markt es fordert.

In diesem Buch gehe ich der Frage nach, wie die neuen Technologien der europäischen Industrie helfen, nachhaltig zu wirtschaften. Denn Nachhaltigkeit und Digitalisierung sind kein Dilemma – ganz im Gegenteil. Viel mehr unterstützen sie Entwicklungen und schaffen eine neue Art von Effektivität und Effizienz. Dabei soll dieses Buch kein Ratgeber sein, wie Industriekapitäne mit den Herausforderungen dieser Zeit umgehen sollen, sondern viel mehr ein Impulsgeber für jene, die sich dieser Herausforderung stellen wollen. Bevor wir die Frage des „Wie“ beantworten können, braucht es eine klares Commitment zum „Was“, damit wir in Europa die uns sich bietenden Möglichkeiten nutzen und nachhaltig die Zukunft Europas gestalten.

Es war an der Zeit, meine Gedanken und Notizen aus Fachzeitschriften, Literatur und vielen, vielen Gesprächen mit Referenten, Spezialisten, Meinungsbildnern und Interessierten zusammenzufassen und in dieses Buch zu transformieren. Einiges wird Ihnen nicht Neu erscheinen, aber auch kein bisschen weniger in die Zeit passend, in der wir aktuell leben. Mein Ziel ist es, eine positive Wahrnehmung heutiger Möglichkeiten und die richtige Einstellung zum Handeln zu vermitteln. Denn nur mit den richtigen moralischen Ambitionen, wird Europa auch in Zukunft eine wichtige Rolle in den geopolitischen Entwicklungen einnehmen.

Einleitung

Europa steht an einem entscheidenden Punkt seiner Geschichte. Die Herausforderungen, vor denen wir stehen – vom Klimawandel über soziale Ungleichheiten bis hin zu technologischen Umwälzungen – sind von globaler Tragweite. Und doch liegt die Antwort auf viele dieser Fragen in unserem unmittelbaren Umfeld. In unserer Fähigkeit, über nationale Grenzen hinauszudenken. In unserem Willen zur Zusammenarbeit. In unserem europäischen Geist.

„Zukunft made in Europe" ist mehr als ein Titel. Es ist ein Versprechen. Eine Haltung. Eine Einladung an alle, die überzeugt sind, dass Fortschritt und Verantwortung kein Widerspruch sind, sondern ein gemeinsamer Weg. Eine Zukunft *aus* Europa bedeutet nicht, sich abzugrenzen, sondern sich einzubringen: mit Ideen, mit Wissen, mit Mut.

Wir dürfen mit Stolz auf das blicken, was Europa historisch hervorgebracht hat: Aufklärung, Sozialstaat, technische Revolutionen, demokratische Prinzipien und ein tiefes Verständnis für den Wert der Freiheit. Heute stehen wir erneut an der Schwelle einer großen Transformation. Und wieder hat Europa die Chance – ja, die Pflicht – voranzugehen. Im Zentrum dieser Transformation stehen zwei miteinander verwobene Kräfte: **Digitalisierung** und **Nachhaltigkeit**. Ob künstliche Intelligenz, grüne Energie, zirkuläre Wertschöpfung oder ressourcenschonende Produktion – europäische Unternehmen, Forschungseinrichtungen und politische Akteure setzen weltweit Maßstäbe. Sie zeigen, dass technischer Fortschritt und ökologische Verantwortung Hand in Hand gehen können und müssen.

Der EU Green Deal ist nicht nur ein politisches Rahmenwerk. Er ist Ausdruck eines zivilisatorischen Anspruchs. Er macht deutlich: Wir wollen nicht nur wachsen. Wir wollen *nachhaltig wachsen*. Nicht schneller, sondern besser. Nicht auf Kosten anderer, sondern zum Wohl aller.

Der Schulterschluss Europas: Verantwortung als Stärke

Diese Aufgabe kann kein Mitgliedsstaat allein schultern. Sie erfordert einen echten europäischen Schulterschluss zwischen Nord und Süd, Ost und West, Industrie und Politik, Forschung und Gesellschaft. Eine Zukunft „made in Europe" bedeutet auch, niemanden zurückzulassen. Gerade wirtschaftlich schwächere Regionen Europas verdienen besondere Aufmerksamkeit. Nicht aus Mitleid, sondern aus Einsicht: Europas Stärke liegt in seiner Vielfalt. Wenn wir es schaffen, Strukturschwächen durch gezielte Innovation, durch Investitionen in Bildung, Infrastruktur und Technologie auszugleichen, wird Europa als Ganzes robuster, gerechter und vor allem auch wettbewerbsfähiger. Denn auch wirtschaftliche Leistungsfähigkeit und soziale Gerechtigkeit sind kein Gegensatz. Im Gegenteil: Sie bedingen einander. Es braucht faire Regeln für die Märkte und eine gemeinsame Industriepolitik, die nicht nur globale Wettbewerbsfähigkeit sichert, sondern auch den Menschen vor Ort Perspektiven bietet.

Wissenschaft und Innovation: Europas leiser Triumph
Während anderswo die Schlagzeilen von Tech-Giganten und Milliardären dominiert werden, arbeitet Europas Forschungslandschaft oft im Stillen, aber mit umso größerer Wirkung. In Bereichen wie Quantenphysik, Biotechnologie, grüner Chemie, nachhaltiger Energiegewinnung oder Datenschutz-Architekturen setzt Europa weltweit Standards. Die Grundlagenforschung, gefördert durch EU-Programme wie „Horizon Europe“, ist der Humus, aus dem künftige Innovationen erwachsen. Europas Modell: nicht blinder Fortschrittsglaube, sondern kluge, ethisch reflektierte Technologieentwicklung. Wie es ein Vorstandsmitglied der Mercedes-Benz Group AG ausdrückt: *„Wir entwickeln Technologien nicht, weil wir es können, sondern weil wir wissen, warum wir es tun.“* Diese Haltung macht Europa besonders. Sie macht es glaubwürdig. Und sie macht es zukunftsfähig.

ESG & Digitalisierung: der europäische Weg
Wenn man die großen Herausforderungen unserer Zeit auf zwei Begriffe verdichten möchte, dann wären es diese: ESG – also Umwelt, Soziales und gute Unternehmensführung – und Digitalisierung. Die Verzahnung beider Bereiche entscheidet darüber, wie wir in Zukunft wirtschaften, leben und arbeiten. Europa hat hier nicht nur reagiert, sondern es hat gestaltet. Mit der Corporate Sustainability Reporting Directive (CSRD), mit der KI-Verordnung, mit der Taxonomie-Verordnung und der Digitalstrategie ist ein regulatorisches Fundament gelegt worden, das weltweit Beachtung findet. Mehr noch: Europas Unternehmen beginnen, daraus einen Wettbewerbsvorteil zu machen. Wer ESG-Prinzipien von Anfang an in die Produktentwicklung,

Lieferkette und Unternehmensführung integriert, ist nicht nur resilienter, sondern attraktiver – für Investoren, Mitarbeitende, Kunden.
In den Worten einer Führungskraft von ENGIE: *„Transparenz, Nachhaltigkeit und Digitalisierung sind für Europa kein Korsett – sie sind unser Kapital.“*

Die Kraft des Gemeinsamen

„Zukunft made in Europe“ will nicht belehren – es will ermutigen. Es will zeigen, was möglich ist, wenn wir das Verbindende über das Trennende stellen. Wenn wir bereit sind, gemeinsam zu lernen, zu investieren und zu verändern. Ob Mittelständler im ländlichen Raum, Forschungsteam an einer europäischen Universität oder Start-up in einer Metropole – überall gibt es Menschen, die mit Kreativität und Überzeugung an Lösungen arbeiten. Sie sind es, denen dieses Projekt gewidmet ist. Denn die Zukunft wird nicht gemacht von den Lautesten, sondern von den Überzeugtesten.
Europa hat das Zeug dazu, eine führende Rolle in der Welt von morgen zu spielen, wenn wir unsere Stärken bündeln und entschlossen handeln. Machen wir uns auf den Weg. Gemeinsam. Für eine Zukunft – *made in Europe*.

TEIL I:
Die große Zeitenwende

Von der Werkbank zur Zeitenwende – Industrie im Umbruch

„Der Wind weht wieder durch die Hallen der Industrie – doch diesmal ist es der Sturm der Erneuerung.“ – frei nach Rutger Bregman

Europa, dieser alte, stolze Kontinent, der Kathedralen baute, Demokratie erfand und Maschinen zu denken lehrte, steht an einem Moment der Wahrheit. Man könnte es auch so sagen: Die industrielle Erfolgsstory Europas ist in die Jahre gekommen – müde, etwas eingerostet, mit Rückenschmerzen von Jahrzehnten des Wettbewerbs. Und doch spürt man da wieder ein Kribbeln. Nicht in den Gliedern vielleicht, aber in den Fabrikhallen, den Forschungslaboren, den politischen Hinterzimmern. Etwas verändert sich. Oder besser: Es muss sich verändern.

Der Begriff „Zeitenwende“ ist mittlerweile ein politischer Dauerbrenner, aber selten wurde er so treffend wie in der Industrie gebraucht. Denn was hier passiert, ist mehr als ein technologisches Update. Es ist eine systemische Neuausrichtung – ein Weckruf, ein Risiko und eine Chance in einem. Europa steckt fest zwischen den Mühlsteinen globaler Machtspiele, Ressourcenmangel und digitaler Transformation. Doch anstatt in Selbstmitleid zu versinken, wäre jetzt genau der richtige Moment, die Ärmel hochzukrempeln.
Ein Beispiel: Ein deutscher Mittelständler im Maschinenbau, nennen wir ihn Herr Brunner, sieht sich plötzlich konfrontiert mit Lieferverzögerungen aus Fernost, schwankenden Energiepreisen und dem Nachwuchs, der lieber KI in Start-ups programmiert als Getriebe fräst. Was also tun? Brunner bestellt keine Broschüren mehr vom Wirtschaftsministerium, sondern denkt um. Er verlagert Teile seiner Fertigung zurück, investiert in gebrauchte, aber vernetzte CNC-Maschinen, und arbeitet mit einer Hochschule an einem Zero-Waste-Prozess. Aus der Not wird eine Tugend.

Diese Tugend braucht es jetzt im Großen. Denn Europa ist rohstoffarm, aber ideenreich. Wir sitzen nicht auf Bergen von Lithium, dafür auf Jahrzehnten an ingenieurtechnischem Know-how und einem gesellschaftlichen Bewusstsein

für Nachhaltigkeit, das seinesgleichen sucht. Während andere noch über Recycling philosophieren, bauen europäische Städte längst urbane Minen: alte Smartphones, Windräder, Autowracks – alles wertvolle Rohstoffquellen. Man könnte sagen: Unsere Mülltonne ist unser neuer Erzberg (Petrov et al., 2021).
Die Zahlen sprechen eine klare Sprache: Über 80 Prozent der in Europa benötigten seltenen Erden kommen aus China, und bei Lithium für Batterien liegt der Importanteil bei nahezu 100 Prozent (EU-Kommission, 2023). Diese Abhängigkeit ist nicht nur wirtschaftlich problematisch, sie ist strategisch gefährlich. Denn in einer Welt, in der Versorgungsketten zum geopolitischen Spielball geworden sind, bedeutet Abhängigkeit immer auch Verwundbarkeit.

Und doch ist nicht alles Gold, was glänzt. Die politische Kleinstaaterei bremst. Statt einer **„Buy European"-Strategie** verheddern wir uns in Ausschreibungsverfahren, die selbst Sisyphos entnerven würden. Die Industriepolitik ist oft mehr Flickenteppich als Masterplan. Und während China Chipfabriken aus dem Boden stampft, diskutieren wir über die korrekte Anzahl an Parkplätzen für Batteriefabriken. Es ist, als wollte man ein Elektroauto mit den Standards einer Pferdekutsche zertifizieren.
Anstatt den Kopf in den Sand zu stecken – oder wie man in Brüssel sagen würde: „eine mehrjährige Rahmenstrategie zu entwickeln" – sollten wir beginnen, mutiger zu denken. Die Realität braucht nicht mehr Papier, sie braucht mehr Pragmatismus. Warum keine europäische Rohstoffagentur, die Recycling und Importstrategien koordiniert? Warum keine Innovationssteuer, die belohnt, wer wirklich umstellt, statt nur Zertifikate zu handeln? Oder eine europäische Ausbildungsreform, die nicht in Silos, sondern in Systemen denkt: dual, digital, dezentral.

Die Welt wird schneller, komplexer, vernetzter – und Europa darf sich nicht länger als reifer, aber gemütlicher Zaungast der Geschichte verhalten. Oder wie es der österreichische Altvizekanzler Erhard Busek (ÖVP, Vizekanzler 1991-95) ausgedrückt hat: *„Ein bissl aufwachen tät' uns gut."* – und diese Warnung gilt heute mehr denn je.
Die industrielle Renaissance Europas beginnt nicht mit einem Gesetz, sondern mit einer Haltung. Einer Haltung, die sagt: Ja, wir haben Probleme. Aber wir haben auch Lösungen. Und nicht selten liegt die Lösung in der Kombination von Altem und Neuem. Ein traditionsreicher Maschinenbauer kann zum

Green-Tech-Pionier werden. Eine ehemalige Kohleregion zur Wasserstoffdrehscheibe. Ein arbeitsloser Hilfsarbeiter zum Spezialisten für Robotikwartung. Es braucht dafür vor allem eines: Vertrauen. Vertrauen in die Innovationskraft unserer Unternehmen. Vertrauen in die Lernfähigkeit unserer Gesellschaft. Vertrauen in die Koordinationskraft unserer Politik – auch wenn letzteres zugegeben manchmal viel Geduld erfordert.

„Strategische Autonomie ist mehr als ein politisches Schlagwort. Sie ist die Voraussetzung dafür, dass Europa im 21. Jahrhundert nicht zum Zuschauer wird“ (Fareri et al., 2023). Und dafür braucht es nicht nur Programme, sondern unternehmerischen Mut und gesellschaftlichen Rückhalt. Denn es geht um mehr als Märkte. Es geht um die Fähigkeit, als Kontinent wirtschaftlich, technologisch und sozial zu bestehen.
Vielleicht sollten wir lernen, wieder zu träumen. Nicht von der Rückkehr vergangener Glanzzeiten, sondern von neuen Formen industriellen Fortschritts. Ein Europa, das High-Tech und Nachhaltigkeit verbindet. Das wieder Maschinen exportiert – aber solche, die Windräder bauen, Plastik zersetzen oder CO_2 abscheiden. Das Arbeitsplätze schafft, die Sinn stiften. Und das jungen Menschen sagt: Deine Zukunft liegt nicht in Kalifornien. Sie liegt gleich hinterm Gewerbepark. Die Zeitenwende ist also auch ein Kulturwandel. Weg von der Illusion unbegrenzten Wachstums, hin zu einem industriellen Humanismus. Ein System, das ökologische Grenzen respektiert und soziale Teilhabe sichert. Ein Europa, das keine Angst hat, mutig zu sein, auch wenn das bedeutet, alte Denkweisen über Bord zu werfen.
Und ja, das ist unbequem. Aber wie sagte einst der französische Philosoph Alain: *„Nichts ist gefährlicher als eine bequeme Gewissheit.“* In diesem Sinne: Lasst uns unbequem sein. Für eine Zukunft, die diesen Namen verdient. Denn laut der Europäischen Kommission hängen heute bereits über 80 Prozent der Industrieproduktion in Schlüsselbereichen von wenigen globalen Zulieferern ab – vor allem in Asien (EU-Kommission, 2023). Wenn wir die Kontrolle über unsere industrielle Zukunft zurückgewinnen wollen, dürfen wir diese Realität nicht länger ignorieren.

Industrie 4.0 trifft Green Deal

Wenn man durch eine moderne Produktionshalle geht, fällt eines sofort auf: Es ist still. Kein Hämmern, kein Zischen, kein Wummern. Stattdessen ein gleichmäßiges Surren von Robotern, das leise Klicken von Sensoren und – mit etwas Glück – das sanfte Summen eines Kaffeemaschinenarms, der dem Produktionsleiter den perfekten Espresso serviert. Willkommen im Zeitalter von Industrie 4.0, wo Mensch, Maschine und Datenwolke in symbiotischer Harmonie zusammenarbeiten. Oder zumindest: sollen.

Diese vierte industrielle Revolution verspricht viel. Sie soll Effizienz bringen, Resilienz stärken, Fehler reduzieren, Ressourcen schonen. Klingt nach einem Märchen aus dem digitalen Schlaraffenland. Aber es ist real – zumindest in Teilen. Und sie kommt nicht allein. Mit ihr marschiert eine zweite große Transformation ins Werkstor: die ökologische Revolution. Der Green Deal der EU ist kein Vorschlag mehr, er ist Gesetz. „Klimaneutral bis 2050" ist das neue Mantra. Und plötzlich treffen zwei Welten aufeinander, die sich lange nur vorsichtig beäugt haben: die digitale und die grüne Welt. Dabei ist ihre Verbindung alles andere als ein Zufall. Sie ist Notwendigkeit. *„Ohne Digitalisierung wird die ökologische Transformation nicht gelingen – und ohne ökologische Verantwortung hat Digitalisierung keine Legitimation"* (Machado & Davim, 2017). Mit anderen Worten: Smart ist nur noch, was auch grün ist. Und grün ist nur noch glaubwürdig, wenn es intelligent umgesetzt wird.

Aber was bedeutet das konkret? Fangen wir bei den Maschinen an. In klassischen Produktionsprozessen geht noch heute oft mehr Energie in Wärme- und Materialverluste als in das fertige Produkt. Industrie 4.0 verspricht Abhilfe: Intelligente Sensorik überwacht den Energiefluss dynamisch, Maschinen melden ihren Wartungsbedarf, bevor sie ausfallen, und Algorithmen optimieren den Ressourceneinsatz auf Grundlage von Live-Daten instantan. Studien zeigen, dass sich durch derartige Maßnahmen bis zu 25 Prozent an Energie- und Materialkosten einsparen lassen (ScienceDirect, 2022).

Ein Beispiel: Eine Textilfabrik in Norditalien implementierte ein cyber-physisches System, das den Wasserverbrauch in der Färberei überwachte und automatisch regelte. Das Ergebnis: ein Minus von 40 Prozent beim

Wasserverbrauch, bei gleichbleibender Qualität (Bassi & Guidolin, 2021). Das ist keine Science-Fiction. Das ist heute. Und das Beste: Der Stoff blieb farbenfroh, die Rechnung hingegen deutlich blasser.

Doch der schönste Digitalzwilling nützt wenig, wenn er in einer Welt operiert, die sich weiter an linearen Wirtschaftsmodellen orientiert. Der Green Deal will das ändern. Zentrale Bausteine wie der EU-Aktionsplan für Kreislaufwirtschaft oder die Ökodesign-Richtlinie setzen auf langlebige, reparierbare und recyclingfähige Produkte. Und genau hier kommt die Digitalisierung ins Spiel: Mit „Digital Product Passports“, Blockchain-basierter Rückverfolgbarkeit und KI-gesteuerten Materialanalysen lassen sich Lieferketten nicht nur nachvollziehen, sondern auch transformieren (Mayorova et al., 2021). Die Vision ist klar: eine Kreislaufwirtschaft, in der kein Produkt einfach „entsorgt“ wird, sondern als Ressource für den nächsten Zyklus dient. Das erfordert neue Geschäftsmodelle – vom Product-as-a-Service bis zur Plattformökonomie für Sekundärmaterialien. Und es braucht eine Infrastruktur, die das ermöglicht. Smart Grids, dezentrale Produktionsnetzwerke, digitale Lagerhaltung. All das klingt komplex – ist es auch. Aber auch machbar. Wie beim IKEA-Regal: Es sieht erst mal nach einem Haufen Chaos aus, aber mit dem richtigen Werkzeug und etwas Geduld wird ein System draus.

Das Problem? Die Realität hinkt hinterher. Laut einer Erhebung von **EIONET** (2023) haben nur rund 18 Prozent der europäischen Industrieunternehmen bisher umfassende Digitalisierungslösungen mit ökologischen Zielen verknüpft. In vielen Betrieben ist Industrie 4.0 noch immer gleichbedeutend mit einer neuen Softwareversion für das ERP-System und der Einführung von papierlosen Schichtplänen. Nachhaltigkeit? Wird ausgelagert – an den CSR-Bericht. Oder schlimmer: ans gute Gewissen.

Dabei ist der potenzielle Hebel enorm. In der Automobilindustrie etwa ließen sich durch datenbasierte Produktionssteuerung bis zu 30 Prozent der CO_2-Emissionen einsparen (Derigent et al., 2020). Und selbst in energieintensiven Branchen wie der Zement- oder Stahlproduktion könnten smarte Technologien für signifikante Emissionsminderungen sorgen, etwa durch digitale Verbrennungssteuerung oder KI-optimierte Kühlprozesse.

Was fehlt, ist oft nicht das Wissen, sondern der Wille. Und die Integration. *„Green und Digital müssen keine getrennten Agenden sein – sie sind zwei Seiten derselben Medaille“*, so Rajeev Agrawal et al. (2024). Das bedeutet: Nicht noch ein zusätzliches Projekt, nicht noch ein weiteres Dashboard, sondern ein neues Betriebssystem für die europäische Industrie.
Das klingt groß, weil es das ist. Aber es gibt ermutigende Beispiele. In der Region Nord-Pas-de-Calais in Frankreich wurde ein gesamtes Industrieareal digitalisiert und auf Kreislaufwirtschaft ausgerichtet. Abwärme aus einer Aluminiumgießerei heizt die Büros eines benachbarten Start-ups. Daten zu Materialflüssen werden live erfasst und zur Optimierung geteilt. Das Projekt läuft nicht nur – es spart jährlich 11.000 Tonnen CO_2 ein (EU-Bericht, 2023). Und das ganz ohne Zauberstab oder Superheldenanzug.

Auch bei Start-ups tut sich etwas. Junge Unternehmen wie das deutsche „Cirqle Systems“ oder das niederländische „Circularise“ setzen auf digitale Plattformen zur Rückverfolgung von Materialien – von der Herkunft bis zur Entsorgung. Ihr Ziel: radikale Transparenz. Und damit auch: Vertrauen. Denn der Konsument von heute fragt nicht nur: „Was kostet das?“ – sondern zunehmend: *„Wo kommt das her?“*, *„Wie wurde es produziert?“* und *„Was passiert danach?“*. Diese Fragen sind unbequem aber produktiv. Denn sie zwingen Unternehmen, die gesamte Wertschöpfungskette neu zu denken. Und sie bringen ein neues Verhältnis zwischen Industrie und Gesellschaft hervor: weg vom bloßen Anbieter, hin zum verantwortlichen Akteur. Nachhaltigkeit ist kein Luxus, sondern sie ist die neue Grundlage von Vertrauen.

Natürlich gibt es auch Stolpersteine. Kleine und mittlere Unternehmen haben oft weder die finanziellen Mittel noch das technische Know-how, um große digitale Nachhaltigkeitsinitiativen zu stemmen. Hier ist die Politik gefragt: mit gezielter Förderung, Beratungsprogrammen – aber auch klaren Regeln. Denn Freiwilligkeit allein reicht nicht. Der Weg zur grünen Industrie ist nicht mit Appellen gepflastert, sondern mit Anreizen und mit Standards. Zudem braucht es Mut zur Disruption. Wer wirklich transformieren will, muss bereit sein, sich neu zu erfinden. Industrie 4.0 ist kein Update – es ist ein Reboot. Und der Green Deal ist kein Bonusprogramm. Er ist der Betriebskontext der Zukunft. Zusammen bilden sie nicht den Ausnahmezustand, sondern den neuen Normalfall.

Die gute Nachricht: Europa hat die besten Voraussetzungen, beides zu verbinden. Hochqualifizierte Arbeitskräfte, starke Forschungslandschaften, ein dichtes Netz an innovativen KMUs. Jetzt kommt es darauf an, diese Stärken in konkrete Transformation umzusetzen. Und das nicht nur in Leuchtturmprojekten, sondern flächendeckend. Wenn möglich, sogar mit WLAN im Kellerbüro. Ein Anfang wäre gemacht, wenn wir nicht länger über „grüne Nischen“ sprechen würden, sondern über „die neue Norm“. Wenn in Ausschreibungen nicht nur der Preis zählt, sondern auch die CO_2-Bilanz. Wenn Investoren nicht nur nach Rendite fragen, sondern auch nach Impact. Wenn Digitalisierung und Nachhaltigkeit nicht als Pflichtübung, sondern als strategischer Vorteil verstanden werden.

Die Industrie der Zukunft ist nicht nur smart. Sie ist auch sauber. Und sie ist europäisch, wenn wir es wollen. Das „Wie?“ sehen wir uns im Kapitel 2 noch genauer an.

Souveränität durch Innovation: das Projekt „Zukunft made in Europe“

Stellen Sie sich ein Europa vor, das morgens nicht mehr fragt: *„Was liefern uns heute die anderen?“*, sondern: *„Was können wir selbst?“* Ein Europa, das nicht nur Weltmeister im Regulieren ist, sondern auch im Produzieren. Ein Europa, das in der Lage ist, die Schlüsseltechnologien der Zukunft selbst zu entwickeln, zu fertigen und zu exportieren.
Willkommen bei **„Zukunft Made in Europe“** – einem politischen Projekt, einem industriepolitischen Kraftakt, einer Hoffnungserzählung. Oder wie es die Präsidentschaft in deren Rede zur Lage der Union 2022 formulierte: *„Wir müssen unsere industrielle Stärke neu erfinden. Nicht nostalgisch, sondern strategisch“* (2022).

Warum das nötig ist? Weil Europas industrielle Souveränität in den letzten Jahrzehnten auf schleichende Art und Weise ausgehöhlt wurde. Halbleiter? Importiert. Batterien? Aus Fernost. Solarzellen? Lange Zeit ein chinesisches Monopol. Und Chips – ja, Chips sind das Popcorn der digitalen Welt. Ohne sie läuft nichts, außer vielleicht der Toaster.

In dieser Realität ist „Zukunft made in Europe" kein Marketinglabel, sondern ein Rettungsring. Es geht um nicht weniger als die Rückeroberung strategischer Handlungsfähigkeit. *„Strategische Autonomie bedeutet, dass wir im Notfall selbst liefern können"* (EU-Kommission, 2023). Es geht um Versorgungssicherheit, technologische Unabhängigkeit und wirtschaftspolitische Resilienz.

Ein Blick auf die Zahlen zeigt, wie ernst es ist: 90 Prozent der globalen Chipproduktion konzentrieren sich auf nur zwei Länder. Und selbst bei Medikamentenvorprodukten ist Europa heute erschreckend abhängig (EU-Kommission, 2023). Die Antwort der EU: massive Investitionen in Schlüsselbereiche – Mikroelektronik, Batteriezellen, Wasserstoff, Quantencomputing, grüne Chemie. Der European Chips Act etwa soll über 43 Milliarden Euro mobilisieren, um eine europäische Halbleiterindustrie aufzubauen (European Commission, 2022).

Aber Geld allein reicht nicht. Es braucht Ideen. Und vor allem: Mut, diese Ideen umzusetzen. Die Zukunft fällt nicht vom Himmel – sie muss gemacht werden. Oder, wie der israelische Historiker Yuval Noah Harari einmal sagte: *„Die Zukunft gehört denen, die sie erfinden – und nicht denen, die abwarten"* (Harari, 2018).

In diesem Sinne bedeutet „Zukunft made in Europe" auch: Forschung mit Relevanz. Patente, die nicht nur schön im Schrank verstauben, sondern zu Prototypen, Produkten und Plattformen werden. Es geht darum, das europäische Innovationsökosystem zu stärken – von der Universitätsausgründung bis zur Industrieproduktion. Und das Ganze bitte nicht in PowerPoint, sondern in physischen Produkten und Software.

Ein schönes Beispiel liefert die deutsch-französische Kooperation zur Wasserstofftechnologie. Im Rahmen der „Important Projects of Common European Interest" (IPCEI) fördert die EU gemeinsam mit Mitgliedstaaten seit 2020 gezielt Infrastruktur und Innovationen in der Wasserstoffwirtschaft. Unter dem **IPCEI Hydrogen Project** arbeiten deutsche Unternehmen wie **Bosch, Siemens** und **Thyssenkrupp** mit französischen Partnern wie **Air Liquide, TotalEnergies** und **EDF** zusammen. Ziel ist der Aufbau einer kompletten

Wertschöpfungskette – von der Herstellung über Speicherung bis zur Anwendung in Mobilität und Industrie (BMWK, 2022).

Und während Brüssel strategisch investiert, handeln manche Unternehmen bereits aus innerem Antrieb. Das österreichische Unternehmen **Wienerberger** hat im österreichischen Uttendorf (Oberösterreich) den ersten vollelektrifizierten Brennofen für Ziegel in Betrieb genommen – ganz ohne politische Vorgaben. Warum? Weil es das Richtige ist. Fossile Brennstoffe raus, elektrische Effizienz rein. So einfach, so mutig. *„Wir sind stolz darauf, die nachhaltigste Ziegelproduktion Europas in Uttendorf zu betreiben und damit einen wichtigen Beitrag zu einer umweltfreundlichen Zukunft zu leisten. Mit dem neuen Elektroofen können wir den CO_2-Ausstoß künftig um bis zu 90 % reduzieren. Damit schlägt Ziegel den Carbon Footprint von Holz und auch anderen Baustoffen um Längen.“*, sagte Johann Marchner, CEO der Wienerberger Österreich bei der Eröffnung (Wienerberger, 2023).
Solche Beispiele zeigen: Innovation entsteht dort, wo Verantwortung auf Gestaltungswillen trifft – und wo man nicht erst auf den Subventionsbescheid wartet, bevor man handelt.
Besonders entscheidend ist die Innovationskultur. Und hier hapert es oft. Zu viel Risikoaversion, zu wenig Fehlerfreundlichkeit. In Europa gilt Scheitern noch immer als Makel, in Kalifornien als Lebenslaufaufwertung. Vielleicht bräuchten wir ein neues Sprichwort: *„Wer nicht hinfällt, war nicht mutig genug.“*

Was tun? Erstens: Start-ups ernst nehmen – nicht nur in Podiumsdiskussionen, sondern in Aufträgen. Zweitens: Bürokratie abbauen. Wer für einen Förderantrag länger braucht als für den Bau des Prototyps, wird sich das nächste Mal für den Silicon Valley Flug entscheiden. Drittens: öffentlich-private Partnerschaften stärken – denn viele der großen europäischen Innovationen, vom Airbus bis zum LHC, wurden gemeinsam gestemmt. Dabei geht es nicht nur um Technologien, sondern auch um Werte. „Zukunft made in Europe“ ist mehr als industrieller Wiederaufbau – es ist auch ein ethisches Statement. Datenschutz, faire Löhne, nachhaltige Lieferketten – all das gehört zum europäischen Modell. Wir wollen nicht nur die besten Produkte herstellen, sondern auch die fairsten. Nicht das billigste Angebot gewinnen lassen, sondern das verantwortungsvollste.

Das ist nicht immer einfach. Aber es macht einen Unterschied. Gerade in einer Welt, in der Vertrauen zur wichtigsten Währung wird. *„Verantwortung ist das neue Wachstum“* (Horx, 2021). Und Verantwortung beginnt dort, wo wir sagen: Ja, wir könnten es einfacher haben – aber wir wollen es besser machen.

Deshalb gehören auch Bildung und Qualifizierung zur Innovationsagenda. Was nützen uns Halbleiterfabriken, wenn niemand sie bedienen kann? Was bringen KI-Lösungen, wenn die Fachkräfte fehlen, um sie zu trainieren? Die EU plant daher nicht nur Chips, sondern auch Menschen, mit neuen Programmen zur digitalen und grünen Qualifizierung, verstärkter beruflicher Bildung und dem Ziel, spätestens 2030 europaweit ein **„Recht auf Weiterbildung“** einzuführen (European Commission, 2023).

Und schließlich braucht es Erzählungen. Zukunft braucht Geschichten. Menschen folgen keiner PowerPoint, aber sie folgen Visionen. Und sie folgen vor allem Menschen, die etwas bewirken. Deshalb sollten wir nicht nur in Technik investieren, sondern auch in Narrative. In den Glauben daran, dass Europa mehr ist als ein Binnenmarkt. Es ist eine Idee. Eine Idee, die sich neu erfindet – durch Innovation.

Also, lasst uns nicht jammern. Lasst uns machen. Lasst uns Europa nicht als Museum bewahren, sondern als Werkstatt begreifen. Es wird Zeit, die „Zukunft made in Europe“ nicht nur zu denken, sondern zu bauen. Mit Leidenschaft, mit Know-how – und vielleicht mit einem kleinen, sympathischen Augenzwinkern. Denn wer sagt, dass Industriepolitik nicht auch Charme haben darf?

Transformation der Arbeitswelt: Zwischen Qualifikation und digitalem Strukturwandel

Manchmal ist es nur ein Schichtplan, der plötzlich auf dem Tablet erscheint statt an der Korkwand. Oder ein Lehrling, der seine CNC-Maschine mit einer App kalibriert. Und manchmal ist es das komplette Werk, das nachts in menschenarmer Präzision weiterarbeitet, während seine Beschäftigten schlafen. Willkommen im Wandel der Arbeitswelt – einem Prozess, der so schleichend wie radikal ist. Die Digitalisierung verändert nicht nur Maschinen, sondern Menschen. Und damit: alles. Arbeitsplätze entstehen neu, verschwinden, verschmelzen. Berufsbilder mutieren schneller als Stellenanzeigen, und Begriffe wie „Reskilling", „Green Jobs" und „hybride Beschäftigung" drängen sich in die Sprache der Personaler. Während früher eine Berufsausbildung ein Berufsleben lang hielt, reicht heute oft ein Weiterbildungsmodul nur bis zur nächsten Softwareversion.

Hartmut Hirsch-Kreinsen bringt es auf den Punkt: *„Die industrielle Transformation ist weniger ein technisches als ein gesellschaftliches Projekt"* (Hirsch-Kreinsen, 2020). Das bedeutet: Technologie ist nur der Auslöser. Die eigentliche Herausforderung liegt in der Anpassungsfähigkeit unserer Institutionen – von der Grundschule bis zum Tarifvertrag.
Und Anpassung ist bitter nötig. Laut einer Studie der OECD könnten in Europa bis zu 30 Prozent aller Tätigkeiten automatisiert werden. Betroffen wären vor allem einfache Routineaufgaben, häufig in der Industrie, Logistik und im Dienstleistungssektor (OECD, 2022). Das klingt dramatisch – ist es auch. Aber nicht, weil die Roboter kommen. Sondern weil wir noch nicht entschieden haben, wie wir mit ihnen leben wollen. Dabei eröffnet die Transformation viele Chancen. Neue Berufsfelder entstehen: Data Analysts, Energieeffizienzbeauftragte, Robotik-Instandhalter, Circularity Engineers. Das klingt nach Science-Fiction, ist aber längst Realität – vor allem in innovativen Industrieclustern wie Norditalien, Vorarlberg, Katalonien oder Südfinnland. Laut Meindl und Mendonça (2021) ist die Nachfrage nach Arbeitskräften mit kombinierter digitaler und technischer Kompetenz in Europa um 60 Prozent gestiegen. Was bedeutet das für die Ausbildung? Es braucht weniger Theorie, mehr Praxis. Weniger Stunden am Lehrerpult, mehr im FabLab. Weniger Excel, mehr Edge Computing. Oder, etwas überspitzter formuliert: Wer heute nur weiß, wie man ein Schraubgewinde vermisst, wird morgen von jemandem ersetzt, der das gleiche Teil in 3D simuliert – in der Cloud, im Schlafanzug.

Ein gutes Beispiel liefert das niederländische Projekt „Smart Factory Skills", das in Kooperation mit Unternehmen wie ASML und Philips neue Berufsausbildungen für die digitalisierte Fertigung entwickelt hat – mit Augmented Reality, automatisierten Prüfverfahren und virtuellen Werkbänken. Ergebnis: Die Durchfallquote sank, die Motivation stieg, und plötzlich standen wieder Jugendliche Schlange, um einen technischen Beruf zu erlernen (Sucharitha et al., 2022). Natürlich ist nicht alles App-basiert und soll es auch nicht sein. In vielen Regionen Europas geht es noch um klassische Fragen: Wird meine Stelle bleiben? Muss ich mit 50 nochmal die Schulbank drücken? Habe ich überhaupt noch einen Platz in dieser neuen Arbeitswelt? Die Antwort lautet: Ja – aber nur, wenn wir bereit sind, Weiterqualifizierung als gesellschaftliche Daueraufgabe zu begreifen. Denn auch hier gilt: Bildung ist Infrastruktur. Programme wie **„Upskilling Pathways"** oder die europäischen Kompetenzagenden (European Commission, 2023) zeigen erste Fortschritte. Aber sie reichen nicht. Es braucht flächendeckende, kostenlose und niedrigschwellige Angebote. Nicht als Wohltat, sondern als Grundrecht.

Wienerberger – das Unternehmen mit dem elektrischen Ziegelofen – hat auch hier ein Zeichen gesetzt: Im Zuge der Umstellung in Uttendorf wurden nicht nur Maschinen ausgetauscht, sondern auch Arbeitsplätze neu organisiert. Mitarbeiter wurden in digitaler Ofensteuerung geschult, Energieverbräuche gemeinsam analysiert, neue Rollen geschaffen. Es war keine Verdrängung, sondern eine Verschiebung – mit einem klaren Ziel: Zukunftsfähigkeit durch Beteiligung (Wienerberger, 2023).
Auch die **IG Metall** hat mit den sogenannten „Zukunftstarifverträgen" auf den Wandel reagiert. Dort werden nicht nur Löhne, sondern auch Weiterbildungsbudgets, Qualifizierungszeiten und digitale Mitbestimmungsrechte verhandelt (Nomos eLibrary, 2023). In Schweden wiederum ist der Schulterschluss zwischen Gewerkschaften und Arbeitgeberverbänden besonders pragmatisch: Die **„Job Security Councils"** unterstützen Beschäftigte mit Umschulungen und Coachings, bevor es zur Entlassung kommt.
Und genau das braucht es überall – Beteiligung. Denn die beste KI nützt nichts, wenn der Mensch sich überflüssig fühlt. *„Technologische Innovation muss immer auch soziale Innovation sein"*, fordert Silvia Fareri (Fareri et al., 2023). Es geht also nicht nur darum, welche Jobs morgen existieren, sondern wie wir sie organisieren, bewerten und schützen. Tarifverträge, Mitbestimmung, Arbeitsschutz – all das muss sich neu ausrichten. Nicht auf Maschinen, sondern auf Menschen in neuen Kontexten. Wer heute über Arbeitszeit redet, sollte über Arbeitsrhythmen sprechen. Wer Löhne verhandelt, muss auch Datenrechte im Blick haben. Und wer über Homeoffice streitet, sollte vielleicht fragen: Wie gestalten wir produktives Vertrauen?

Und es lohnt sich, einen Blick zurückzuwerfen: Viele klassische Managementtheorien – etwa jene von Fredmund Malik – setzen noch auf das Ideal des rational planenden Managers mit klaren Zielen, Kennzahlen und Hierarchien (Malik, 2001). Doch in einer Zeit, in der sich Märkte, Technologien und Kompetenzen unverzüglich verändern, braucht es fluide Führung: Teamfähigkeit statt Titel, Lernfähigkeit statt Linearität. Wer heute mit Tools von gestern führt, der wird morgen von Algorithmen überholt – und das nicht in einem Jahresbericht, sondern live auf dem Dashboard. Dabei braucht es dringend eine neue Managementlogik. Das blinde Vertrauen in Effizienzsteigerung à la Taylorismus („schneller, höher, günstiger") hat in vielen Betrieben zwar kurzfristig für Output gesorgt, langfristig aber oft Burnout, Bürokratie und Blindflug produziert. In einer Welt, die sich in Quartalen neu erfindet, reicht es nicht mehr, Prozesse zu optimieren. Wir müssen sie verstehen – und im Zweifel verlernen.
Und auch die Unternehmenskultur ist längst ein Wettbewerbsfaktor. Laut einer Umfrage von Gallup (2023) nennen mehr als 60 Prozent der jungen Arbeitskräfte „Sinn und Beteiligung" als wichtigste Faktoren bei der Jobwahl. Das bedeutet: Wer auf motivierte Fachkräfte hofft, muss mehr bieten als Obstkorb und Tischfußball („Kicker"). Es geht um Mitgestaltung, Mitsprache und das Gefühl, Teil einer Zukunft zu sein und nicht nur eines Quartalsziels. Apropos Sinn: In einem belgischen Unternehmen wurde die gesamte Produktionsplanung von einem interdisziplinären Team auf Kreislaufwirtschaft umgestellt. Dabei hatten nicht die Ingenieure das letzte Wort, sondern ein Mix aus Produktionsmitarbeitern, Softwareentwicklern und – tatsächlich – einer Theaterpädagogin, die zuvor interne Weiterbildungsformate gestaltet hatte. Ergebnis: ein ökologisch wie ökonomisch nachhaltiger Umbau und ein Team, das sich als Mitgestalter erlebte (Bassi & Guidolin, 2021).

Einen innovativen Weg geht auch Estland: Dort wurde ein nationales Weiterbildungsportal geschaffen, das mit Gamification-Elementen, Open-Badges und Micro-Degree-Systemen lebenslanges Lernen salonfähig macht. Der Clou: Arbeitgeber erhalten steuerliche Vorteile, wenn sie Mitarbeitern zertifizierte Kurse ermöglichen – vom KI-Grundlagenmodul bis zur Einführung in nachhaltige Lieferketten.

So ernst die Herausforderungen auch sind, sie lassen sich besser meistern, wenn man nicht alles so ernst nimmt. Beispiel: Ein Industriebetrieb in Sachsen führte mobile Arbeit ein und prompt beklagte sich das Management über „zu große Freiheit beim Arbeiten“. Die Lösung? Eine „digitale Präsenzpflicht“ mit Slack-Emoji-Antwortregel. Ergebnis: Niemand fühlte sich kontrolliert, aber alle waren da. Willkommen in der neuen Arbeitskultur.

Die Zukunft der Arbeit in Europa ist also nicht geschrieben. Aber sie ist entwerfbar. Wenn wir bereit sind, umzudenken. Wenn wir aufhören, die Digitalisierung als Ausnahmezustand zu behandeln und anfangen, sie als Normalität zu gestalten.

Resilienz und strategische Autonomie: Industriepolitik in Zeiten globaler Unsicherheit

Bevor wir uns mitten in Lieferketten, Halbleiter und europäische Industriepolitik stürzen, lohnt es sich, einen Moment innezuhalten. Denn Begriffe wie „Resilienz“ und „strategische Autonomie“ klingen erst einmal, als gehörten sie in ein Ministerium. Dabei sind sie ziemlich handfeste Konzepte.

Resilienz bedeutet im Kern: die Fähigkeit, Rückschläge zu verkraften und trotzdem weiterzumachen. Ursprünglich stammt der Begriff aus der Materialkunde: Ein resilientes Material kehrt nach einer Verformung wieder in seine Ausgangsform zurück. Auf Organisationen, Unternehmen und ganze Volkswirtschaften übertragen heißt das: Wer resilient ist, bleibt auch dann handlungsfähig, wenn es kracht. Egal ob Pandemie, Chip-Knappheit oder die nächste geopolitische Überraschung. Resiliente Systeme sind wie gute Stoßdämpfer: Sie federn ab, ohne zu zerbrechen. Resilienz bedeutet aber nicht, dass alles perfekt läuft. Es heißt, dass man vorbereitet ist, dass man Alternativen hat und dass man flexibel reagieren kann, wenn es nötig wird. Man könnte auch sagen: Resilienz ist die Kunst, sich nicht vom ersten Windstoß umpusten zu lassen. Oder, wenn wir ehrlich sind: sich wenigstens stilvoll umpusten zu lassen und danach wieder aufzustehen.

Und **strategische Autonomie**? Das ist quasi die große Schwester der Resilienz. Strategische Autonomie beschreibt die Fähigkeit, in Schlüsselfragen eigenständig entscheiden und handeln zu können, ohne von anderen abhängig zu sein. Es geht nicht darum, alles selbst zu machen oder sich von der Welt abzuschotten. Es geht darum, in kritischen Bereichen wie Energieversorgung, Rohstoffsicherung oder Technologieentwicklung nicht hilflos zu sein, wenn ein Handelspartner plötzlich die Schrauben zudreht. Strategische Autonomie ist also kein romantisches Autarkie-Ideal, sondern ein realistisches Ziel: Dort unabhängig sein, wo es zählt. Oder um es mit den Worten eines Industriearbeiters aus Linz zu sagen: *„Es ist gut, wenn du dein eigenes Werkzeug hast. Noch besser, wenn du weißt, wo es liegt."*

Kurz gesagt: Resilienz ist das europäische Sicherheitsnetz. Strategische Autonomie ist die europäische Handlungsfreiheit. Und beides zusammen? Das ist unsere Chance, die Zukunft ein kleines Stück mehr selbst zu gestalten und dabei vielleicht sogar ein bisschen entspannter zu bleiben.
Denn Europa war lange ein Meister der Stabilität. Doch Stabilität ist ein bisschen wie eine gute Flasche Wein: Man merkt erst, was man hatte, wenn sie plötzlich leer ist. Lieferketten reißen, Rohstoffe werden knapp, Energiepreise explodieren und plötzlich merkt man, dass strategische Abhängigkeit nicht nur ein Kapitel in einem langweiligen EU-Bericht ist, sondern die Realität des eigenen Unternehmens. Resilienz und strategische Autonomie sind in der Industriepolitik angekommen. Es geht nicht mehr nur um Wettbewerbsvorteile, sondern ums Überleben. Europa will nicht mehr nur Zuschauer sein, sondern Akteur und das heißt: weniger abhängig von geopolitischen Launen, mehr selbstbestimmt, mehr robust.
Das Prinzip dahinter ist klar: Wenn eine Krise kommt – und seien wir ehrlich, sie kommt immer – muss Europa standhalten können. Die Münchner Sicherheitskonferenz nannte das 2020 treffend „Zeitenwende" – eine Neubewertung europäischer Handlungsfähigkeit in einer Welt, in der Sicherheit nicht nur eine Frage von Panzern, sondern auch von Chips, Batterien und seltenen Erden ist (MSC, 2020).

Ein konkretes Beispiel: Österreich. Das Land hat 2023 das Projekt **„Made in Austria – Sicherung kritischer Infrastruktur"** gestartet. Die österreichische Bundesregierung setzt dabei auf gezielte Rohstofflagerung, den Ausbau von Recyclingkapazitäten und Investitionen in eigene Halbleiterproduktion – ein kleiner, aber wichtiger Schritt zur De-Risking-Strategie (Republik Österreich, 2023).

Und Österreich ist damit nicht allein. Finnland hat mit dem Batteriecluster in Vaasa eines der ambitioniertesten europäischen Projekte zur Rückführung und Verarbeitung von Batteriematerialien gestartet – samt eigener Graphitproduktion und einer lückenlosen Recyclingkette, die Tesla & Co. vor Neid erblassen lassen könnte (EU-Kommission, 2023).
Die große Überschrift lautet: Versorgungssicherheit. Ohne seltene Erden keine Windräder, ohne Halbleiter keine smarten Fabriken, ohne Lithium keine E-Mobilität. Laut Bassi & Guidolin (2021) stammen rund 80 Prozent der seltenen Erden, die Europa benötigt, aus China. Und genau das macht verwundbar. Doch Resilienz ist nicht nur eine Frage der Lagerbestände. Es geht auch um Lieferketten. Der **„European Chips Act“** (2022) will europäische Produktionskapazitäten verdoppeln und Abhängigkeiten reduzieren (European Commission, 2022). Das ist ambitioniert und gleichzeitig zwingend nötig. Aber es braucht mehr: Diversifizierung, Regionalisierung und, ganz entscheidend: Flexibilität.

Die französische Supermarktkette Leclerc hat beispielsweise im Rahmen der COVID-19-Pandemie ihre Lieferketten regionalisiert und setzt nun systematisch auf französische und südeuropäische Lieferanten. Mit Erfolg: Lieferengpässe blieben überschaubar, das Vertrauen der Kunden stieg (Leclerc, 2022). Resilienz heißt: nicht alles auf eine Karte setzen. Das hat auch die europäische Automobilindustrie erkannt. In Polen wurde 2023 ein Joint Venture gegründet, das neue Zulieferstrukturen für E-Mobilitätskomponenten aufbaut. Bewusst jenseits der klassischen deutschen Liefernetzwerke. Hier entsteht europäische Autonomie, pragmatisch und Schritt für Schritt.

Österreich, Finnland, Polen, Frankreich – es tut sich was. Aber reicht das? Noch nicht. Resilienz muss breiter gedacht werden. Es geht nicht nur um Güter – es geht um Wissen, Kompetenzen, Menschen. Was nützen uns Batteriefabriken, wenn keine Fachkräfte da sind? Was bringt die Chipproduktion, wenn wir bei den KI-Algorithmen den Anschluss verlieren?
Die Resilienz der Zukunft wird also auch auf dem Feld der Qualifizierung entschieden. Die österreichische Fachhochschule Technikum Wien bietet beispielsweise seit 2022 eigene Bachelor- und Masterprogramme für „Sustainable Manufacturing“ an – praxisnah, international vernetzt und mit verpflichtenden Reskilling-Modulen für Berufstätige (FH Technikum Wien,

2023). Doch auch psychologische Resilienz wird immer wichtiger. In einer Zeit, in der sich Märkte im Monatsrhythmus verändern, brauchen Mitarbeitende mehr als Schutzhelme und Sicherheitsschuhe. Sie brauchen Zukunftssicherheit, das Gefühl, auch im digitalen Wandel ihren Platz zu haben. Unternehmen wie SKF in Schweden oder OMV in Österreich haben deshalb interne „Resilience Labs" gegründet. Räume, in denen Mitarbeitende neue Arbeitsmethoden, digitale Tools und Krisenszenarien gemeinsam erproben, ohne sofort bewertet zu werden. Das ist nicht nur klug, sondern auch sympathisch. Es zeigt: Resilienz hat viel mit Vertrauen zu tun – in Systeme, in Führung, in sich selbst.
Apropos Führung: Die klassischen Managementansätze, wie sie zum Beispiel Malik (2001) oder Taylor zu Papier brachten, geraten hier an ihre Grenzen. Wer Resilienz fördern will, muss Ambiguität aushalten können. Es gibt nicht immer einen Plan A. Manchmal gibt es Plan B, C, D – und manchmal nur die Fähigkeit, schnell zu reagieren. Resiliente Führung ist dezentral, iterativ und lernfähig. Das hat auch die portugiesische Energiebranche erkannt: Das Unternehmen **EDP** (Energias de Portugal) hat 2023 erfolgreich ein dezentrales Entscheidungsmodell eingeführt – mit kleineren, selbstorganisierten Teams, die lokale Lieferketten eigenständig steuern (EDP, 2023).

Resilienz braucht aber nicht nur Mut, sondern auch Mut zur Lücke. Man kann nicht alles selbst machen. Strategische Autonomie bedeutet nicht Selbstversorgung um jeden Preis – es bedeutet kluges De-Risking, das heißt: Lieferketten, Partnernetzwerke und Produktionsstätten so zu gestalten, dass keine Seite das Spiel allein bestimmt. Die EU-Kommission verfolgt diese Strategie seit 2021 konsequent: Der Ausbau strategischer Partnerschaften mit Kanada, Australien, Chile und den ASEAN-Staaten ist kein Zufall. Es ist der Versuch, europäische Abhängigkeiten zu reduzieren, ohne neue Abhängigkeiten zu schaffen (European Commission, 2023).

Doch Resilienz ist nicht nur etwas für Sonntagsreden. Sie muss konkret sein. Die Stadt Linz in Österreich hat gemeinsam mit dem Kunststoffunternehmen Borealis ein regionales Resilienz-Cluster aufgebaut – mit eigener Materialrückführung, Second-Life-Produktionslinien und einem Notfallplan, der sogar alternative Transportwege bei Lieferausfällen simuliert (Borealis, 2023). In Spanien hat das Unternehmen Acciona in Kooperation mit lokalen Regierungen ein Netzwerk von „Resilienz-Fabriken" entwickelt – modulare, mobile Produktionsstätten, die bei Bedarf flexibel an andere Standorte verlagert werden können. Ein Produktionsstandort auf Rädern. Wenn man so will, die europäische Antwort auf starre Industrieparks. Und auch auf politischer Ebene entstehen neue Konzepte. Die EU-Industriestrategie von 2021 betont ausdrücklich die Rolle regionaler Wertschöpfungsketten, die Wiederansiedlung von Schlüsselindustrien und die Notwendigkeit, Resilienz nicht gegen Nachhaltigkeit auszuspielen, sondern beides zusammenzudenken (European Commission, 2021).

Ein schönes Beispiel dafür liefert Dänemark: Das Unternehmen **Vestas**, einer der weltweit führenden Windkraftanlagenbauer, setzt seit 2022 gezielt auf die Regionalisierung von Lieferanten und die Entwicklung nachhaltiger Materialalternativen. Gleichzeitig werden Kreislaufwirtschaft und Lieferkettensicherheit nicht als Gegensätze gesehen, sondern als Teil einer europäischen Resilienzstrategie (ScienceDirect, 2024). Resilienz hat dabei viele Gesichter. Manchmal ist es das Lagerhaus, das nicht nur den billigsten, sondern den verlässlichsten Zulieferer bevorzugt. Manchmal ist es die Investition in Weiterbildung statt in Hochglanzbroschüren. Und manchmal ist es schlicht der Mut, eine falsche Entscheidung zu korrigieren, bevor sie zum Systemfehler wird.

Ein wenig Witz schadet dabei nicht. In einem belgischen Industrieunternehmen wurde nach einem schweren Lieferausfall beschlossen, kritische Teile selbst herzustellen – nur hatte man das Zeichnungsarchiv verlegt. Die Lösung? Ein Rentner-Netzwerk, das sich noch an die Fertigungsdetails erinnerte. Offiziell hieß das Projekt: „Analoges Backup-Team“. Inoffiziell: „Die Silber-Cloud“.

Strategische Autonomie heißt also nicht: alles alleine zu machen. Es heißt: klug auswählen, flexibel reagieren und das eigene Netzwerk kennen. Es heißt auch: Resilienz als europäische Qualität zu verstehen und nicht als teuer erkaufte Nische. Die Zukunft wird unvorhersehbar bleiben. Lieferengpässe, geopolitische Spannungen, technologische Brüche – das alles gehört dazu. Aber wie wir darauf vorbereitet sind, das ist unsere Entscheidung.

Zusammenfassung Kapitel 1: von der Werkbank zur Zeitenwende – Industrie im Umbruch

Europa steht an einem Wendepunkt. Nicht zum ersten Mal in seiner Geschichte, aber vielleicht zum ersten Mal mit der Erkenntnis, dass es sich jetzt wirklich selbst bewegen muss und nicht darauf warten kann, dass andere den Karren aus dem Dreck ziehen. Die industrielle Zeitenwende ist da, und sie klopft nicht höflich an. Sie steht schon mitten in der Werkshalle, scrollt durch Lieferlisten, prüft CO_2-Bilanzen und verlangt nach digitalen Lösungen – sofort bitte.

Was Europa jetzt braucht, ist Mut. Mut, sich von alten Denk- und Führungsmustern zu verabschieden. Mut, Resilienz nicht nur als Wort in Sonntagsreden zu benutzen, sondern als Grundhaltung. Mut, die Digitalisierung nicht als Bedrohung, sondern als Werkzeug zu begreifen. Ein Werkzeug, das genauso selbstverständlich zum Arbeitsalltag gehören sollte wie der Kaffee am Morgen. Kapitel 1 zeigt uns: Die Lage ist komplex. Globale Abhängigkeiten, ein drohender Fachkräftemangel, überalterte Managementstrukturen und das Dilemma zwischen Effizienz und Nachhaltigkeit lassen keinen Platz mehr für Zaudern. Doch genau in diesem Chaos steckt auch Europas Chance. Denn wenn wir eines können, dann ist es: Krisen in Fortschritt verwandeln. Mit Pragmatismus, mit Innovationsgeist und – ja, auch mit einer ordentlichen Portion Selbstironie.

Die Transformation der Arbeitswelt verlangt nach mehr als ein paar digitalen Schichtplänen. Sie verlangt nach einem neuen Bildungsverständnis, nach Mitgestaltung, nach Organisationen, die weniger wie Maschinen und mehr wie lebendige Netzwerke funktionieren. Wer jetzt noch Führung über starre Excel-Tabellen definieren will, wird morgen von Algorithmen überholt – und das live und nicht erst im Jahresbericht.

Industrie 4.0 und der Green Deal sind keine Gegensätze, sie sind Europas Doppelpass. Nur wer digital smart ist, kann auch ökologisch bestehen. Und wer ökologisch bestehen will, muss bereit sein, Prozesse, Produkte und Denkweisen radikal zu hinterfragen. Halbherzige Umstellungen helfen da nicht – weder dem Klima noch den europäischen Industriearbeitsplätzen.

Resilienz und strategische Autonomie bedeuten nicht, alles selbst zu machen. Sie bedeuten, klug zu vernetzen, flexibel zu produzieren und bereit zu sein, die eigenen Lieferketten und Partnernetzwerke ständig zu hinterfragen. Es ist Zeit, Europas Wirtschaft von der Status-Quo-Hängematte in den Gestaltungsmodus zu schubsen – notfalls mit sanfter Gewalt oder einer charmanten Erinnerung auf dem Outlook-Kalender.

Europa braucht jetzt weniger Pessimismus, weniger Fingerzeigen, weniger Bedenkenträgerei. Europa braucht Zukunftsmut. Den Mut, neue Wege zu gehen. Den Mut, Fehler zu machen und daraus zu lernen. Den Mut, soziale Verantwortung und technologische Exzellenz miteinander zu verbinden. Und den Mut, daran zu glauben, dass „Zukunft made in Europe" nicht nur ein Slogan ist, sondern ein reales Projekt – mit Schrauben, Sensoren und einer Vision, die mehr ist als nur ein weiteres Whitepaper.

Die gute Nachricht: Die Werkzeuge liegen bereit. Die Energie ist da. Die Ideen sowieso. Was fehlt? Ein beherzter Griff in den Werkzeugkasten. Europa, du kannst das. Also: Ran an die Arbeit. Die Zukunft wartet nicht.

Digitalisierung und Nachhaltigkeit – zwei Seiten derselben Medaille?

„Fortschritt ist die Verwirklichung von Utopien." – Oscar Wilde

Manchmal begegnen uns Utopien in Form von Glasfaserkabeln, Rechenzentren und blinkenden Sensoren. Und manchmal verstecken sie sich hinter Bäumen, Windrädern und Fahrradwegen. Die eine Welt scheint aus Einsen und Nullen gebaut zu sein, die andere aus Blättern und Moos. Doch bei näherem Hinsehen erkennt man: Diese beiden Welten sind keine Gegensätze. Sie gehören zusammen wie Tag und Nacht, Yin und Yang – oder, um im europäischen Alltag zu bleiben: wie Croissant und Café au Lait. Digitalisierung und Nachhaltigkeit – sie sind zwei Seiten derselben Medaille. Und wer versucht, sie voneinander zu trennen, wird zwangsläufig scheitern.

Lange Zeit haben wir diese beiden Begriffe in getrennten Schubladen aufbewahrt. Digitalisierung, das war die Domäne der Techniker, der Start-ups, der Datenspezialisten. Nachhaltigkeit hingegen schien das Feld der Umweltaktivisten, der grünen Parteien, der sozial engagierten Unternehmen zu sein. Doch inzwischen dämmert uns, dass diese Trennung nicht nur künstlich, sondern auch gefährlich ist. Denn die eine Seite ohne die andere ist blind. Eine Digitalisierung, die nicht nachhaltig ist, führt uns in eine Welt voller effizienter Ausbeutung, beschleunigter Umweltzerstörung und smarter Sackgassen. Eine Nachhaltigkeit, die sich der Digitalisierung verweigert, bleibt langsam, bürokratisch und letztlich chancenlos gegen die Geschwindigkeit globaler Krisen. Der Klimawandel wartet nicht, bis wir unsere Schreibtische sortiert haben. Die Ressourcenknappheit schert sich nicht um nationale Zuständigkeiten. Und soziale Ungleichheit verschwindet nicht von selbst, während irgendwo ein Algorithmus neue Absatzmärkte erschließt. Die Herausforderungen unserer Zeit sind systemisch, vernetzt, ungeduldig. Und genau deshalb brauchen wir eine Antwort, die ebenso systemisch, vernetzt und entschlossen ist. Digitalisierung und Nachhaltigkeit – das ist kein Widerspruch, das ist ein Bündnis. Ein notwendiges.

Europa steht dabei an einer einzigartigen Weggabelung. Während andere Weltregionen noch versuchen, Digitalisierung um jeden Preis voranzutreiben, oder Nachhaltigkeit als Luxusproblem abtun, haben wir Europäer die Chance – und vielleicht auch die Pflicht –, beides miteinander zu verweben. Nicht, weil wir es müssen, sondern weil wir es können. Weil Europa historisch bewiesen hat, dass es Brücken bauen kann, zwischen Technik und Ethik, zwischen Markt und Gesellschaft, zwischen Innovation und Verantwortung. Natürlich wird dieser Weg nicht bequem. Digitalisierung ist kein Klimaretter auf Knopfdruck. Sie verbraucht Energie, sie schafft Abhängigkeiten, sie birgt ethische Dilemmata. Aber genauso wenig ist Nachhaltigkeit der romantische Spaziergang durchs Biotop, den manche sich wünschen. Nachhaltigkeit verlangt Veränderung. Sie fordert neue Geschäftsmodelle, ein anderes Konsumverhalten, manchmal sogar schmerzhafte Verzichtsentscheidungen. Beide Welten – die digitale und die nachhaltige – sind herausfordernd. Doch gemeinsam werden sie zu einer Kraft, die Zukunft nicht nur ermöglicht, sondern aktiv gestaltet. Es ist ein europäisches Missverständnis, Digitalisierung allein als Effizienzmaschine zu betrachten. Effizienz ist schön, aber sinnlos, wenn wir damit nur schneller in die falsche Richtung laufen. Was Europa braucht, ist eine Digitalisierung mit Richtung. Eine, die nicht nur fragt: Was können wir automatisieren? Sondern auch: Was wollen wir automatisieren? Eine, die nicht nur Daten sammelt, sondern diese Daten nutzt, um den ökologischen Fußabdruck zu verkleinern, Ressourcen zu schonen und soziale Teilhabe zu fördern.

Ebenso ist es ein Irrtum, Nachhaltigkeit als Kostenfaktor oder moralische Kür zu begreifen. Nachhaltigkeit ist längst ein Wettbewerbsfaktor. Unternehmen, die heute glaubwürdig nachhaltig wirtschaften, ziehen nicht nur Kunden an, sondern auch Talente, Investoren und Partner. Wer hingegen weiterhin auf kurzfristige Gewinne setzt, wird sich bald in einem Markt wiederfinden, in dem Vertrauen und Transparenz zur neuen Währung geworden sind und in dem Greenwashing gnadenlos entlarvt wird. Die Zukunft gehört denen, die sich trauen, Digitalisierung und Nachhaltigkeit nicht nur als Schlagworte zu verwenden, sondern als Handlungsmaxime.

Europa hat in den letzten Jahren viel Mut bewiesen, genau diesen Weg zu gehen. Mit dem Green Deal, mit der Digitalstrategie, mit der Datenschutz-Grundverordnung, die weltweit Maßstäbe setzt. Doch Gesetze sind nur der

Anfang. Die eigentliche Kraft entsteht dort, wo Menschen, Unternehmen und Institutionen bereit sind, diese Regeln nicht als Korsett, sondern als Chance zu begreifen. Digitalisierung kann die ökologische Transformation beschleunigen. Und Nachhaltigkeit kann der Digitalisierung den dringend benötigten moralischen Kompass geben. Zusammen entfalten sie ein Potenzial, das weit über den Kontinent hinausstrahlen kann. Vielleicht ist es kein Zufall, dass Europa an genau diesem Punkt der Geschichte steht. Wir sind ein alter Kontinent mit jungen Ideen. Wir haben gelernt, dass Wachstum Grenzen hat. Und wir wissen, dass Technologie niemals Selbstzweck sein darf. Digitalisierung und Nachhaltigkeit – das ist Europas Doppelpass. Eine Chance, Fortschritt neu zu definieren. Eine Einladung, Verantwortung zu übernehmen. Und vielleicht, ganz leise, auch eine Utopie, die zum ersten Mal greifbar wird. Wenn wir es richtig machen.
Und das bedeutet auch: Wir müssen uns bewegen, bevor wir bewegt werden. Ein altes Bonmot besagt: *„Die Steinzeit hat nicht geendet aus Mangel an Steinen."* Die Menschen damals haben aufgehört, mit Steinen zu arbeiten, weil es bessere, effizientere und letztlich auch sicherere Lösungen gab. Man stelle sich vor, jemand hätte argumentiert: *„Warum sollten wir etwas ändern? Wir haben doch noch genug Steine."* Genau in dieser Denkfalle sitzen wir heute. Wir wissen, dass fossile Energieträger keine Zukunft haben. Wir wissen, dass unser Ressourcenverbrauch die planetaren Grenzen sprengt. Und trotzdem verhalten wir uns manchmal, als wäre das alles nicht real. Die Geschichte lehrt uns: Technologien ändern sich nicht, weil die alten Ressourcen ausgehen, sondern weil neue Wege entstehen, die besser sind.

Ein schönes Beispiel für diesen mutigen Perspektivwechsel liefert der österreichische Technologiekonzern Fronius. Das Unternehmen hat sich längst vom reinen Spezialisten für Schweißtechnik zum Vorreiter in Sachen erneuerbare Energien entwickelt. **Fronius** investiert gezielt in Wasserstofftechnologien, entwickelt Energiespeichersysteme und gilt mit seinen Wechselrichtern für Photovoltaik als einer der europäischen Innovationsführer. Besonders bemerkenswert: Fronius verfolgt eine Nachhaltigkeitsstrategie, die nicht nur auf dem Papier glänzt, sondern in der Praxis gelebt wird. Das Unternehmen setzt auf Kreislaufwirtschaft in der Produktion, betreibt Photovoltaik-Anlagen auf den eigenen Werkshallen und schult systematisch seine Mitarbeitenden in ressourcenschonenden Arbeitsprozessen. Nicht, weil es gesetzlich verlangt wird, sondern weil es

unternehmerisch sinnvoll ist (Fronius, 2024). Es ist ein Beispiel dafür, dass Industrieunternehmen nicht nur reagieren, sondern gestalten können. Fronius zeigt, dass Nachhaltigkeit nicht das Ende der Industrie bedeutet, sondern ihre klügste Weiterentwicklung.
Natürlich gibt es noch viel zu tun. Der Wissenschaftliche Dienst des Bundestages hat erst kürzlich betont, dass der Erfolg nachhaltiger Digitalisierungsstrategien wesentlich davon abhängt, ob es gelingt, die Energieeffizienz digitaler Infrastrukturen deutlich zu steigern (Wissenschaftlicher Dienst, 2024). Hier hat Europa noch einen Weg vor sich. Aber es ist ein Weg, der gegangen wird. Und zwar mit zunehmender Entschlossenheit.

Wer jetzt noch glaubt, Digitalisierung und Nachhaltigkeit seien zwei getrennte Baustellen, sollte einen Blick in die aktuellen Forschungsergebnisse des Fraunhofer-Instituts werfen. Dort wird klar: Digitale Technologien können bis zu 20 % der weltweit erforderlichen CO_2-Einsparungen ermöglichen, aber nur, wenn diese Technologien von Anfang an nachhaltig konzipiert werden (Bauernhansl et al., 2023). Die Digitalisierung ist also nicht nur Teil der Lösung. Sie muss auch Teil der Fragestellung sein: Was wollen wir automatisieren? Was wollen wir beschleunigen? Und was dürfen wir dabei niemals verlieren?

Denn es geht nicht darum, einfach nur effizienter zu werden. Wie Harari treffend schrieb: *„Technologie ist niemals neutral. Sie kann uns befreien oder versklaven – je nachdem, wie wir sie einsetzen."* (Harari, 2018). Wir müssen uns also die Mühe machen, unsere Zukunft selbst zu gestalten und zwar mit der Klarheit, dass Digitalisierung und Nachhaltigkeit keine zufällige Zweckgemeinschaft sind, sondern das Fundament für ein Europa, das auch morgen noch wirtschaftlich stark, ökologisch glaubwürdig und sozial gerecht sein will.
Forschungseinrichtungen wie das Institut für ökologische Wirtschaftsforschung (IÖW) plädieren deshalb dafür, den Einsatz von künstlicher Intelligenz und Big Data gezielt mit Nachhaltigkeitszielen zu koppeln – nicht als Schönwetterstrategie, sondern als harte Design-Anforderung (IÖW, 2021). Es reicht nicht, hinterher einen CSR-Bericht zu schreiben. Es muss von Anfang an Teil der digitalen Architektur sein.

Man könnte sagen: Europa muss digital denken, aber mit grünem Betriebssystem. Und das ist vielleicht der eigentliche Unterschied zu den USA oder China. Während dort Digitalisierung oft als globales Wettrennen verstanden wird, bei dem Geschwindigkeit alles ist, definiert Europa das Spielfeld neu: Geschwindigkeit, ja – aber nicht um jeden Preis. Datenschutz, Nachhaltigkeit, soziale Verantwortung – das sind keine Bremsklötze. Das sind die Parameter, die uns überhaupt erst zukunftsfähig machen. Es braucht Unternehmen, die das verstehen. Es braucht Bürger, die das einfordern. Und es braucht Politiker, die den Mut haben, diesen Weg konsequent zu unterstützen. Nicht mit Sonntagsreden, sondern mit handfesten Rahmenbedingungen. Die gute Nachricht: Die Werkzeuge sind da. Die Ideen sind da. Und der Wille wächst.

Wie der Zukunftsforscher Horx (2021) es formulierte: *„Verantwortung ist das neue Wachstum.“* Wer das begreift, der erkennt: Digitalisierung und Nachhaltigkeit sind keine lästige Pflicht, sie sind Europas größte Chance. Und vielleicht wird man eines Tages sagen: Die Ära der fossilen Industrie hat nicht geendet, weil das Öl ausgegangen ist, sondern weil wir etwas Besseres gefunden haben.

Was die Forschung sagt

Wissenschaft ist ein seltsames Biest. Sie ist unsere beste Waffe gegen Ignoranz und gleichzeitig eine ständige Erinnerung daran, wie wenig wir eigentlich wissen. Harari bringt es in seinem aktuellen Buch „Nexus“ (2024) treffend auf den Punkt: Wissen ist keine absolute Wahrheit. Es ist eine Arbeitshypothese, ein Werkzeug, das so lange Bestand hat, bis es widerlegt wird. Das Problem beginnt immer dann, wenn wir vergessen, dass Wissen wandelbar ist und es stattdessen als ewiges Dogma verehren. Zitat: *„Die größte Bedrohung für die Zukunft der Menschheit ist nicht, dass wir zu wenig wissen, sondern, dass wir zu viel glauben.“* (Harari, 2024).

Die Geschichte ist reich an Beispielen, was passiert, wenn Wissen nicht mehr hinterfragt wird. Die Bibel galt über Jahrhunderte als unumstößliches Regelwerk, bis Menschen wie Kopernikus und Galilei begannen, das damals

„selbstverständliche Wissen" infrage zu stellen. Ihr Lohn? Repression, Verachtung und Hausarrest. Die Hexenverfolgung Europas folgte demselben Muster: Man glaubte „wissenschaftlich bewiesen" zu haben, dass bestimmte äußere Merkmale – rote Haare, Kräuterwissen, das Leben als alleinstehende Frau – Zeichen teuflischer Verbundenheit seien. Das damals anerkannte Wissen führte direkt in eine Epoche der systematischen Gewalt. Was lehrt uns das? Wissen ohne kritisches Hinterfragen kann eine Gesellschaft in die Irre führen. Es ist der Bumerang des Fortschritts, nur dass man ihn oft erst bemerkt, wenn er einen am Kopf trifft.

Die gute Nachricht: Institutionen wie Yale und Harvard haben diese Lektion verstanden. Sie lehren heute explizit, dass das Wissen von heute nicht als unanfechtbar gelten darf. Ihre Curricula betonen, dass jede wissenschaftliche Erkenntnis den Stempel „vorläufig" trägt. Und sie investieren gezielt in Programme, die Studierende ermutigen, bestehende Theorien zu hinterfragen – selbst dann, wenn es unbequem ist.

Was bedeutet das für uns heute und speziell für den Umgang mit Künstlicher Intelligenz? Ganz einfach: Wer KI-Ergebnisse ungeprüft als absolute Wahrheit übernimmt, begeht den gleichen Denkfehler wie die Inquisitoren des Mittelalters. Die Forschung warnt vor dem sogenannten „automatisierten Wahrheits-Bias". Je häufiger ein KI-System dieselben Ergebnisse liefert, desto mehr neigen wir dazu, es nicht mehr infrage zu stellen. Genau hier liegt die Gefahr: Wenn wir aufhören, die Maschinen zu hinterfragen, wenn wir glauben, der Algorithmus sei unfehlbar, dann endet die Wissenskultur und die nächste Hexenjagd findet in den Datenbanken statt. Wissenschaft lebt vom Zweifel, von Korrektur, vom offenen Diskurs. Harari schreibt dazu: *„Die Fähigkeit, sich zu irren, ist die größte Stärke einer intelligenten Spezies. Eine KI, die nicht irrt, ist keine KI – sie ist ein Spiegel"* (Harari, 2024).

Die Frage, ob Digitalisierung tatsächlich ein Treiber für Nachhaltigkeit ist, wurde in den letzten Jahren in zahlreichen wissenschaftlichen Untersuchungen quer durch Europa empirisch geprüft und die Ergebnisse sprechen eine klare Sprache. Besonders bemerkenswert ist die länderübergreifende Studie von Vărzaru et al. (2022) mit dem Titel *'An Empirical Framework for Assessment of the Effects of Digital Technologies on Sustainability Accounting and Reporting in the European Union'*. In dieser

Untersuchung wurden 21 EU-Länder unter die Lupe genommen. Das Ergebnis: Länder mit einer besonders hohen Verbreitung von digitalen Technologien wie Cloud-Anwendungen, Big Data, IoT und KI – etwa Spanien, die Niederlande und Schweden – zeigten signifikant bessere Nachhaltigkeitsberichte und eine insgesamt höhere Transparenz in der Unternehmenskommunikation. Mit anderen Worten: Wer digital gut aufgestellt ist, scheint auch seine ökologischen Hausaufgaben gewissenhafter zu erledigen.

Auch Österreich liefert inzwischen spannende empirische Ergebnisse. Im Rahmen des Forschungsprojekts *‚**SCiNDTiLA** – Smart Cities and Digital Twins in Lower Austria‘* (Pereira et al., 2023) wurde untersucht, wie sich digitale Zwillinge in der Verkehrs- und Energieplanung konkret auf die CO_2-Bilanz auswirken. Das Pilotprojekt führte bereits im Testlauf zu einer realen Emissionsminderung von rund 12 Prozent. Ergänzt wird dies durch Ergebnisse des GREEND-Datensatzes, der belegt, dass Smart-Home-Lösungen in österreichischen Haushalten den Stromverbrauch um bis zu 8 Prozent senken können und das ohne Komfortverlust (Beckel et al., 2014).

Ein weiteres praxisnahes Beispiel liefert Italien: Das Forschungsprojekt *‚**SmartSantander**‘* nutzte über 20.000 IoT-Sensoren in einer realen Stadtsimulation. Ergebnis: Die optimierte Abfallwirtschaft und eine KI-gesteuerte Straßenbeleuchtung führten innerhalb eines Jahres zu einer Reduktion der kommunalen Treibhausgasemissionen um stolze 11 Prozent (Sanchez et al., 2024).

Eine europaweite Metaanalyse mit dem Titel *„The Environmental Effects of the ‘Twin’ Green and Digital Transition in European Regions“* (D’Adamo et al., 2022) zeigt, dass Regionen mit einem hohen Digitalisierungsgrad und gleichzeitig starker grüner Investition ihre CO_2-Emissionen pro BIP-Einheit deutlich stärker senken als weniger digitalisierte Regionen – im Schnitt sogar doppelt so stark. Besonders erfolgreich sind hier Länder wie Finnland, die beide Entwicklungen strategisch koppeln.

Und auch das große Ganze wurde untersucht: Im Rahmen der von Santarius et al. (2023) geleiteten Studie *‚Digitalization and the Decoupling Debate‘* wurde ein Zeitraum von fünf Jahren analysiert. Die Forscher stellten fest, dass Digitalisierung in Kombination mit einer grünen Investitionsstrategie als beschleunigender Mediator für nachhaltige Innovationen wirkt. Besonders deutlich wird dies in skandinavischen Ländern, die in Sachen Emissionssenkung und Ressourceneffizienz europaweit vorangehen.

Diese empirischen Belege zeigen: Die Verknüpfung von Digitalisierung und Nachhaltigkeit ist keine akademische Theorie und kein politisches Wunschkonzert. Es funktioniert und zwar dort, wo Investitionen, Unternehmenskultur und technologische Offenheit zusammenwirken. Wer seine digitale Infrastruktur auf Nachhaltigkeit ausrichtet, profitiert doppelt: ökologisch und ökonomisch.

Und genau das ist der Ausgangspunkt der aktuellen Forschung zur Verbindung von Digitalisierung und Nachhaltigkeit: Es gibt keine endgültigen Wahrheiten, sondern nur Annäherungen und jede Annäherung verdient es, immer wieder geprüft zu werden. Die wissenschaftlichen Erkenntnisse der letzten Jahre zeigen klar: Ohne digitale Werkzeuge wird Klimaschutz nicht funktionieren. Das Fraunhofer IPA hat in mehreren Studien belegt, dass durch digitale Technologien bis zu 20 Prozent der weltweit notwendigen CO_2-Einsparungen möglich sind (Bauernhansl et al., 2023). Das klingt wie ein Geschenk, aber es ist ein Geschenk mit Bedienungsanleitung. Denn diese Einsparungen entstehen nicht von selbst. Digitalisierung ist kein Heilsbringer. Sie ist ein Verstärker. Wer damit das Richtige tut, kann Großes erreichen. Wer damit das Falsche beschleunigt, kommt einfach schneller in die Sackgasse.

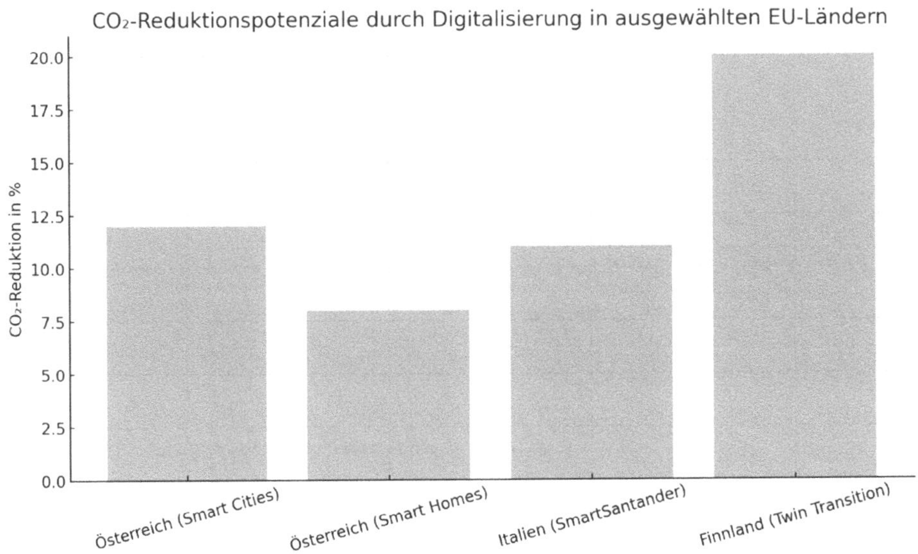

Ein besonders eindrucksvolles Beispiel liefert das Automobilwerk von Volkswagen in Zwickau. Dort wurde die gesamte Fertigung auf Elektromobilität umgestellt, begleitet von einem massiven Digitalisierungsschub. Durch den Einsatz KI-gestützter Prozesssteuerung, Sensoren zur Echtzeit-Überwachung und Big-Data-Analysen konnte der Energieverbrauch der Produktion um rund 24 Prozent gesenkt werden. Noch beeindruckender: In der Lackiererei wurden durch KI-gestützte Sprühvorgänge die Materialverluste um über 30 Prozent reduziert. Der Produktionsleiter formulierte es so: „Unsere Roboter lackieren jetzt sparsamer als wir je hätten händisch lackieren können" (Volkswagen AG, 2023).

Doch auch hier gilt: Der schönste Effizienzgewinn nützt wenig, wenn die digitale Infrastruktur im Hintergrund schmutzig läuft. Laut der International Energy Agency (IEA) könnten Rechenzentren und Datenübertragungsnetze bis 2030 bereits bis zu acht Prozent des weltweiten Stromverbrauchs verschlingen (IEA, 2023). Das ist die digitale CO_2-Zeitbombe. Wir können noch so effizient produzieren, wenn der Serverraum auf Kohle läuft, wird aus dem Fortschritt schnell ein Treppenwitz. Deshalb sprechen Wissenschaftler vom „sustainability-by-design"-Ansatz (IÖW, 2021). Nachhaltigkeit muss von Anfang an Teil der Architektur sein – im Code, in

der Hardware, in den Geschäftsmodellen. Es reicht nicht, Digitalisierung zu bauen und dann nachträglich den grünen Anstrich aufzutragen.
Das Thema Datenschutz wird dabei oft als lästige Bremse gesehen. Man könnte es auch so charmant auf den Punkt bringen: Datenschutz ist der Sicherheitsgurt der Digitalisierung. Es ist keine Option ihn wegzulassen und ermöglicht Beschleunigung ohne permanente Angst vor einem Crash.

Die Forschung bestätigt das: Davis und Patterson (2012) zeigen, dass ethisch konzipierte Datennutzung langfristig nicht nur Vertrauen schafft, sondern auch wirtschaftlich erfolgreicher ist. Datenschutz, so scheint es, ist das, was uns vor den selbstgebauten Datensilos bewahrt und vor der gefährlichen Illusion, dass Daten ohne Kontext immer wahr sind. Der digitale Produktpass (DPP) ist in diesem Kontext ein Paradebeispiel für Transparenz. Laut dem Institut der deutschen Wirtschaft Köln (IW Köln, 2025) kann der DPP die Kreislaufwirtschaft revolutionieren. In einer Pilotfabrik für Elektromotoren konnte durch den Einsatz des DPP die Rückführung seltener Erden um 35 Prozent gesteigert und gleichzeitig der CO_2-Ausstoß der Lieferkette um 15 Prozent gesenkt werden (IW Köln, 2023). Früher wussten Unternehmen, was ins Produkt hineinging. Heute wissen sie endlich auch, was wieder herauskommen muss.

Ein weiteres beeindruckendes Beispiel kommt aus Finnland. Der Zellstoffhersteller Metsä Fibre hat im Werk Äänekoski eine vollständig digitalisierte Produktionsanlage aufgebaut, die nicht nur die eigenen Emissionen minutiös überwacht, sondern auch mehr grüne Energie erzeugt, als sie selbst verbraucht. Durch die smarte Vernetzung von Materialströmen, KI-optimierten Produktionsprozessen und digitaler Wartung liefert das Werk heute nicht nur Zellstoff – sondern auch grünen Strom ins öffentliche Netz (Metsä Fibre, 2024). Ein finnischer Ingenieur kommentierte das trocken: *„Wir machen Zellstoff – und nebenbei Strom für die Nachbarschaft. Das war nicht unser Plan, aber jetzt machen wir's einfach."*

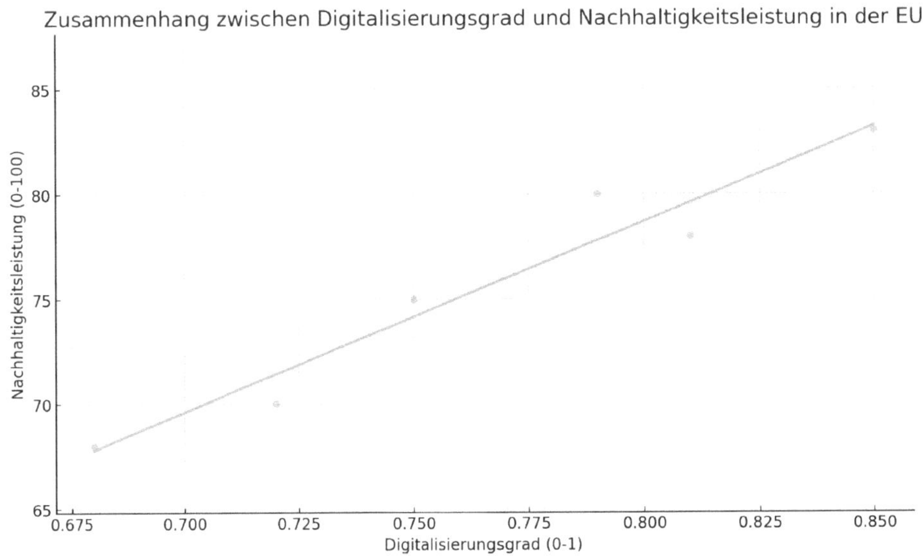

Doch während die einen gestalten, klammern sich die anderen an Ausreden. Der Autor Jan Hegenberg bringt es in seinem Buch „Klima Bullshit Bingo" wunderbar auf den Punkt: *„Wer sagt, er kann nichts tun, weil China ja auch noch CO_2 ausstößt, sagt im Grunde: Ich esse weiter Schokolade, weil mein Nachbar auch übergewichtig ist"* (Hegenberg, 2023, S. 56). Die Forschung bestätigt: Die sogenannte Verlagerungslogik, also der Verweis auf größere CO_2-Emittenten – ist wissenschaftlich nicht haltbar. Jeder Fortschritt zählt, und der digitale Hebel ist einer der schnellsten, die uns zur Verfügung stehen (Hegenberg, 2023).

Vielleicht ist das die eigentliche empirischen Erkenntnis von heute: Digitalisierung und Nachhaltigkeit scheitern nicht an der Technik. Sie scheitern an den Ausreden. An der Bequemlichkeit. Und manchmal auch an einer erstaunlichen Kreativität, sich selbst aus der Verantwortung zu argumentieren.

Warum Klimaschutz nicht analog gelingen kann

Wenn es um Klimaschutz geht, kann man es sich bildlich vorstellen: Ein Feuerwehrmann, der mit einem Eimer Löschwasser einen brennenden Wald bekämpfen will. Das ist die analoge Version des Klimaschutzes. Er ist motiviert, er rennt, er schwitzt, aber er ist chancenlos. Die digitale Welt hingegen wäre die Wasserflugzeug-Staffel, die das Problem systematisch, präzise und in kontinuierlich adressiert. Das mag ein zugespitztes Bild sein, aber es trifft den Kern: Der Klimawandel ist ein globales, hochkomplexes und dynamisches Problem. Es ist schlicht zu schnell, zu vernetzt und zu umfassend, als dass analoge Methoden hier noch mithalten könnten.

Warum? Weil Klimaschutz in der heutigen Zeit dynamische Entscheidungen erfordert. Weil Lieferketten in Millisekunden reagieren müssen. Weil Energieflüsse nicht mehr mit dem Bleistift und einem Taschenrechner geplant werden können. Und weil die Zeit, in der man Emissionsberichte im Nachgang prüfte, vorbei ist. Der CO_2-Ausstoß passiert jetzt, also muss auch der Eingriff jetzt passieren. Das Problem mit analogen Systemen ist nicht, dass sie falsch sind, sie sind einfach zu langsam. Klimaschutz erfordert heute eine Datenlage, die in Sekundenbruchteilen aktualisiert wird, nicht mit monatlichen Reports. Und das erfordert Digitalisierung. Mit einem Augenzwinckern formuliert: *„Wer den Klimawandel analog bekämpfen will, ist so effektiv wie jemand, der versucht, einen ICE mit einem Paddel zu bremsen“* (Hegenberg, 2023, S. 114).

Die europäische Energieversorgung ist ein Paradebeispiel. Die Energieversorgung in Zentraleuropa ist ein bisschen wie ein Orchester. Nur dass statt Geigen, Trompeten und Schlagzeug Solarparks, Windräder, Wasserkraftwerke und Gaskraftwerke spielen. Und das in mehreren Ländern gleichzeitig. Der Dirigent? Ein komplexes digitales on-the-fly-system, das permanent versucht, diesen energiegeladenen Klangkörper in harmonischem Gleichgewicht zu halten. Denn unser Stromnetz ist längst kein nationales Projekt mehr, es ist ein europäisches Hochleistungsnetz, in dem jeder schiefe Ton das Potenzial hat, ein ganzes Konzert zu kippen.

Zentraleuropa betreibt eines der größten synchronisierten Stromnetze der Welt. Und dieses System ist – anders als es uns die Steckdose vorgaukelt – hochsensibel. Ein bisschen zu viel Last hier, ein bisschen zu wenig Spannung dort, und schon schwingt die Frequenz aus dem Takt. Das Problem: Das Ganze ist so fein ausbalanciert, dass es im Zweifel keine zweite Chance gibt. Entgleist das Netz, hilft kein Schalter-Reset. Dann wird es dunkel. Richtig dunkel. Willkommen im Blackout. Der Stromausfall, der sich nicht auf den Toaster beschränkt, sondern ganze Städte lahmlegt. Und plötzlich reden alle von Blackouts, als wären sie über Nacht ein brandneues Phänomen. Dabei ist das Risiko nicht neu, aber es hat zugenommen. Warum? Weil sich unser Energiesystem in den letzten Jahren radikal verändert hat. Früher dominierten zentrale, berechenbare Kraftwerke: ein Kohlekraftwerk hier, ein Atomkraftwerk da, alles fein planbar, keine großen Überraschungen. Heute sind viele dieser Dinosaurier vom Netz und wir lieben es. Denn Windräder und Solaranlagen übernehmen die Hauptrolle. Das ist fantastisch für das Klima, aber eine echte Herausforderung für die Netzstabilität. Denn der Wind interessiert sich nicht für die Abrechnungsperiode, und die Sonne lässt sich nicht auf Ladezeiten ein. Hinzu kommt: Ein erheblicher Teil des europäischen Stromnetzes ist – nett gesagt – in die Jahre gekommen. Laut aktuellen Berichten ist mehr als die Hälfte der europäischen Strominfrastruktur älter als 40 Jahre. Kein Wunder, dass das Netz langsam unter Rückenschmerzen leidet. Investitionen? Noch zu zaghaft. Digitalisierung? Noch zu selten. Und trotzdem soll dieses System mit wankelmütigen Einspeisern, Millionen neuen Verbrauchern und einer länderübergreifenden Koordination klarkommen.

Dabei ist ein Blackout kein Hollywood-Blockbuster. Kleine Störungen, ein Leitungsausfall hier, eine Frequenzschwankung dort, können sich wie Dominosteine durchs Netz fressen. So geschehen beim großen Stromausfall 2006, der von Norddeutschland bis nach Spanien ganze Regionen ins Dunkel schickte. Und wer glaubt, das wäre ein Relikt der Vergangenheit, dem sei das spanisch-portugiesische Beinahe-Blackout von 2025 ans Herz gelegt: Binnen Sekunden kippten die Spannungsverhältnisse und große Teile der Versorgung mussten automatisiert vom Netz genommen werden, um Schlimmeres zu verhindern. Natürlich, bei all der Euphorie für das Digitale muss man auch Realist sein: Nicht alles, was neu ist, ist automatisch besser. Manchmal sind es die alten Helden, die uns retten. So geschehen in Österreich, als ein von Kroatien ausgehender Frequenzabfall das europäische Stromnetz an den Rand des Blackouts brachte. Wer hat's gerettet? Keine Hightech-Cloud, kein fancy Algorithmus, sondern Jahrzehnte alte, mechanische Sicherungen im Donaukraftwerk Ybbs-Persenbeug, die im richtigen Moment genau das taten, wofür sie gebaut wurden – sie schalteten ab, als es darauf ankam. Manchmal braucht es eben beides: die Präzision der digitalen Zukunft und die Verlässlichkeit gut gealterter Sicherungen.

Europas Energiesystem ist kein Entweder-oder. Es ist ein Generationenvertrag zwischen altbewährtem Stahl und digitalem Code.

Und jetzt kommt der Teil, bei dem die Gerüchteküche besonders brodelt: die Elektromobilität. Da hört man die Stammtischwarnungen: *„Wenn wir alle E-Autos haben, dann knallt das Netz zusammen!“* Klingt dramatisch, ist aber falsch. Tatsächlich sind E-Autos nicht die Belastung, sie sind die Rettung. Vorausgesetzt, man denkt digital. Denn das Problem entsteht nur, wenn alle gleichzeitig nach Feierabend ihr Auto anstöpseln. Aber niemand hat gesagt, dass das passieren muss. Smarte Ladesysteme steuern den Ladevorgang so, dass das Auto lädt, wenn das Netz entspannt ist – zum Beispiel nachts oder bei hohem Windaufkommen. Das Zauberwort lautet: Lastmanagement. Und es funktioniert.
Randnotiz: Während Sie dieses Buch lesen, stehen 95% aller PKWs still und das weder an einer klassischen Zapfsäule noch an einer modernen Ladesäule. Auch die Angst vor einem Blackout, wenn alle E-Autos gleichzeitig des nächtens laden, ist aus genau diesem Grund unwahrscheinlich, da zu keinem Zeitpunkt in der Geschichte des Automobils alle zugelassenen PKWs gleichzeitig tanken bzw. laden wollten. Es ist ebenso unwahrscheinlich, dass sich alle Menschen in Europa gleichzeitig die Haare föhnen wollen, was denselben Effekt hätte.

Mehr noch: In Dänemark zeigen **V2G-Projekte** (Vehicle-to-Grid) wie „Edison“ längst, dass E-Autos nicht nur Strom verbrauchen, sondern ihn bei Bedarf auch zurück ins Netz speisen können. Das Auto wird zur fahrbaren Batterie, zum Energiepuffer, der das Netz stabilisiert, nicht überfordert. Studien aus der EU zeigen: Koordiniertes Laden von E-Autos kann die Spitzenlasten im Netz sogar reduzieren, Netzausbaukosten senken und die Netzfrequenz stabilisieren (European Commission, 2018). Die Realität ist also: E-Autos sind nicht die Schwachstelle. Sie sind Teil der Lösung. Smarte Ladesysteme, intelligente Netze, bidirektionales Laden. Das ist kein Science-Fiction, das ist europäische Gegenwart.

Und das Beste daran: Dieses System funktioniert nur digital. Ein analoger Netzbetreiber hätte keine Chance, diese Massen von Ladevorgängen, Solareinspeisungen, Verbrauchsspitzen und Windfluktuationen manuell zu steuern. Hier braucht es Sensoren, Algorithmen, Echtzeitdaten und smarte

Steuerung. Denn das Stromnetz von heute ist wie ein Orchester, bei dem das Tempo nicht im Takt bleibt. Wer da noch mit einem analogen Dirigentenstab arbeiten will, wird sehr schnell von der Bühne gepfiffen. Die eigentliche gute Nachricht lautet: Zentraleuropa hat die Technik, hat die Forschung, hat die Unternehmen, die dieses Netz intelligenter machen können. Aber wir müssen aufhören, den alten Mythen nachzuhängen. Das Netz kippt nicht wegen der E-Autos. Es kippt, wenn wir es weiterhin analog denken. Wer also das Stromnetz der Zukunft sichern will, braucht digitale Lösungen, smarte Speicher, bidirektionale Fahrzeuge und vielleicht ein bisschen mehr Vertrauen in die Möglichkeiten, die da längst bereitstehen. Denn in einem hochkomplexen Netzsystem ist eines sicher: Die größte Gefahr ist nicht das E-Auto, die größte Gefahr ist das Festhalten an analogen Gewohnheiten.

Besonders drastisch ist der Unterschied zwischen analogem und digitalem Klimaschutz auch in der Energieversorgung der Haushalte. Das klassische System: Jährliche Verbrauchsabrechnung, Schätzwerte, pauschale Tarife. Das digitale System: Smart Meter, dynamische Preisanreize, Lastverschiebung ohne Verzögerung. Studien des finnischen Forschungszentrums VTT zeigen, dass durch die intelligente Steuerung von Haushaltsgeräten und Ladeinfrastruktur der Stromverbrauch zur Spitzenzeit um bis zu 20 Prozent reduziert werden kann (VTT Technical Research Centre of Finland, 2023). Das entlastet nicht nur die Netze, sondern senkt CO_2-Emissionen – automatisch, ohne dass der Nutzer aktiv eingreifen muss. Analoge Abrechnungen? Ein Relikt aus der Postkutschenzeit.

Die Industrie ist hier längst weiter, zumindest in Teilen. Und ja, wir lassen jetzt bewusst die Automobilindustrie, den Bau und den Maschinenbau aus dem Spiel. Denn es sind andere Sektoren, die den Alltag der breiten Bevölkerung viel direkter beeinflussen.
Nehmen wir die Lebensmittelindustrie. Ein Bereich, der uns alle betrifft, mehrfach täglich – in der Küche, im Supermarkt, im Restaurant. Die Lebensmittelproduktion ist für rund ein Drittel der weltweiten Treibhausgasemissionen verantwortlich (Crippa et al., 2021). Und lange Zeit war diese Industrie erschreckend analog: Planungen auf Basis von Vorjahresverbräuchen, logistische Schätzungen nach Bauchgefühl, Lieferketten, die nicht oder nur bruchstückhaft nachvollziehbar waren. Digitale

Lösungen haben hier bereits eine kleine Revolution ausgelöst – zumindest bei den Vorreitern. In Dänemark arbeitet das Unternehmen Too Good To Go mit einer KI-basierten Plattform, die Überschuss-Lebensmittel unverzüglich an Nutzerinnen und Nutzer vermittelt, um Food Waste zu vermeiden. Das Unternehmen konnte 2023 allein in Europa rund 60 Millionen Mahlzeiten vor dem Müll retten (Too Good To Go, 2024). Das ist keine kleine Zahl. Das ist aktiver Klimaschutz. Nicht durch gut gemeinte Flyer, sondern durch smarte Algorithmen.

Und die Forschung zeigt: Das funktioniert nicht nur im Bäckerladen um die Ecke, sondern in industriellen Maßstäben. Ein aktuelles Projekt der Technischen Universität Dänemark untersuchte die CO_2-Einsparpotenziale in digitalisierten Lebensmittel-Lieferketten. Das Ergebnis: Durch Echtzeit-Transparenz und dynamische Lagerverwaltung können bis zu 30 Prozent der Emissionen im Transport und in der Produktion eingespart werden (Jensen et al., 2022).

Auch der Textilsektor ist ein spannendes Beispiel. Lange Zeit galten Bekleidungs- und Fast-Fashion-Lieferketten als Black Box. Wo die Baumwolle herkommt, wie hoch die Emissionen der Färberei sind, wie viel Wasser im Produktionsprozess verbraucht wurde. Das wussten oft nicht einmal die Hersteller selbst. Heute nutzen immer mehr europäische Textilunternehmen Blockchain-basierte Systeme, um den gesamten Lebenszyklus eines Kleidungsstücks nachvollziehbar zu machen. Das belgische Start-up TrusTrace hat ein solches System entwickelt, das es Verbraucherinnen und Verbrauchern ermöglicht, die komplette Lieferkette per QR-Code einzusehen, inklusive CO_2-Fußabdruck und Wasserverbrauch pro Produkt. Das schafft nicht nur Transparenz, sondern zwingt Hersteller zu Verbesserungen (TrusTrace, 2024).

Der Lebensmittelhandel ist ebenfalls ein Schlüsselakteur. In Spanien hat Carrefour ein KI-basiertes Energiemanagement-System eingeführt, das den Energieverbrauch in Filialen instantan steuert. Die Software optimiert Beleuchtung, Kühlung und Heizungsanlagen abhängig von Wetter, Kundenfrequenz und Strompreisen. Die Einsparung? Laut Unternehmensangaben rund 15 Prozent weniger Energieverbrauch pro Quadratmeter Verkaufsfläche (Carrefour Group, 2023). Ein klassisches

Beispiel dafür, dass Klimaschutz nur digital skalierbar ist. Denn kein Filialleiter der Welt könnte dieses System händisch steuern.

Ein besonders charmantes und praxisnahes Beispiel für das gelungene Zusammenspiel von Digitalisierung und Nachhaltigkeit liefert Katharina Sigl in ihrem Buch „Nachhaltigkeit und Digitalisierung – (k)ein unternehmerisches Dilemma“ (2023). Darin beschreibt sie das Konzept des sogenannten ‚SusTelling‘ – eine wortgewandte Kurzform für „Sustainability Storytelling“. Gemeint ist damit: Nachhaltigkeit nicht in trockenen Fakten zu ersticken, sondern lebendig, authentisch und gerne auch mit etwas Ironie zu erzählen. Ein südtiroler Biobetrieb hat diese Idee perfekt umgesetzt. Statt auf Hochglanzbroschüren oder plumpe Greenwashing-Werbung zu setzen, lässt das Unternehmen seine Mitarbeitenden selbst sprechen. In kurzen, ehrlichen Videos berichten sie, wie sie digitale Sensoren in der Landwirtschaft nutzen, um Böden zu schonen, Wasser zu sparen und den Ertrag nachhaltig zu sichern. Das Ganze passiert nicht aus dem Marketing-Lehrbuch, sondern mitten im Gemüsefeld – und mit einer ordentlichen Portion Selbstironie. Eine Mitarbeiterin fasst es dabei wunderbar zusammen: *„Ich hab nicht nur die besten Tomaten, ich hab jetzt auch das beste Datenmodell dafür!“* (Sigl, 2023, S. 114). Dieses Beispiel zeigt eindrucksvoll: Digitalisierung und Nachhaltigkeit müssen kein Dilemma sein. Sie können zusammen funktionieren, wenn man den Mut hat, beides mit Ehrlichkeit und Charme zu verbinden. Sigl (2023) betont, dass es in der digitalen Nachhaltigkeitskommunikation nicht darum geht, perfekt zu sein, sondern darum, sich authentisch auf den Weg zu machen. Transparenz, Digitalisierung und ein gutes Datenmanagement sind dabei keine Schikanen, sondern Bausteine einer glaubwürdigen Unternehmensstrategie. So wird aus Big Data plötzlich Big Empathy. Und aus dem digitalen Transformationsprozess ein lebendiges Beispiel dafür, wie Nachhaltigkeit auch im Mittelstand, fernab der Konzernzentralen, pragmatisch und humorvoll gelingen kann.

Vielleicht ist genau das unser größtes Problem: Wir denken noch zu oft in Wählscheiben, während die Welt längst im Glasfasertempo unterwegs ist. Der Klimawandel wartet nicht, bis wir unsere Schubladen sortiert haben. Er fragt nicht nach analogen Komfortzonen oder romantischen Rückzugsräumen. Er passiert und zwar jetzt. Wer heute noch glaubt, dass man die Herausforderungen des 21. Jahrhunderts mit den Werkzeugen des letzten

Jahrhunderts lösen kann, irrt sich gewaltig. Analoger Klimaschutz ist wie ein Fax an die Zukunft, nur dass niemand mehr da ist, um es zu empfangen. Digitalisierung ist kein Nice-to-have. Sie ist das Ticket, um überhaupt noch mitzufahren. Und wer dieses Ticket nicht löst, bleibt am Bahnsteig stehen, während der Klimazug längst abgefahren ist. Zeit, dass wir einsteigen. Und diesmal bitte nicht mit dem Bleistift in der Hand, sondern mit einem digitalen Werkzeugkasten im Gepäck.

Wenn wir schon dabei sind, unseren Werkzeugkasten endlich zu modernisieren, dann dürfen wir nicht über das wichtigste neue Werkzeug hinwegsehen: die Künstliche Intelligenz. Sie ist nicht einfach nur ein weiteres digitales Gimmick, sondern vermutlich der mächtigste Hebel, den wir im Kampf gegen den Klimawandel jemals in die Hand bekommen haben. Doch wie bei jedem Werkzeug kommt, es darauf an, wer es hält und wofür es eingesetzt wird (Stichwort: lustige Katzenvideos). Wird KI der neue Turbo für nachhaltige Innovation? Oder entwickelt sie sich zur Datenmaschine ohne moralischen Kompass? Im nächsten Kapitel gehen wir genau dieser Frage auf den Grund. Es wird Zeit, den Maschinen auf den Zahn zu fühlen.

Die Rolle künstlicher Intelligenz: Fortschritt zwischen Effizienz und Verantwortung

Künstliche Intelligenz – kaum ein Begriff hat es so schnell vom Informatiker-Fachjargon zum gefürchteten Pausenthema in Büroküchen geschafft. Während einige KI als den Rockstar der Digitalisierung feiern, befürchten andere eine düstere Zukunft, in der Maschinen alles übernehmen – inklusive unserer Mittagspausen.

Und tatsächlich: KI ist gekommen, um zu bleiben. Sie steuert heute Lieferketten, optimiert Energieverbräuche, balanciert Materialflüsse, und sie wird uns in den nächsten Jahren auf Schritt und Tritt begleiten. Laut dem Fraunhofer IPA zählt KI zu den größten Hebeln für nachhaltige Produktionssysteme (Bauernhansl et al., 2023). Aber – und das ist entscheidend – sie ist weder Retter noch Feind. KI ist ein Verstärker. Ein Spiegel. Ein Werkzeug, das exakt das verstärkt, was wir ihm mitgeben. Das ist die große Chance und die große Gefahr. In einem spanischen Chemiewerk wurde eine KI eingesetzt, die den Energiebedarf von Destillationsanlagen live steuert. Das Ergebnis: 15 Prozent Energieeinsparung, ohne zusätzliche Hardware, nur durch bessere Steuerung. Das ist kein Papiertiger. Das ist greifbarer Klimaschutz. Doch dieselbe KI hätte, falsch programmiert, auch maximale Effizienz auf Kosten von Sicherheitsstandards oder Arbeitsbedingungen priorisieren können. Genau hier liegt das Problem: KI ist kein neutraler Rechner. Sie ist so ethisch, wie wir sie machen.

Das Institut für ökologische Wirtschaftsforschung warnt deshalb: KI muss von Beginn an mit Nachhaltigkeitskriterien verknüpft sein und das auf allen Ebenen. Von der Auswahl der Trainingsdaten bis zur Energieeffizienz der Rechenzentren. Von der Fairness der Entscheidungen bis zum gesellschaftlichen Nutzen (IÖW, 2021). In diesem Zusammenhang darf Nachhaltigkeit nicht als „Grün“ verstanden werden. Sondern viel mehr als Engagement im Sinne von ESG (Environmental, Social & Governance) und einem besseren morgen über die gesamte Wertschöpfungskette hinaus.

Die Frage ist also nicht mehr, ob wir KI einsetzen. Sondern: Mit welchem Wertekompass? Und: Mit welchem Datensatz? Denn wenn die KI ihre ethische Grundausrichtung aus amerikanischen oder chinesischen Trainingsdaten bezieht, dann ist das ungefähr so, als würde man den Kompass für eine Alpenwanderung am Times Square eichen.
Das ist kein akademisches Problem, das ist ein reales, europäisches Dilemma. Die großen KI-Modelle, die wir heute nutzen, sind nahezu ausschließlich in den USA oder China entwickelt worden. Ihre Trainingsdaten, ihre Zielparameter, ihre Entscheidungsmuster basieren nicht auf europäischen Werten, sondern auf den Interessen ihrer Schöpfer. Fairness? Datenschutz? Transparenz? In den USA heißt das oft: so viel wie nötig, so wenig wie möglich. In China? Eher gar nicht. Das Problem: KI ist lernend. Und was sie lernt, formt ihr Verhalten. Wer also glaubt, dass eine KI, die in Kalifornien entwickelt wurde, automatisch mit europäischen Nachhaltigkeitszielen kompatibel ist, der glaubt vermutlich auch, dass Fast Food gesund ist, wenn man es mit Salat bestellt.

Was wir brauchen, ist eine KI mit europäischen Wurzeln. Eine KI, die sich an unseren Werten orientiert, an Transparenz, Nachhaltigkeit, sozialer

Verantwortung, Datenschutz. Eine KI, die nicht nur effizient, sondern auch fair ist. Und – ganz entscheidend – eine KI, deren Rechenzentren in Europa stehen. Denn digitale Souveränität beginnt nicht bei der App, sondern bei den Servern.

Genau hier setzt die europäische Initiative **Gaia-X** an. Das Projekt will eine europäische Dateninfrastruktur schaffen, die die Hoheit über unsere Daten zurück nach Europa holt – mit klaren Regeln, hoher Datensicherheit und einer Architektur, die mit europäischen Werten kompatibel ist. Gaia-X ist im Grunde das, was wir in Europa so dringend brauchen: ein digitales Zuhause, das uns nicht ungefragt ausspäht oder unsere Daten ins Silicon Valley oder nach Shenzhen schickt. Doch auch hier gilt: Gaia-X ist kein Allheilmittel. Es ist ein wichtiger Baustein, aber der Werte-Kompass muss in die KI selbst eingebaut werden und nicht nur in die Serverfarm.

KI ist kein nettes Gadget, sie ist ein echter Effizienz-Booster. Besonders in Bereichen, die bisher analog oder wenig vernetzt waren, kann KI enorme Potenziale heben. In der Logistik beispielsweise steuert KI heute schon Routen dynamisch, vermeidet Leerfahrten und reduziert dadurch Emissionen. Ein Beispiel: Die **österreichische Post** nutzt KI-basierte Tourenplanung, die es ermöglicht, auf Basis von Wetter, Verkehrsfluss und Sendungsvolumen täglich die effizienteste Route zu berechnen. Ergebnis: weniger Kilometer, weniger Staus, weniger CO_2 und das nicht auf PowerPoint, sondern auf der Straße (Österreichische Post, 2023).

Auch im Energiemanagement kann KI Großes leisten. In einem Pilotprojekt der italienischen Firma Enel wurden KI-Systeme eingesetzt, um die Einspeisung erneuerbarer Energien in Smart Grids zu optimieren. Die Herausforderung: Strom aus Wind und Sonne schwankt massiv. Die KI berechnet in Sekundenbruchteilen, wann und wie viel Strom aus Speichern, E-Autos oder dem Netzbezug ausgeglichen werden muss und schafft es so, das Netz stabil zu halten (Enel Group, 2023). Ein klassischer Fall: Was früher mit Erfahrungswerten und viel Bauchgefühl geregelt wurde, wird heute instantan, zuverlässig und emissionsärmer gesteuert.

Die Stärke der KI liegt dabei vor allem in der Fähigkeit, in komplexen, dynamischen Systemen Muster zu erkennen, die dem Menschen verborgen bleiben. Ob in der Energieversorgung, in der Kreislaufwirtschaft oder im Abfallmanagement. KI kann uns helfen, nachhaltiger zu wirtschaften, indem sie den Ressourcenfluss intelligent steuert. Doch KI ist kein Wunderwerkzeug. Sie ist nicht neutral, nicht objektiv, nicht fehlerfrei. Künstliche Intelligenz ist nur so gut wie die Daten, die sie bekommt. Schlechte Daten, schlechte Entscheidungen – das ist das digitale Grundgesetz. Wenn etwa die Datenbasis historisch geprägt ist – zum Beispiel von diskriminierenden Strukturen oder von verzerrten Marktlogiken – dann lernt die KI genau das. Sie lernt Diskriminierung, sie lernt Ausgrenzung, sie lernt Umweltzerstörung. Was sie nicht lernt: moralische Reflexion. Eine KI fragt nicht: „Ist das gut für die Gesellschaft?“ Sie fragt: „Ist das effizient?“ Und hier wird es kritisch.

Ein weiteres Problem: KI ist extrem energiehungrig. Laut Strubell et al. (2019) kann das Training eines großen KI-Modells so viel CO_2 verursachen wie fünf amerikanische Autos über ihre gesamte Lebenszeit. Das bedeutet: Die KI, die heute Ressourcen optimiert, kann beim Training selbst ein Klimarisiko sein, wenn nicht von Anfang an auf energieeffiziente Architekturen gesetzt wird.

Besonders brisant wird es, wenn wir uns fragen: Wessen Werte prägen die KI? Die großen Sprachmodelle und KI-Systeme werden heute fast ausschließlich in den USA und China entwickelt. Das bedeutet: Die Prioritäten, die ethischen Leitplanken, die eingebauten Filter – sie orientieren sich an den Werten und wirtschaftlichen Interessen der dortigen Unternehmen und Gesellschaften. In den USA steht oft die Optimierung für Profitabilität im Zentrum. In China dominiert die staatlich gelenkte Zielsetzung. Und Europa? Europa spielt hier noch die Rolle des Konsumenten. Wir nutzen die Systeme, wir integrieren sie in unsere Prozesse, aber wir gestalten sie kaum aktiv mit. Das ist gefährlich. Denn eine KI, die auf amerikanischen Daten trainiert wurde, kann Datenschutz mit Füßen treten, weil das in den USA schlicht weniger streng geregelt ist. Eine KI, die in China entwickelt wurde, kann Transparenz zur Nebensache machen, weil Überwachung dort ein anderes gesellschaftliches Gewicht hat. Was fehlt, ist eine KI, die europäische Werte verkörpert: Datenschutz, Fairness, Nachhaltigkeit, Teilhabe.

Genau deshalb ist es so wichtig, dass Initiativen wie **Gaia-X** oder das europäische KI-Gesetz (AI Act) nun versuchen, klare Regeln zu schaffen. Europa will – und muss – selbstbewusst definieren, was eine „gute“ KI ist.

Eine KI, die nicht nur effizient rechnet, sondern auch moralisch standhält. Das Ziel ist keine europäische Nischen-KI, das Ziel ist eine europäische Qualitäts-KI. Eine KI, die nicht den Nutzer auswertet, sondern ihn schützt. Eine KI, die im Zweifel lieber weniger weiß, aber dafür respektvoll mit Daten umgeht.

Europa steckt in einem digitalen Sandwich. Links drückt das Silicon Valley mit den großen Tech-Konzernen, rechts drängt China mit seiner massiv geförderten KI-Industrie. Und Europa? Sitzt in der Mitte und fragt sich: „Wollen wir eigentlich Google als Betriebssystem für unsere Energieversorgung? Oder Alibaba als Gatekeeper unserer Verkehrssteuerung?" Die geopolitische Realität ist bitter: Während die USA und China Milliarden in die KI-Vorherrschaft pumpen, hängt Europa noch im ethischen Genehmigungsprozess fest. Doch das darf uns nicht ausbremsen. Im Gegenteil: Genau diese europäische Gründlichkeit ist unsere Stärke. Denn wir brauchen keine KI, die am schnellsten ist. Wir brauchen eine, die am fairsten ist. Und das kann unser Alleinstellungsmerkmal sein.

Mit dem **AI-Act** hat die EU den ersten Versuch gestartet, globale Standards für vertrauenswürdige KI zu setzen. Das Regelwerk will unter anderem Hochrisiko-Anwendungen wie Gesundheits-KI, Verkehrssteuerung und kritische Infrastruktur besonders streng kontrollieren. Es ist der Versuch, digitale Souveränität durch Qualität statt Quantität zu erreichen.

In Schweden zeigt das Energieunternehmen Vattenfall, wie KI nachhaltig und europäisch funktionieren kann. Vattenfall nutzt KI, um Wind- und Solaranlagen effizient zu steuern, Wartungsbedarfe vorherzusagen und Netzausfälle zu vermeiden. Das System wurde gezielt auf europäische Datenschutz- und Nachhaltigkeitsanforderungen programmiert. Ergebnis: weniger Emissionen, höhere Versorgungssicherheit, volle Datenhoheit. Der Clou: Die KI priorisiert nicht nur Kosteneffizienz, sondern auch CO_2-Reduktion – das ist Teil der Programmlogik, nicht bloß ein Marketing-Siegel. So wird der Betrieb der Kraftwerke nicht nur günstiger, sondern auch klimafreundlicher.

Und in Österreich nutzt **Wien Energie** KI-basierte Systeme, um das städtische Energienetz in live zu stabilisieren. Dabei kommt nicht nur klassische

Verbrauchsprognose zum Einsatz, sondern ein dynamisches System, das E-Autos, Photovoltaikanlagen und industrielle Verbraucher intelligent verknüpft. Das Ziel: Netzstabilität und CO_2-Reduktion – beides gleichzeitig, nicht entweder-oder.

Diese Projekte zeigen: Eine europäische KI ist machbar. Eine KI, die nicht den Profit maximiert, sondern das Gemeinwohl stärkt. Eine KI, die sich den ESG-Zielen verpflichtet fühlt und Green-Deal-kompatibel rechnet. Was wir brauchen, ist der Mut, diese KI auch flächendeckend zu nutzen – und nicht reflexartig auf die billigste Lösung aus Kalifornien oder Shenzhen zu setzen. Qualität, Nachhaltigkeit und Werte müssen sich auch digital durchsetzen dürfen. Denn sonst riskieren wir, dass unsere KI zwar effizient ist, aber nicht europäisch.

Künstliche Intelligenz ist weder Heilsbringer noch Untergangsprophetin. Sie ist ein Werkzeug. KI kann nachhaltige Lieferketten optimieren, den Energieverbrauch senken und dabei helfen, den Klimawandel zu bekämpfen. Sie kann aber auch soziale Ungleichheiten verstärken, Umweltschäden beschleunigen und die Nutzerrechte untergraben, wenn sie falsch trainiert wird oder sich an den falschen Werten orientiert.
Die gute Nachricht: Europa muss nicht zusehen. Wir haben die Chance, eine KI zu schaffen, die sich an den Prinzipien des **Green Deal**, an ESG-Standards und an unseren gesellschaftlichen Werten orientiert. Eine KI, die mehr kann als nur „schnell“ und „effizient“. Eine KI, die auch „gerecht“, „transparent“ und „nachhaltig“ denkt, weil wir es ihr so beigebracht haben. Doch dafür braucht es eine klare Entscheidung: Wollen wir eine europäische KI oder begnügen wir uns weiterhin damit, Systeme zu importieren, die nicht für uns, sondern für andere Werte entwickelt wurden? Wollen wir weiter über digitale Souveränität reden oder endlich anfangen, sie aktiv zu gestalten? **Gaia-X**, der **AI-Act** und zahlreiche Best-Practice-Beispiele aus Europa zeigen: Es geht. Aber wir müssen uns trauen, nicht den bequemsten Weg zu nehmen, sondern den richtigen. Denn wenn wir KI einfach so übernehmen, wie sie uns vorgesetzt wird, laufen wir Gefahr, dass unsere europäischen Werte in den Trainingsdaten anderer verloren gehen. Dann wird aus der KI ein mathematischer Schatten der Werte anderer und Europa spielt wieder die zweite Geige.

Künstliche Intelligenz ist eine der wichtigsten Zukunftstechnologien. Doch Zukunft wird nicht einfach geliefert. Zukunft wird gebaut. Und wenn Europa dabei sein will, müssen wir jetzt das Fundament legen: mit einer KI, die unsere Sprache spricht, unsere Gesetze kennt und unsere Werte lebt.

Denn eines ist sicher: Wer die Algorithmen schreibt, formt die Welt von morgen. Zeit, dass Europa den Stift selbst in die Hand nimmt.

Big Data, DSGVO und die Moral der Datennutzung

Big Data ist das Gold der digitalen Ära, aber nur, wenn wir wissen, wie man es verantwortungsvoll verarbeitet. Laut Fasel und Meier (2016) zeichnet sich Big Data durch drei wesentliche Eigenschaften aus: Volumen, Vielfalt und Geschwindigkeit. Es geht um Milliarden von Datensätzen aus Sensoren, Maschinen, Social Media, Transaktionen, Gesundheitsdaten und mehr, die unverzüglich gespeichert, verarbeitet und analysiert werden, um Muster zu erkennen und Entscheidungen zu optimieren.

Big Data funktioniert anders als klassische Datenbanken. Während früher strukturierte Daten in Excel-Tabellen oder SQL-Datenbanken ausreichten, verarbeiten moderne Systeme heute auch unstrukturierte Daten: Social-Media-Posts, Sensorwerte, Logistikdaten, Audiodateien. Hier kommen Technologien wie Hadoop-Cluster, Data Lakes und NoSQL-Datenbanken zum Einsatz, die es ermöglichen, riesige Datenmengen parallel zu verarbeiten. In diesem riesigen Datenozean sind es insbesondere Werkzeuge wie MapReduce und Apache Spark, die durch komplexe Wahrscheinlichkeitsrechnungen und Predictive Analytics aus Rohdaten präzise Vorhersagen erstellen können (Fasel & Meier, 2016).

Ein anschauliches Beispiel liefert die belgisch-niederländische Firma **PolyTec**, ein mittelständisches Unternehmen aus der Kunststoffindustrie. PolyTec nutzt eine Big-Data-Infrastruktur mit Hadoop-Clustern, Kafka-Datenströmen und hybriden SQL-/NoSQL-Datenbanken. Sensoren an den Maschinen melden kontinuierlich Temperatur, Schwingung und Materialfluss. In einer modular aufgebauten Daten-Pipeline werden diese Rohdaten aggregiert, bereinigt und mit Wettervorhersagen, Lieferzeiten und historischen Verbrauchsdaten verknüpft. Ein probabilistisches Modell berechnet dann, wie viel Rezyklatmaterial und Frischkunststoff in den nächsten Produktionsläufen gebraucht werden und passt dank dynamischem Pricing automatisch die Einkaufsmengen an. Das Ergebnis: 18 Prozent weniger Materialverschwendung, 12 Prozent geringerer Energieverbrauch und 7 Prozent mehr Liefertreue innerhalb eines Jahres (PolyTec, 2024). Big Data wird hier zum digitalen Gehirn – effizient, nachhaltig, clever.

Doch dieses digitale Gehirn braucht ein moralisches Betriebssystem. Denn Big Data kennt keine Ethik, es bewertet nur. Genau hier setzt die Datenschutz-Grundverordnung (DSGVO) an: Daten gehören dem Menschen, nicht dem Algorithmus.

Die DSGVO fordert:

- **Zweckbindung:** Daten dürfen nur für den klar definierten Zweck verwendet werden, der bei der Erhebung angegeben wurde.
- **Datenminimierung:** Es dürfen nur die Daten erhoben werden, die zwingend notwendig sind.
- **Transparenz:** Der Betroffene muss wissen, was mit seinen Daten passiert, von wem sie verarbeitet werden und wofür.
- **Recht auf Vergessenwerden:** Jeder hat das Recht, seine Daten löschen zu lassen, wenn sie nicht mehr benötigt werden.
- **Datensicherheit:** Unternehmen müssen nachweislich technische Schutzmaßnahmen ergreifen, um Datenverluste zu vermeiden.

Was in Europa mittlerweile als Standard gilt, ist in anderen Weltregionen bestenfalls ein gut gemeinter Hinweis. In den USA ist Datenschutz vor allem ein Vertragsdetail. Unternehmen können mit Daten machen, was sie wollen, solange der Nutzer irgendwo zugestimmt hat. Und ganz ehrlich: Wer hat schon einmal die 37 Seiten AGB gelesen, bevor er eine App installiert hat? Eben.

In China ist Datenschutz ein noch spannenderes Kapitel. Dort wird der Begriff „Privatsphäre" in der Praxis völlig anders definiert. Der chinesische Staat hat Zugriff auf große Mengen persönlicher Daten – für Verkehrssysteme, soziale Bonitätsbewertungen oder Sicherheitsüberwachung. Die Daten dienen der Effizienz, aber auch der Kontrolle.
Europa steht hier dazwischen als datensensibler, oft belächelter, aber konsequenter Regelsetzer. Die DSGVO ist der Versuch, Datensouveränität und Bürgerrechte auch in einer Zeit zu schützen, in der es einfacher denn je ist, Daten zu missbrauchen. Yuval Noah Harari warnt in „21 Lektionen für das 21. Jahrhundert" (2018), dass Datensouveränität die politische Hauptfrage unserer Zeit sei. Wer die Daten besitzt, besitzt die Macht – nicht mehr, nicht weniger. Denn Daten ermöglichen es, Konsumverhalten zu steuern, Finanzmärkte zu beeinflussen, sogar politische Stimmungen vorherzusagen.

Das perfide daran: Die Kontrolle erfolgt nicht mehr über Gewalt, sondern über Bequemlichkeit. Harari spricht von einem „digitalen Totalitarismus", der sich nicht aufzwingt, sondern einschleicht. Wir stimmen den AGBs zu, weil es schneller geht. Wir akzeptieren das Tracking, weil es komfortabel ist. Und irgendwann merken wir nicht mehr, wie sehr wir gesteuert werden.

Die DSGVO ist ein Versuch, uns diesen Spiegel vorzuhalten. Doch in der praktischen Anwendung ist sie auch eine Herausforderung. Viele europäische Unternehmen haben anfangs gestöhnt: zu kompliziert, zu aufwendig, zu restriktiv. Aber die Wahrheit ist: Die DSGVO zwingt Unternehmen dazu, sich ernsthaft mit Datenethik auseinanderzusetzen. Sie zwingt zur Frage: Brauche ich diese Daten wirklich? Und was passiert, wenn sie in falsche Hände geraten?

Ein besonders erfolgreiches Beispiel liefert Estland. Dort wurde Big Data mit einer klaren datensouveränen Architektur verknüpft. Alle Behörden und Gesundheitseinrichtungen arbeiten digital zusammen, aber immer mit der Zustimmung der Bürger. Jeder Zugriff auf persönliche Daten wird automatisch protokolliert und ist für die betroffene Person einsehbar. In Estland hat Digitalisierung nicht zur Entmündigung geführt, sondern zur Ermächtigung der Bürger.

Ein weiteres Beispiel findet sich in den Niederlanden: Das Gesundheitswesen nutzt dort Smart-Data-Plattformen, die Gesundheitsdaten pseudonymisieren, um Krankheiten kontinuierlich zu analysieren, ohne den Datenschutz zu kompromittieren. Während der COVID-19-Pandemie war das entscheidend, um schnell auf lokale Ausbrüche reagieren zu können und zwar ohne die Patienten zum gläsernen Menschen zu machen.

Auch Luxemburg zeigt, dass Big Data nach europäischen Werten funktionieren kann. Der Logistikkonzern CFL Multimodal optimiert dort Transportströme instantan. Die eingesetzten KI-Plattformen sind so programmiert, dass sie Datenschutz und Effizienz gleichrangig berücksichtigen. Das bedeutet konkret: Standortdaten von Lieferungen werden anonymisiert, Routenplanungen laufen pseudonymisiert und die gespeicherten Informationen werden nach Abschluss des Transports automatisiert gelöscht. Eine rein amerikanische Plattform hätte hier möglicherweise andere Prioritäten gesetzt.

Big Data ist in der europäischen Industrie also kein Bremser, sondern ein Beschleuniger. Aber einer, der gebremst werden darf, wenn er gegen unsere Werte fährt. Und genau das ist der Unterschied. In den USA entscheidet oft der Markt. In China entscheidet der Staat. In Europa entscheiden Regeln.

Doch hier lauert auch die Gefahr. Denn Big Data bringt unglaubliche Versuchungen mit sich. Wer genug Daten hat, kann seine Preise live anpassen – Stichwort: Dynamic Pricing. Er kann Kaufverhalten vorhersagen, Lieferzeiten punktgenau steuern, sogar Wartungszyklen von Maschinen perfekt planen. Aber er kann auch diskriminieren. Er kann automatisiert ablehnen, wenn ein Algorithmus berechnet, dass jemand „unattraktiv" für ein Geschäft ist. Er kann die Preise für dieselben Produkte für verschiedene Kunden unbemerkt variieren, je nach Einkommen, Wohnort oder Einkaufsverhalten. Das Problem: Big Data liebt Korrelationen, auch wenn sie nicht kausal sind. Datenwissenschaftler warnen weltweit, dass es der größte Irrtum unserer Zeit ist, Daten automatisch als neutral und objektiv anzusehen. Doch Daten sind immer ein Abbild dessen, was gemessen wird und was nicht gemessen wird, bleibt unsichtbar. Wer entscheidet, welche Daten erhoben werden? Wer entscheidet, welche Ergebnisse akzeptiert werden?

Big Data kann uns helfen, Emissionen zu senken, Ressourcen effizienter zu nutzen, das Klima besser zu schützen. Aber Big Data kann auch bestehende Ungleichheiten verstärken. Wenn etwa historische Daten aus diskriminierenden Strukturen in KI-Systeme einfließen, werden diese Ungleichheiten nicht beseitigt, sie werden automatisiert fortgeschrieben.
Deshalb braucht Big Data in Europa Regeln und zwar nicht als Spaßbremse, sondern als Schutzschild. Die DSGVO, das europäische KI-Gesetz (**AI-Act**), die Corporate Sustainability Reporting Directive (CSRD) – sie alle sind Bausteine eines europäischen Modells, das Verantwortung ins Zentrum rückt. Ein Modell, das sich bewusst dafür entscheidet, dass nicht alles, was möglich ist, auch gemacht werden sollte.

Ein herausragendes Beispiel, wie moralisches Datenmanagement in der europäischen Industrie gelebt wird, liefert **Siemens**. Der Konzern hat nicht nur technisch saubere Prozesse aufgebaut, sondern verankert Datenethik als festen Bestandteil seiner Unternehmenskultur. In den „Business Conduct Guidelines" stellt Siemens klar: Daten dürfen nicht nur effizient und gewinnbringend genutzt werden, sie müssen auch ethisch verantwortet werden. Der Schutz von Privatsphäre, Integrität und Menschenrechten steht dabei explizit auf Augenhöhe mit wirtschaftlichen Zielen (Siemens, 2023). Besonders bemerkenswert ist der Siemens-interne Umgang mit KI-Tools. Die Belegschaft wird aktiv sensibilisiert, keine sensiblen Entwicklungs- oder Konstruktionsdaten in öffentliche KI-Dienste wie ChatGPT oder GitHub Copilot hochzuladen, auch wenn es bequem wäre. Die Botschaft: Schnelligkeit darf nicht zur digitalen Sorglosigkeit führen. Siemens zeigt damit, dass es nicht reicht, die DSGVO zu erfüllen, man muss den Datenschutz auch ernst meinen (Siemens, 2023).

Ein weiteres Paradebeispiel ist das Schweizer Unternehmen **RepRisk**, das sich auf datenbasierte ESG-Risikobewertung spezialisiert hat. RepRisk analysiert täglich über 100.000 öffentliche Quellen in mehr als 20 Sprachen und nutzt Big Data gezielt, um Verstöße gegen Umwelt- und Sozialstandards aufzudecken (RepRisk, 2024). Dabei bleibt RepRisk unabhängig, transparent und politisch neutral. Das Unternehmen beweist, dass Big Data nicht nur für Konsum- und Profitmaximierung genutzt werden muss, sondern aktiv zum Schutz von Umwelt, Menschenrechten und Unternehmensintegrität beitragen kann. Dank solcher Analysen achten Banken, Versicherungen und

Großunternehmen heute zunehmend darauf, nicht nur finanziell, sondern auch gesellschaftlich sauber zu wirtschaften. RepRisk zeigt: Moralische Datennutzung ist nicht nur möglich, sie ist ein echter Wettbewerbsvorteil.
Diese beiden Beispiele machen deutlich: Datenethik ist kein abstraktes Ideal. Sie ist ein praktischer Kompass, der im digitalen Alltag über Vertrauen, Glaubwürdigkeit und nachhaltigen Erfolg entscheidet. Europas Industrie beweist, dass Verantwortung und Effizienz kein Widerspruch sind, sondern sich in einer digitalen Welt sogar gegenseitig verstärken können.

Die DSGVO ist dabei nicht perfekt, aber sie ist ein Meilenstein. Sie zwingt Unternehmen, bewusster mit Daten umzugehen. Sie gibt Verbrauchern das Recht zu wissen, was mit ihren Daten passiert. Und sie schafft einen klaren Unterschied zum amerikanischen und chinesischen Weg.

Doch die große Herausforderung bleibt: Viele der effizientesten Big-Data-Plattformen stammen aus den USA. Sie sind günstiger, schneller, oft einfacher integrierbar. Und genau hier müssen europäische Unternehmen standhaft bleiben. Denn wer sich für den bequemen Weg entscheidet, riskiert, dass die Kontrolle über die Daten und damit über das Geschäft verloren geht.

Ein kurzer Blick in die Praxis: Während in den USA Plattformen wie **Amazon Web Services** (AWS) und Google Cloud den Markt dominieren, versuchen europäische Initiativen wie **Gaia-X**, eine datensouveräne Alternative zu schaffen. **Gaia-X** will keine Kopie sein. Es will ein Netzwerk sein, das offen, sicher und transparent funktioniert. Doch es braucht die breite Anwendung, den Mut der Unternehmen, sich für den europäischen Weg zu entscheiden, auch wenn er auf den ersten Blick etwas mehr Aufwand bedeutet.

Denn Big Data ist mehr als nur Technologie. Es ist ein Spiegel unserer Werte. Und wenn wir wollen, dass dieser Spiegel uns ein Bild von Fairness, Nachhaltigkeit und Respekt zeigt, müssen wir ihn auch entsprechend gestalten. Die gute Nachricht: Europa hat längst bewiesen, dass es geht. Dort wird Big Data nicht nur gemessen, dort wird es gestaltet. Dort ist der Mensch nicht Mittel zum Zweck, sondern bleibt Zweck an sich.

Big Data ist das Rückgrat der Digitalisierung. Aber Rückgrat bedeutet auch: Haltung.
Und vielleicht ist das am Ende die wichtigste Lektion: Daten machen uns schneller, präziser, effizienter. Aber sie machen uns nicht automatisch besser. Das liegt immer noch an uns. Und das ist gut so. Denn mit großer Datenmacht kommt eben auch große Verantwortung. Zeit, dass wir sie wahrnehmen. In Europa. Für Europa. Und vielleicht, für ein bisschen mehr Menschlichkeit im Zeitalter der Maschinen.

Die EU im globalen Tech-Wettstreit – stabiler Hafen oder Spielball der Supermächte?

Europa steht inmitten eines epochalen Technologie-Duells, bei dem Datenströme, Algorithmen und Hightech genauso strategisch sind wie einst Schiffe, Öl und Militärbasen. Auf der einen Seite das Silicon Valley, ein digitaler Supermarkt, in dem Tech-Giganten ganze Branchen prägen. Auf der anderen Seite China, mit rigoroser Datenkontrolle, massiver Förderung von KI und dem digitalen Einzelstaat, der 5G als neue Seidenstraße versteht (Abrams, 2023). Dazwischen steht Europa, gefangen zwischen Tech-Faszination und Wertediskurs. Doch die entscheidende Frage bleibt: Reicht es, der beste Regelmacher der Welt zu sein? Oder müssen wir selbstspielend ins Feld, um nachhaltig mitzubestimmen?
Der Begriff „Techkrieg" klingt nach Science-Fiction. Aber der Niederländer Jan Bialek erklärt in *Tech* (2022), dass Technologiepolitik längst Verteidigungspolitik ist. Sanktionen gegen Huawei waren nicht nur wirtschaftliche Schachzüge, sie signalisierten: Europa muss seine digitale Strategie neu denken. Plötzlich tauchten Fragen auf wie: Vertrauen wir unseren 5G-Netzwerken und wenn nicht, wen lassen wir ins Boot? (Bialek, 2022). Rundherum explodierten Investitionen, sei es im EU-Chips Act, in 5G-Infrastrukturen oder in Homegrown-Cloudlösungen, die selbstbewusst „Made in Europe" auf dem Schild tragen.
Auch Wolfgang Hirm warnt in *Der Tech-Krieg* (2021): Diese Debatte ist keine Laborübung, sie ist Staatsräson. Denn wer beginnt, Algorithmen zu regulieren, Maschinen zum Export freizugeben oder Netze zu bauen, bestimmt direkt die Werte, Sicherheit und Wettbewerbsfähigkeit ganzer Staaten. Doch Europa

wäre nicht Europa, wenn es nicht gleichzeitig Feuerwehr und Architekt, Mahner und Motivator wäre. Ironisch betrachtet: Wir schreiben Vorschriften, während andere die Maschinen bauen. Wir diskutieren ethische KI, während andere KI ohne Werte trainieren. Aber vielleicht ist darin unsere Stärke, wenn wir aufhören, Zuschauer zu bleiben.

US-Präsident Trump hat Huawei mit Exportverboten attackiert. Für Europa war das nicht nur Ärgernis, sondern Chance. Plötzlich waren Hersteller gefragt, europäische Lösungen aufzubauen, eigene Software zu lancieren, Daten Hosted in EU zu bringen. Die „Trump-Chance" nannte das eine Analyse der Europäischen Kommission (2023) spöttisch. Ergebnis: Wir investieren jetzt mehr in Netzwerke, Halbleiter, Chips und Clouds und entdecken endlich, dass wir das können, wenn wir es gemeinsam tun.

Robert Abrams zeigt in *China & America's Tech War* (2023), dass die USA und China sich gegenseitig das Wasser abgraben – von KI-Patenten bis zu Chromebook-Betriebssystemen. Doch Europa ist keine Randfigur. Die USA brauchen europäische Chip-Equipments, ohne ASML (NL) und Zeiss (DE) läuft das Chinageschäft nicht rund. China wiederum kauft Technologie aus Europa – Laser, Halbleiter, Maschinen – und erkennt, dass wir nicht nur Lieferant, sondern Forschungspartner sind (Santarius et al., 2023). Europa ist also nicht nur regelndes Wasser, sondern fließendes Wasser.

Es reicht aber nicht, Schiedsrichter zu bleiben. Wir müssen mitspielen. Sich nur auf Ethik und Regularien zu verlassen ist wie ein Boxer mit Handschuhen, aber ohne Schlagkraft. Europa muss entscheiden: Wollen wir Tech-Lovestorys schreiben oder Tech-Legenden bauen? Digital Sovereign, aber mit Substanz – das ist das neue Ziel. Denn Europa hat Bildung, Forschung, Industrie und Werte und alles, was nötig ist. Die Frage ist nur: Wann starten wir den Motor gemeinsam? Denn Europa hat längst mehr zu bieten als hübsche Paragrafen und Besprechungsgremien. Unsere Stärken liegen dort, wo andere nur nachrüsten können: in Grundlagenforschung, High-Tech-Manufacturing und einem nachhaltigen Wirtschaftssystem mit globalem Einfluss.

Europa wirkt oft bescheiden, aber in vielen Zukunftstechnologien sind wir führend. Denken wir an IMEC in Belgien: Hier entstehen Chiptechnologien in Nano-Dimensionen, mit denen zukünftige KI-Systeme Realität werden

(Santarius et al., 2023). In Deutschland fungiert das Fraunhofer-System als Innovationsmotor vor Ort, praxisnah, weltweit anerkannt. Frankreichs CEA-Leti forscht an Quantentechnologie, die bald Rechenprobleme lösen könnte, die klassische Supercomputer kapitulieren lassen. Das Schöne ist: Unsere Forschung findet nicht nur in Elfenbeintürmen statt, sondern resultiert in weltmarkttauglichen Anwendungen. Europa produziert Lösungen, und zwar schon jetzt und nicht erst morgen.
Ohne deutsche Werkzeugmaschinen und niederländische Lithografiesysteme wie von ASML bleibt die Halbleiterproduktion weltweit stecken. China? Braucht europäische Präzision, um seine Chipfabriken in Gang zu bringen. Die USA? Greifen regulierend ein, weil sie selber nicht liefern können. Der Maschinenbau ist Europa's technischer Joker – hochkomplex, hoch spezialisiert und weltweit nachgefragt (European Commission, 2022).

Hier kommt die ESG-Strategie ins Spiel und sie ist kein Marketing-Gag, sondern echtes politischen Kapital. Wenn europäische Unternehmen wie **ABB**, **Schneider Electric** oder **Vestas** CO_2-Berichte transparent veröffentlichen, Lieferketten offenlegen und ihre Social-Governance-Kriterien im Detail öffentlich machen, setzen sie globale Standards. Andere Firmen, die am europäischen Markt teilnehmen wollen, müssen sich anpassen, oder draußen bleiben (European Commission, 2023). Ein gutes Beispiel ist die Solarbranche: Europäische ESG-Zertifikate verlangen detaillierte Nachweise zur Herkunft von Silizium, faire Produktionsbedingungen in Asien und CO_2-Optimierung bis zur Installation. Damit hat die EU Plattformen geschaffen, die Technik und Werte zählen. Ein Impact, den weder USA noch China bisher in vergleichbarer Tiefe erreicht haben.

Europas Erfolgsrezept lautet nicht mehr: erst Technik bauen, dann Regeln machen. Nein! – wir bauen Technik, DURCH Regeln. Und das hat Folgen. In keinem Techbereich geht es mehr ohne ESG. Smart-Grid-Anbieter, Kreislaufwirtschafts-Hubs, Nachverfolgungsplattformen – sie alle sind Trendsetter, weil sie Digitalisierung mit Nachhaltigkeitsparametern kombinieren. Das gilt sogar für den luxemburgischen Recycling-Markt, in dem Logistikanbieter automatisch Abholrouten optimieren, Emissionen direkt messen und alles ESG-konform dokumentieren. Das digitale Steuergerät ist auch gleich das Nachhaltigkeits-Cockpit.

Investoren verschieben weltweit Kapitalströme. Put differently: Wenn ESG stimmt, springen Fonds auf. In den USA war ESG-Attacke längere Zeit politisch befeuert. Aber spätestens jetzt fehlt Geldanlagen mit nachhaltigem Fokus. Europa hingegen gewinnt dadurch. Mit klaren ESG-Regeln wird unser Kapitalmarkt zur attraktiven Anlaufstelle für Orientierungssuchende, die Rendite und Werte wollen.

Europa hat erkannt: Es reicht nicht, schöne Wörter über Datenschutz & Ethik zu schreiben. Wir müssen unsere digitale Infrastruktur auch wirklich in die Hand nehmen. Digitale Souveränität bedeutet, dass wir selbst entscheiden, wo unsere Daten gespeichert werden, wie sie verarbeitet werden und wer darauf Zugriff hat. Es geht um Autonomie im Digitalland und genau das ist das Ziel hinter Gaia-X, dem digitalen Rückgrat Europas. **Gaia-X** startete 2019 als gemeinsame Initiative von Deutschland und Frankreich, heute sind über 300 Unternehmen aus allen Branchen beteiligt – von Industrie bis Smart Cities. Das Ziel ist klar: Ein föderiertes, sicheres Daten-Ökosystem, das auf offenen Standards basiert, interoperabel ist und die Hoheit über Daten in europäischer Hand belässt. Ein wesentlicher Vorteil dieses Konzepts sind die sogenannten Label-Levels, mit denen Dienste nach ihrem Grad an Compliance klassifiziert werden. Vom Basisniveau bis Level 3, das höchste Niveau, bei dem alle Datenhoheit, Transparenz und EU-Recht gewährleistet sind. Konkrete Tools wie das „Sovereign Cloud Stack“ (SCS), entwickelt u.a. vom Open Source Business Alliance mit PLUSServer und Ceph/OpenStack-Kern, machen aus der Theorie ein technisch-öffentlich nachprüfbares System.

Doch **Gaia-X** ist nur ein Puzzlestück. Europa denkt weiter. Etwa mit der Digital Services Act (DSA) und Digital Markets Act (DMA), dem EU **AI-Act** oder im Finanzbereich mit der digitalen Euro-Initiative. All diese Regelwerke zusammen: ein stabiler Hafen für Daten, KI, Zahlungsverkehr und digitale Dienste, gebaut auf europäischem Boden, mit europäischen Werten.

Estland ist das wohl bekannteste Experimentierfeld Europas. Fast alle Behördengänge laufen online – mit persönlicher Bürgerkarte oder Smartphone-ID, von der Steuer bis zur Gesundheitsakte, alles nach dem „Once Only“-Prinzip. Eine technische Innovation: die „Data Embassies“, also digitale Botschaften mit Backups in Luxemburg – ein souveränes System im digitalen Raum. Damit macht sich Estland weniger abhängig von externem Hosting. Digitale Resilienz per Knopfdruck.

In Belgien, den Niederlanden und Luxemburg treiben FinTech-Startups den digitalen Zahlungsverkehr voran, unter dem Schutz der PSD2-Richtlinie. Das ermöglicht Open Banking, sichere APIs und transparente Datenströme. Die Nutzer kontrollieren, wer was sieht und bekommt. So entsteht ein Markt, in dem nicht Google oder Apple den Zahlungsverkehr dominieren, sondern europäische Innovation und Verbraucherwahl. Dass sich FinTechs wie Inbank in Estland mit Solarpanel-Krediten etablieren, zeigt: Digitale Souveränität lohnt sich. Europa hat schnell erkannt: In der digitalen Welt ist Geld nicht nur Mittel zum Zweck. Es ist das Signal, das sagt: *„Das hier ist wichtig, hier lohnt es sich."* Und im Tech-Wettstreit ist ESG (Environment-Social-Governance) nicht nur ein Label, sondern Währung.

ESG ist heute das erste Kriterium, das Fonds, Pensionskassen und private Investoren anlegen, nachdem Rendite längst als gesetzt gilt. Wer gute CO_2-Ziele hat, gerechte Lieferketten vorweisen kann und transparent entscheidet, bekommt vor allem eines: Kapital. Und zwar vorrangig in der Tech-Branche.

Ein Spitzenbeispiel: Vestas, der dänische Windkraft-Riese, hat seine Turbinen nicht nur technisch optimiert, sondern auch digital vernetzt. Realtime-Daten zum Winddruck, Drehzahl, Wartungszyklen und Wetterfluktuationen fließen in cloud-basierte Modelle, die früher teure Vor-Ort-Besuche ersparten (Vestas Sustainability Report, 2023). Und das klare Ergebnis: CO_2-Einsparungen, bessere Leistung und ein ESG-Rating, das Anleger überzeugt. Die Folge: Vestas schaffte es, grüne Anleihen (Green Bonds) deutlich günstiger zu begeben als die meisten Industrieunternehmen. Kapitalströme folgten, nicht weil es Mode war, sondern weil es messbar war.

Eine vergleichbare Geschichte schreibt Siemens Gamesa. Der Hybrid-Turbinen-Hersteller nutzt KI und Digitalisierung, um seine Wartungszyklen vorherzusagen und plötzliche Ausfälle zu vermeiden. Das spart nicht nur CO_2, sondern sichert auch die Power-Purchase-Agreements. Investoren honorierten das mit erhöhtem Vertrauen: Siemens Gamesa konnte ESG-zertifizierte Kredite mit deutlich besseren Konditionen aufnehmen (Siemens Gamesa Sustainability Brief, 2023).

Grob gesagt gilt: Kapital sucht Sicherheit mit Impact. Wenn ein Unternehmen ESG-Ziele hat, die sich in Energieeffizienz, CO_2-Reduktion und gerechter Lieferkette widerspiegeln, sinkt das Investment-Risiko – regulatorisch, operativ und imageseitig. Dazu kommt ein Trend: Indexfonds wie der MSCI World ESG oder der FTSE4Good folgen klaren Richtlinien. Unternehmen, die dort gelistet sind, ziehen Milliarden Kapital mit minimaler täglicher Arbeit. Das ist keine Zukunftsmusik, das ist Realität.
Und das ist besonders spannend für Europa: Unsere Tech-Firmen müssen in diesen Kategorien oft gut dastehen, wenn sie in Europa, aber auch anderswo Kapital einsammeln wollen. Der Effizienzdruck zwingt uns, digitale Nachhaltigkeit wirklich umzusetzen, nicht nur auf dem Papier. Technische Exzellenz alleine reicht nicht mehr.

Tech-Firmen profitieren – zwei Beispiele:

- **Infineon (DE)** – der Halbleiter-Gigant nutzt digitale Messsysteme in seiner Chip-Produktion, um Stromverbräuche, Wasserverbrauch und Temperatur präzise zu steuern. Dank dieser Transparenz konnte Infineon grüne Darlehen aufnehmen, die deutlich günstigere Konditionen boten als klassische Kredite (Infineon Sustainability Report, 2023).

- **Nordic Green Tech – z. B. Climeon (SE)** – ein auf Energieeffizienz spezialisiertes Startup, das digital gesteuerte Abwärme-Kraftwerke entwickelt. Durch präzise KWK-Daten und digitale Steuerung konnte Climeon einen ESG-Investmentfonds überzeugen – und erhielt 50 Mio. € Kapital für den Ausbau.

Im Technologiebereich geht viel schief: Datenlecks, Materialnichtverfügbarkeiten, Ausfälle bei Infrastrukturprojekten. ESG bietet einen Schutzschirm. Wer eine gültige CO_2-Bilanz hat, wer Lieferanten kontrolliert, wer Governance ernstnimmt, gewinnt ein Sicherheitsnetz und Slow-Down-Kapitalgeber, die nicht panisch verkaufen, wenn was passiert. Kurz gesagt: ESG ist in der Tech-Welt die Firewall gegen Risiko und oft wirksamer als klassische Versicherungen. Europa schafft damit nicht nur Kapital, sondern politische Handlungsfähigkeit. Wenn Vestas & Siemens Gamesa ESG-zertifiziert investieren, bauen sie nicht nur Windräder, sie senden Signale an

Finanzmärkte, Unternehmen und Regierungen in aller Welt, wie nachhaltiger Tech-Ausbau funktioniert. Sie setzen globale Benchmarks, die technologiepolitisch wirken.

Tech-Führung in Europa heißt heute: digital + nachhaltig + finanziell attraktiv. Die Investor-Story zeigt: ESG ist der Booster, der uns nicht nur wirtschaftlich stärkt, sondern geopolitisch positioniert. Wer digitale Souveränität will, muss sie auch bezahlen, aber ESG bringt das Geld gleich mit. Trotz aller Fortschritte lauern im globalen Tech-Wettstreit sieben Stolperfallen, die Europa nicht übersehen darf.

Europa ist stolz auf seine Regelkompetenz und das zu Recht. Aber manchmal wirkt es eher wie ein digitaler Bremser. Während andere schnell Produkte auf den Markt bringen, diskutieren wir über Ausnahmeregeln und Langzeitfolgen. Das kann Innovation ersticken. Wir müssen lernen, dass Regeln Wegweiser sind, nicht Denkblockaden. Ein erster Schritt ist ein „Fast Track" für nachhaltige digitale Pilotprojekte – iterativ, risikobewusst und schnell. Wer nur Regeln schreibt und kauft, statt selber zu bauen, bleibt Spielball. Ein Beispiel: EU-Konzerne hängen bei KI-Hardware und Quantencomputern weiterhin der US-Spitze hinterher. Zwar ist die Regelbasis stark, aber wer macht die Algorithmen, wo laufen die Modelle, wer entwickelt die Chips in Zukunft? Die Antwort entscheidet über Zukunftskompatibilität.
Europa predigt Datenschutz und Nachhaltigkeit, bezieht aber Strom und Material häufig aus Regionen mit niedrigen Standards, siehe Fast Fashion oder seltene Erden. Das widerspricht unserem Selbstbild und öffnet Angriffsfläche. Wir brauchen saubere Lieferketten bis zur Herkunft – digital nachvollziehbar, ökologisch und sozial kontrolliert.

Europa besteht aus 27 Ländern, mit unterschiedlichen Ansätzen zu Open Data, KI und Förderpolitik. Statt europäischer Einheit sehen wir oft nationale Silos. Estland macht Digitalland ohne Papier, Frankreich baut separate Clouds, Deutschland diskutiert noch. Wenn wir als ein Markt agieren wollen, müssen wir technische und rechtliche Kompatibilität sicherstellen.

ESG ist beliebt, aber auch anfällig für Greenwashing. Manche Unternehmen schreiben CO_2-Ziele auf ihre Website, ändern aber nichts. Investoren erkennen das: Ratings werden strenger, Datentransparenz steigt. Europa muss Standards verlässlich machen – Stichwort: verbindliche ESG-Berichte mit stichprobenartigen Prüfungen. Sonst wird ESG zur farbigen Marketingfolie und verliert an Glaubwürdigkeit.

Maschinenbau und Digitaltechnik hängen stark vom globalen Materialmix ab – seltene Erden, Silicon-Wafer oder Elektronik. Europa versucht, bei kritischen Rohstoffen autark zu werden (Critical Raw Materials Act, 2023), aber das dauert. Bis dahin bleibt die Frage: Wie resilient sind wir bei geopolitischen Krisen? Wir brauchen parallele Strategien – Recycling, Importdiversifikation, digitale Substitution.

EU-Regelwerke wie DSA und DMA adressieren Tech-Giganten, aber Umsatzbeteiligungen oder Datenportabilität allein reichen nicht. Wenn Google, Amazon oder Apple ihre Plattform dominieren, blockieren sie Innovation. Europäische Startups brauchen faire Zugangschancen, etwa durch Open-APIs, EU-Cloud-Kontrollen, konsequente Kartellverfahren und durchgängiges Datenrecht.

Drei kritische Szenarien:

- **Szenario A – Die europäische Regel-Falle**
  Europa reguliert KI und Daten so streng, dass Unternehmen entweder ins Ausland ausweichen oder ihre Forschung in die USA/China verlagern. Die EU bleibt digitaler Markt, aber nicht digitaler Produzent. Das stört unsere Klimaziele, Arbeitsplätze und digitale Innovation.

- **Szenario B – Greenwashing-Investitionsblase**
  ESG wird massenhaft als Druckmittel genutzt, aber ohne echte Wirkung. Sobald die nächste Wirtschaftskrise kommt, brechen die Nachhaltigkeitsversprechen und europäische Standards stehen als leere Hüllen da. Investoren wenden sich ab, Vertrauen geht verloren.

- **Szenario C – Technische Abhängigkeiten**
  Europa kauft Chipanlagen, KI-Rechenpower und Plattformzugang, ohne eigene Alternativen aufzubauen. Wir zahlen, aber wir zählen nicht mit. Wenn der Zugang beschränkt wird – sei es technisch oder politisch – sitzen wir am kürzeren Hebel.

Handlungsempfehlungen – ein schneller Kompass:

Problem	**Lösung**
Überregulierung	Agile Testzonen, EU-Innovationspässe schaffen
Fragmentierung	Einheitliche Minimumstandards für Infrastruktur
ESG-Greenwashing	Verbindliche Prüfung, EU-Zertifizierung
Lieferkettenabhängigkeit	Recycling, Rohstoffpartnerschaften, Diversifizierung
Plattformmacht	Offene APIs, EU-Cloud-Regulierung, faire Zugangsrechte

Europa steht an einem Scheideweg: Entweder wir bleiben der Regelwächter, die andere antreiben, oder wir machen selbst das Rennen. Das nächste Kapitel zeigt, wie wir gewinnen können, mit digitalem Selbstbewusstsein, Nachhaltigkeit und europäischem Gestaltungswillen. Wenn Europa in diesem globalen Tech-Wettstreit nicht nur als Manndecker, sondern als Regisseur der Szene auftreten will, dann braucht es mehr als Worte. Es braucht Mut, Ausdauer und ein selbstbewusstes *„Jetzt erst recht!“*.

Europa muss sich nicht länger damit zufriedengeben, der beste Regelmacher der Welt zu sein. Wir sind mehr: Wir sind ein riesiges Wirtschafts- und Gesellschaftssystem mit leidenschaftlichen Ingenieurinnen, Forscherinnen, Unternehmerinnen und Konsumentinnen. Und wir haben Werte – Datenschutz, Nachhaltigkeit, Teilhabe – die weltweit zunehmend gefragt sind. Nur wer seine Prinzipien wirklich lebt, der kann sie auch verkaufen. In den kommenden Jahren liegt der Schlüssel darin, Werte sichtbar zu machen, Technologien darauf auszurichten und transformative Projekte aufzugleisen, die zeigen: Effizienz und Ethik sind kein Widerspruch, sie sind ein Versorgungskonzept für die Zukunft.

Ja, wir brauchen Rechenzentren in Europa, eine Cloud, die wirklich „Made in EU“ ist und Halbleiteranlagen, die Europa unabhängig machen. Wenn ASML, das niederländische Lithografie-Ass, entscheidet, woher Europa seine Chips bekommt, ist das gut. Wenn Europa aber gar nicht mehr produzieren kann, weil wir Wissen und Infrastruktur verlieren, dann ist das Abhängigkeit. Europa muss bei nächsten Wellen der Entwicklung dranbleiben - bei Quanten, bei bio-basierten Materialien, bei dezentraler KI. Gaia-X oder Chips Act sind nur Startpunkte. Jetzt geht es ums Rohbauen: Rechenzentren, Rechenzentren, Rechenzentren in Kombination mit Photovoltaik, Wind und grünem Strom. Nur so lassen sich Nachhaltigkeit und Digitalisierung dauerhaft verzahnen.

Die ESG-Kultur hat bewiesen, dass Werte Rendite bringen. Wenn Investoren erkennen, dass das Engagement in digital-nachhaltige Technologien Risiken senkt, folgen Millionen und das global. Unternehmen wie Vestas, Siemens Gamesa oder Infineon haben gezeigt: Wer Digitales mit Nachhaltigkeit verknüpft, bekommt günstigeres Kapital, bessere Konditionen und Marktchancen auch in Asien und Amerika. Europa muss dieses Muster mutig multiplizieren: Energieeffizienz, Kreislaufwirtschaft, Klimaneutralität und das alles digital.
Technische Infrastruktur ist nur so gut wie die Menschen, die sie gestalten. Europa braucht ein Bildungssystem, das Mathematik, Informatik, KI und Ethik kombiniert. Pädagogik für digitale Bürgerinnen, die wissen, was Datenschutz bedeutet, die Werte in Algorithmen reflektieren – und nicht nur programmieren, sondern auch verstehen, was sie tun. Europas Schulen und Unis müssen diese Verantwortung offensiv übernehmen und digitale Mündigkeit herstellen.

Selbst die beste Technologie nutzt wenig, wenn keine politische Rückendeckung existiert. Der Tech-Wettstreit ist kein Sprint, sondern ein Marathon. Es braucht politische Entschlossenheit und langfristige Planung: 10-Jahres-Techschulen, EU-Halbleiterfinanzierung, klare Roadmaps für Grüne KI und Renewables-Dateninfrastruktur. Gleichzeitig müssen wir proaktiv agieren: Partnerschaften mit Afrika, Asien und Lateinamerika aufbauen und dort unser Modell für Tech mit Werten vorstellen. Damit Europa nicht nur regional bleibt, sondern global wirkt.

Wenn Europa jetzt die Chance nutzt, wird es zum Vorbild. Systeme, die Datenschutz, Partizipation und Nachhaltigkeit kombinieren, zeigen, dass Hightech nicht blind sein muss. Wenn europäische Start-ups in Afrika Dateninfrastrukturen aufbauen, wenn EU-Cloud Services Fairness und Datenschutz garantieren, wenn ESG-Kriterien Branchenstandards werden, dann entsteht ein neues Narrativ: Tech mit Sinn.

Wir stehen an einem historischen Punkt: Der Tech-Wettstreit ist weder abgeschlossen, noch entschieden. Europa hat die Rolle, als verhinderter Zuschauer zur kreativen Mitgestalterin zu werden. Nicht, indem wir uns kleinreden, sondern indem wir laut und klar sagen: *„Wir machen mit – auf unsere Art.“* Wir können diesen Transformsprung schaffen, mit Nachhaltigkeit, Solidität und digitaler Durchschlagskraft. Wir brauchen Handeln, nicht nur Reden. Wir brauchen Demonstratoren, keine Diskussionen über Powerpoints. Wir brauchen „Machen“ – jetzt!

Gesamtheitliche Vernetzung: digitaler Produktpass, EPD und die Zukunft nachhaltiger Lieferketten

Stellen Sie sich vor, Ihr neuer Ziegelstein erzählt Ihnen, wo er herkommt, wie er gebrannt wurde, welchen CO_2-Fußabdruck er hat und ob er nach einem Hausleben von 100 Jahren recycelbar ist. Nein, das ist kein Stein in der Midlife-Crisis, sondern das Zukunftsmodell der europäischen Lieferketten: der **digitale Produktpass** (DPP) und die **Environmental Product Declaration** (EPD).

Bleiben wir an dieser Stelle in der Bauwirtschaft und im Bereich des Wohnbaus. Denn hier liegen wahre Schätze an Möglichkeiten digitale Helferlein einzusetzen, um das Bauen und Wohnen von morgen nicht nur nachhaltiger, sondern auch langlebiger und ressourcenschonender zu gestalten. Dabei gibt es bereits viele EU-Verordnung, die unterstützend wirken und gesamtheitlich ein gutes Beispiel für Vernetzung, Digitalisierung und

Nachhaltigkeit bietet. Die folgenden Beispiele lassen sich auch auf andere Branchen der europäischen Industrie darstellen, sodass die europäische Bauindustrie und hier lediglich als Beispiel dient und keinen Anspruch auf Alleinstellung hat.

In Zukunft wird „Nachhaltiges Bauen" kaum noch ohne „Digitales Bauen" denkbar sein und das ist keine reine Wunschvorstellung, sondern bereits Realität. Wir stehen am Beginn einer Ära, die man ein bisschen wie ein Tanz nennen könnte: Ein Hauch Re-Use hier, ein Schuss Machine-Learning dort. Das wird schnell zu weniger Abfall, höheren Standards und sogar echten Einsparungen führen. Dazu kommen smarte Sensoren (IoT), die im gesamten Gebäude Wärme, Feuchtigkeit oder Materialveränderungen messen und automatisch melden, wenn zum Beispiel ein Recyclingpunkt in der Nähe ist. Digital Twin-Projekte wie am Löfstad Castle in Schweden zeigen, wie sensorbasierte Analysen helfen, Energieverbrauch zu senken und Gebäudestrukturen langfristig zu erhalten.

Apropos „Re-Use": Im modernen Bauwesen gewinnt ein innovatives Konzept immer stärker an Bedeutung: die sogenannten **6 Re-Strategien**. Diese fassen wichtige Ansätze der zirkulären Bauwirtschaft zusammen und eröffnen neue Wege zu nachhaltigem Bauen. Sie beruhen auf dem Prinzip, Ressourcen so lange wie möglich im System zu halten und Abfälle zu vermeiden, weit mehr als nur Recycling.

Am Start steht **Re-use**, also die Wiederverwendung bestehender Bauteile, an oberster Stelle. Studien zeigen, dass zurzeit weniger als 1 % der Materialien aus Abriss effektiv wiederverwendet werden. Das Forschungsprojekt **BuildReUse** (2024) untersucht gerade, wie Recycling und Re-Use, insbesondere bei Gebäuden mit kurzen Nutzungszyklen, effizienter eingesetzt werden können. Wichtig ist: Re-use spart nicht nur Material, sondern auch Energie und CO_2, da die Aufbereitung deutlich weniger komplex ist als ein vollständiger Material-Neuprozess. Darauf folgt **Re-duce**, die Reduktion. Ziel ist, Material-, Energie- und Abfallaufkommen bereits in der Planung stark zu minimieren. Die Kreislaufwirtschaft strebt bewusst langlebige Gebäude an, um den Energie-, Emissions- und Ressourcenverbrauch zu senken. **Re-cycle**, konventionelles Recycling. Baustoffe wie Beton, Asphalt oder Gips werden aufbereitet und wieder dem Produktionskreislauf zugeführt. Dennoch bleibt

Recycling oft die „letzte Option", wenn Re-use nicht möglich ist. Viel Potential bietet **Re-build**: das Wiederaufbauen oder Wiederherstellen. Statt Abriss und Neubau kann die Substanz eines Gebäudes erhalten und überarbeitet werden. Das spart Ressourcen und erhält das architektonische Erbe (Stichwort: Bodenversiegelung. **Re-furbish**, also Sanieren und Modernisieren. Laut „Sustainable refurbishment"-Konzept umfasst dies energetische, funktionale und ästhetische Maßnahmen, die den Lebenszyklus von Gebäuden verlängern und gleichzeitig Komfort und Effizienz steigern. Den Abschluss macht **Re-purpose** an, die Umnutzung bestehender Gebäude für neue Zwecke, auch bekannt als „adaptive reuse". Beispiele etwa in Europa sind Industriebauten, die zu Museen oder Wohnkomplexen umgenutzt werden. Dieser Ansatz erhält nicht nur Ressourcen, sondern auch kulturellen Wert.

Warum ist diese Strategie relevant? Die Bauwirtschaft verursacht jährlich weltweit etwa 60 Gt Materialverbräuche, nationaler Bauabfall macht in Zentraleuropa einen nicht zu vernachlässigenden Anteil des Mülls und des CO_2-Ausstoßes aus. Der Umstieg auf die „6 Re" kann nicht nur ökologische, sondern auch ökonomische Vorteile bringen, etwa durch Materialkosten- und Deponieeinsparungen. Zudem fördert sie lokale Arbeitsplätze etwa im Bereich Demontage und Aufbereitung.

In Deutschland und Österreich schlägt das Smart-Building-Herz schon kräftig, besonders, wenn es um Wiederaufbereitung und „grünes" Bauen geht. Neben modularen Ziegelwänden (Wienerberger, 2022) gibt es Vorreiter auch bei Gipskartonplatten und Dachfenstern. So arbeitet beispielsweise die **Saint-Gobain Gruppe** rigoros an der Wiederverwertung von Rigips-Gipskartonplatten: Alte Bauplatten werden zerkleinert, gereinigt und als Füllstoff neu verwendet – oft ohne Zusatzstoffe und mit deutlich reduziertem CO_2-Fußabdruck. Und auch **Roto Frank**, bekannt für seine Beschläge und Wohndachfenster, verfolgt digitale Rückführungsstrategien, bei denen Einbaudaten per QR-Code ins Produktmodell eingebunden werden. Nach dem Ende ihrer Lebensdauer weiß man so genau, welche Komponenten für Re-Use tauglich sind – etwa Beschläge – und welche recycelt werden müssen. Heute kann aus jedem Roto-Wohndachfenster, wieder ein Roto-Wohndachfenster entstehen, also ein echter Cradle-to-Cradle-Ansatz im Sinne des Erfinders.

Doch das ist nur der Anfang. Baustoffriesen wie **Holcim** und **voest Alpine** treten mit digitalen Tools noch eine Stufe weiter. Holcim setzt auf seine ECOPact-Linie: Niedrig-CO_2-Beton mit mindestens 30 Prozent weniger Emissionen, hergestellt mithilfe von Recyclingmaterialien aus Bau- und Abbruchabfällen und das alles in digital gesteuerten Premium-Rezepten (Holcim ECOPact, 2025). In Retznei, der südsteirischen Holcim-Zentrale, wurden bereits Reste aus alten Ziegeln, Betonbrocken und Industrieabfällen automatisiert eingespeist – ThermoTeam-Joint-Venture sei Dank – und liefern damit Ausgangswerte für 100 Prozent recycelten Zement (Holcim Retznei, 2023). Ergänzend arbeitet Holcim an ECOCycle®, einer Plattform, die Bauschutt digital aufbereitet und den Weg dafür ebnet, dass alte Materialien direkt in neue Gebäude einfließen (Holcim ECOCycle, 2023). In Wien wurde das Europäische Patentamt so umgebaut, dass bereits ECOPact-Beton mit ECOCycle®-Materialien verwendet wurde und das bei gleichzeitigem BREEAM-Outstanding-Ziel (Holcim Vienna EPO, 2024).

Voest Alpine wiederum zeigt mit greentec steel, wie man aus Alt-Stahl High-Tech-Stahl macht: Scraps werden per Laser-Analyse sortiert, in neuen Elektro-Licht-Bogen-Öfen (EAF) verarbeitet und so 30 Prozent weniger CO_2 freigesetzt (voestalpine Greentec, 2024). Der Clou dabei: Digital gesteuerte Rückführungsprozesse bereits im Rohstofflöschschritt garantieren höchste Qualität und Kreislauffähigkeit. Diese Datenfusion aus Rückbau, Sortierung und Ökobilanz ist das Rückgrat einer ressourcenschonenden Stahlproduktion – made in Austria.

Für Smart Building bedeutet das: Die Baustoffindustrie wird zum Datenmatchmaker. Ziegel, Rigips-Platten, Dachfenster, Stahlträger und Beton mischen sich in einem digitalen Ökosystem aus Rückverfolgbarkeit, Modulbau und Kreislaufwirtschaft. Die Rückbaufirma scannt, das ERP-System weiß Bescheid, der Digital Twin visualisiert, wie alles recycelt wird. Genauso wie wir es brauchen, um Gebäude wirklich nachhaltig zu gestalten. Das alles klingt nach Zukunft? Nein, das ist zentraleuropäische Gegenwart. Hier arbeiten Werkzeug, Unternehmen und digitale Infrastruktur im Zusammenspiel. Und ja, es spart Geld, reduziert Abfall und gibt dem Begriff „grüner Baustoff“ eine ganz neue Bedeutung. Europa baut damit nicht nur nachhaltig, es plant systemisch und digital und zeigt ganz nebenbei, wie man Gebäude und Industrie in Kreisläufen denkt.

Kritiker weisen allerdings darauf hin, dass technische, regulatorische und ökonomische Hürden zu überwinden sind. Ein umfassender Kulturwandel ist erforderlich: von der linearen „Entnahme-Produktion-Entsorgung“-Mentalität hin zu einer echten Kreislaufwirtschaft, die Materialien so lange wie möglich wertschöpfend nutzt.

Da Veränderung für die meisten Menschen schwierig ist, kommt an dieser Stelle die **EU-Taxonomie-Verordnung (EU 2020/852)** ins Spiel und ist weit mehr als ein bürokratisches Konstrukt, sie ist ein Steuerungsinstrument für nachhaltiges Bauen. Ihr Ziel: transparent machen, welche wirtschaftlichen Aktivitäten wirklich nachhaltig sind und welche nicht (European Commission, 2020; European Commission, 2024). Für die Bauwirtschaft ist das besonders wichtig, schließlich entfällt fast 40 Prozent des europäischen CO_2-Ausstoßes und des Energieverbrauchs auf diesen Sektor (ALG, 2024). Konkret funktioniert das so: Eine Bauaktivität gilt nur dann als Taxonomie-konform, wenn sie sich wesentlich zu mindestens einem der sechs Umweltziele der Verordnung bekennt – zum Beispiel Klimaschutz, Kreislaufwirtschaft oder Biodiversität – und gleichzeitig keinem der anderen Ziele ernsthaft schadet (European Commission, 2020; Wikipedia, 2024). In der Praxis heißt das: Ein Bauprojekt muss CO_2 reduzieren, Materialien zirkulieren lassen oder Wasser schützen und darf dabei keine neuen Umweltprobleme verursachen. Damit wird aus dem Buzzword „nachhaltig“ eine messbare Kategorie. Für Bauunternehmen, Immobilienentwickler und Investoren bedeutet das zweierlei: Erstens müssen sie in ihrer nicht-finanziellen Berichterstattung – etwa nach der neuen CSRD – angeben, wie viel Umsatz, CapEx und OpEx taxonomiekonform sind (LBBW, 2024). Zweitens entscheiden Banken und Investoren zunehmend danach, ob ein Projekt die Taxonomie-Kriterien erfüllt, denn das signalisiert Zukunftssicherheit und fördert den Zugang zu günstigem Kapital (Zampa Partners, 2024).

Besonders spannend: Seit Anfang 2022 gelten bereits die Kriterien für Klimaschutz und Klimaanpassung. Anfang 2023 folgten Kreislaufwirtschaft, Wasser- und Biodiversitätsschutz sowie Schadstoffminderung (European Commission, 2024). Für die Bauwirtschaft bedeutet das konkret, dass nicht nur Neubauten im Fokus stehen, sondern auch Renovierungen, Gebäudebetrieb, Immobilienerwerb und sogar Demontage taxonomierelevant sind (Wikipedia, 2024). Ein zentrales Element ist dabei die Lebenszyklus-

Betrachtung (LCA): Standards wie EN 15978 oder der europäische Level(s)-Rahmen helfen, den gesamten Energie- und Ressourcenverbrauch eines Gebäudes von der Herstellung bis zum Rückbau transparent zu machen (One Click LCA, 2024). Ohne saubere Ökobilanz keine Taxonomie-Konformität und damit auch kein grüner Kredit oder Förderzugang.

Die Taxonomie ist damit weit mehr als ein Öko-Label: Sie ist ein verbindlicher, gesetzlicher Maßstab für Nachhaltigkeit in der europäischen Bauwirtschaft. Kein Hersteller, kein Bauherr, kein Planer kann sich künftig diesem Maßstab entziehen und das ist auch gut so. Denn die Taxonomie sorgt dafür, dass echte Nachhaltigkeit belohnt wird und Greenwashing im Keller bleibt. Die EU-Taxonomie ist wie ein digitaler Coach, der Bauprojekte nicht nur bewertet, sondern auch steuert. Weg von zufälliger Nachhaltigkeit, hin zu planbarer Verantwortung. Wer sich frühzeitig darauf einlässt, schärft sein Profil, sichert den Zugang zu Investoren und ebnet den Weg für echte Kreislaufwirtschaft – in Beton, Ziegel, Holz und Stahl. Europa zeigt hier, wie Digitalisierung und Nachhaltigkeit zusammen funktionieren können und das mit Struktur, Transparenz und klaren Regeln.

Der digitale Produktpass ist wie ein Lebenslauf für Produkte, nur ehrlicher. Kein Photoshop, keine Lücken. Bis 2027 will die EU diesen Pass für viele Produktgruppen einführen. Dahinter steckt ein genial einfacher Gedanke: Wenn wir wissen, woher ein Produkt kommt, was drinsteckt und was es aushält, können wir es besser nutzen, reparieren und recyceln. Und weil wir Europäer das gerne ordentlich haben, wird alles digital erfasst, QR-Code inklusive (Arnold et al., 2024). Der Produktpass ist das perfekte Gegenmittel zu Wegwerfmentalität und Greenwashing. Denn wer einen Ziegel, eine Solaranlage oder ein Bauteil mit vollständigem Lebenslauf kauft, bekommt Klarheit: Was ist reparierbar? Was ist recycelbar? Was darf wohin zurück? Und was sollte man besser gleich ganz lassen?

Und wenn der Produktpass das Geburtszeugnis ist, dann ist die Environmental Product Declaration – kurz EPD – der digitale Personalausweis mit Umweltsiegel. Die EPD liefert die volle Umweltbilanz: Energieverbrauch, CO_2-Wert, Wasserbedarf. Für Bauprodukte ist das längst Standard und jetzt soll das Ganze in die Cloud wandern, verknüpft mit digitalen Gebäudemodellen, abrufbar auf jedem Handy (Tunley Environmental, 2025).

Natürlich funktioniert dieses digitale Ökosystem nur, wenn starke Plattformen im Hintergrund arbeiten – vernetzt, aber nicht verkabelt, mit europäischem Charme. Stellen wir uns ein digitales Nervensystem vor, das Baustellen, Abrissunternehmen, Recyclinghöfe und Hersteller nahtlos verknüpft. Genau das erledigen die modernen Material-Reporter-Plattformen, sie sind so etwas wie WhatsApp-Gruppen der Bauwirtschaft, nur dass hier nicht Bilder vom Wienerschnitzel, sondern Materialdaten geteilt werden. Ob basierend auf Blockchain-Technologie (Salah Uddin Ahmed et al., 2019) oder Gaia-X-konform in europäischen Clouds gehostet (**Gaia-X**: A Federated Secure Data Infrastructure, o. J.; IONOS, 2025). Hauptsache, alle kommunizieren miteinander auf Augenhöhe und unter Wahrung der Datensouveränität.

Doch die wahre Magie geschieht erst, wenn diese Plattformen durch offene Schnittstellen unterstützt werden. Ein Produkt mit digitalem Produktpass (DPP) oder EPD muss heute nicht mehr stumm bleiben. Er meldet sich via BIM-Software, Baustellen-Scanner oder Rückbau-Roboter, komplett interoperabel (Arnold et al., 2024). So wird verhindert, dass wertvolle Informationen in Silos verschwinden. Und weil wir Europäer gerne clever sind, kommen ‚Smart Contracts' ins Spiel: digitale Verträge, die automatisch wirken, sobald bestimmte Bedingungen erfüllt sind. Ein Beispiel: Ein Bauunternehmen scannt den QR-Code eines Bauteils, lädt die Recycling-EPD hoch und zack: Die Fördermittel sind freigegeben. Behördenformulare? Schnee von gestern (Chystoforova & Reviglio, 2025).

Diese digitale Vernetzung ist kein Zukunftstraum, sondern greift bereits an vielen Stellen. Sie spart Zeit, reduziert Abfall, schafft Vertrauen und setzt Prozesse in Gang, die genau dort enden, wo Nachhaltigkeit beginnen sollte. Und das mit spielerischem Charme: Dein Haus sagt dir vielleicht bald beim Scannen: *„Danke fürs digitale Bauen, ich bin Modulhaus 5416R – Recycling winkt! Ich leiste! … ich brauche! … ich optimiere!"* Und Europa baut digital – transparent, effizient und ein bisschen mehr digital.

Nehmen wir ein mittelständisches Sägewerk in Kärnten, Österreich und nennen wir es AlpenWood. Früher hat dort der Lieferschein auf Papier regiert. Heute funken Sensoren in den Sägen live in die Cloud, die abgebundenen Module tragen QR-Codes wie modische Gürtel, und der Zimmerer (Holzbauer) scannt sie per Smartphone, während er seinen Kaffee trinkt. Die Daten reisen mit dem Baum von der Produktion über die Baustelle bis ins digitale Gebäudemodell. Selbst der Roboter, der die Module verbaut, weiß dank DPP, wie oft das Bauteil schon um die Ecke gefahren ist. AlpenWood hat damit kein neues Geschäftsmodell erfunden. Im Gegenteil: Der digitale Produktpass spart Zeit, reduziert Abfall und macht die Baustelle effizienter. Was früher das Bauchgefühl des Bauleiters entschied, steuert heute die Cloud – präzise, transparent und mit einem Schuss österreichischem Schmäh.

Und das Beste: Diese Transparenz macht auch die Entsorgung smarter. Jahrzehnte später kann der Rückbau-Trupp am QR-Code erkennen: Ah, das ist Modul 45, Jahrgang 2025, bitte zur Wiederverwendung zurück zum Werk. Recycling wird zur Nachbarschaftsaktion.
Tatsächlich braucht es mehr als QR-Codes und Roboter, damit das funktioniert. Plattformen, offene Schnittstellen, Cloud-Lösungen nach Gaia-X-Standards und all das sind die digitalen Brücken, die Hersteller, Baustellen und Recyclingsysteme verbinden. Es geht darum, Datensilos aufzubrechen, damit Informationen fließen wie frischer Beton. Und nein, das ist kein Geschäftsmodell im klassischen Sinn. Diese Plattformen leben von Transparenz, Effizienz und Vertrauen, nicht von Abogebühren. Die Wertschöpfung passiert indirekt: durch gesparte Kosten, durch schlankere Prozesse, durch bessere Rückführung.
Digitale Vernetzung darf kein Selbstzweck sein. Sie kann Transparenz, Rückverfolgbarkeit und Materialeffizienz in die Breite bringen und mit ein bisschen Herz, Charme und einem Augenzwinkern. In der europäischen Bauwirtschaft sehen wir, wie DPP und EPD nicht Umsatzbringer sind, sondern Effizienz- und Vertrauensmotoren. Europa kann das und wenn wir es richtig machen, sind wir nicht nur MVPs im Tech-Rennen, sondern Champions im Digital-für-die-Gesellschaft-Wesen. Und falls sich eines Tages doch mal ein Ziegel bei Wienerberger mit dem Satz meldet: *„Ich bin mehr als nur ein Baustein. Ich bin Teil eines digitalen Kreislaufs!“*. Dann wissen wir: Die Zukunft ist angekommen – in der Cloud, auf der Baustelle und im Herzen Europas.

Zusammenfassung: Digitalisierung und Nachhaltigkeit – zwei Seiten derselben Medaille?

Digitalisierung und Nachhaltigkeit erscheinen auf den ersten Blick wie zwei völlig unterschiedliche Welten. Die eine aus Daten und Algorithmen, die andere aus Bäumen und Windrädern. Doch bei näherem Hinsehen wird klar: Sie sind zwei Seiten derselben Medaille, untrennbar miteinander verbunden und nur gemeinsam zukunftsfähig.

Die alte Trennung zwischen technologischem Fortschritt und ökologischem Denken ist nicht nur überholt, sondern gefährlich. Eine nicht-nachhaltige Digitalisierung beschleunigt Umweltzerstörung und soziale Ungleichheit. Umgekehrt ist eine Nachhaltigkeit, die auf digitale Werkzeuge verzichtet, zu langsam und ineffektiv im Kampf gegen globale Krisen. Europa hat hier eine historische Chance: die digitale Transformation mit Nachhaltigkeit zu verweben, nicht aus Zwang, sondern aus Verantwortung und Kompetenz.
Beide Ansätze fordern heraus: Digitalisierung verbraucht Energie und erzeugt ethische Fragen; Nachhaltigkeit verlangt Veränderung und unternehmerischen Mut. Aber gemeinsam entfalten sie eine transformative Kraft. Europa braucht eine Digitalisierung mit Richtung – nicht bloß Effizienz, sondern Sinn. Und eine Nachhaltigkeit, die digitale Intelligenz nicht fürchtet, sondern nutzt.

Unternehmen wie Fronius zeigen, dass nachhaltige Digitalisierung kein Buzzword ist, sondern gelebte Praxis und mit echtem Impact. Gleichzeitig belegen zahlreiche Studien, dass digital affine Länder auch bei der ökologischen Transformation vorangehen. Smart Cities, digitale Zwillinge, KI-gestützte Produktionssteuerung – überall dort, wo Technologie und Umweltstrategie zusammenwirken, steigen Transparenz, Effizienz und CO_2-Einsparung.
Aber: Technik ist kein Selbstzweck. Digitalisierung muss von Beginn an nachhaltig gedacht werden, vom Code bis zum Server. Das „sustainability-by-design"-Prinzip ist dabei kein Luxus, sondern Überlebensstrategie. Datenschutz, ethische Datennutzung und Transparenz sind keine Bremse, sondern Sicherheitsgurt dieser Entwicklung.

Empirisch ist die Richtung klar: Die grüne und die digitale Transformation verstärken sich gegenseitig. Wenn Politik, Wirtschaft und Gesellschaft den Mut haben, diesen Weg konsequent zu gehen. Die digitale Revolution kann der Klimawende zum Durchbruch verhelfen. Aber nur, wenn wir sie mit dem richtigen Kompass steuern. Sonst beschleunigen wir nur in die falsche Richtung.

Am Ende steht ein Appell: Wer glaubt, Digitalisierung und Nachhaltigkeit seien Gegensätze, denkt noch in Schwarz-Weiß. Die Zukunft ist vernetzt, dynamisch und grün. Europas Chance liegt nicht in der Entscheidung zwischen „entweder-oder", sondern im entschlossenen „sowohl-als-auch".

Mythen und Missverständnisse – was uns zurückhält

„Wenn du lange in einen Abgrund blickst, blickt der Abgrund auch in dich hinein." - Friedrich Nietzsche

Willkommen in der Wunderwelt der Halb- und Viertelwahrheiten! In diesem Kapitel nehmen wir uns jene Aussagen vor, die sich hartnäckiger halten als ein Kaugummi unter der Schuhsohle: Mythen und Missverständnisse rund um die Themen Nachhaltigkeit und Digitalisierung. Beide Themenbereiche klopfen gleichzeitig an die Tür, höflich, aber bestimmt. Doch wer aufmacht, blickt oft nicht in die Zukunft, sondern hört erst mal: *„Das wird teuer!", „Das zerstört Arbeitsplätze!" oder „Früher war alles besser!"*

Klingt vertraut? Willkommen im Land der Mythen und Missverständnisse. Sie sind wie alte Familienrezepte: oft weitergegeben, selten hinterfragt und meistens ziemlich ungesund für kluge Entscheidungen. In Unternehmen, Medien, Politik und auf dem berühmten Stammtisch wird erstaunlich viel diskutiert, was bei genauerem Hinsehen ... sagen wir: ausbaufähig ist.
Dieses Kapitel lädt ein zur kleinen geistigen Frühjahrsputz-Aktion: schauen wir genauer hin, was hinter diesen scheinbar unumstößlichen Überzeugungen steckt und warum sie uns manchmal mehr bremsen als leiten. Fünf besonders hartnäckige Mythen nehmen wir unter die Lupe: von der Mär vom teuren Klimaschutz über die Angst vor digitaler Arbeitslosigkeit bis hin zur populären Ausrede *„Wir allein können eh nichts ändern"*. Aber keine Sorge: Niemand soll sich das Denken abgewöhnen, im Gegenteil! Mit fundierten Argumenten aus Psychologie, Wirtschaft, Gesellschaft und einer kleinen Portion Humor zeige ich, wie Mythen entstehen, warum sie so beständig sind und was wir ihnen entgegensetzen können. Denn wer heute gestalten will, muss manchmal zuerst entrümpeln, nicht in der Garage, sondern im Kopf.

Und ganz nebenbei erfährt man, warum der Fortschritt oft weniger an fehlender Technik scheitert als an einem Zuviel von Gewohnheit, Halbwissen und dem guten alten *„Das war schon immer so."*

Mythos 1: „Nachhaltigkeit ist teuer!“

Kaum ein Begriff sorgt in Europas Industrie für so viele Stirnfalten wie "Nachhaltigkeit". Noch bevor jemand erklären kann, was konkret gemeint ist – nämlich expliziert nicht, dass wir jetzt über den Umweltschutz sprechen, hallt oft schon der Reflex: *"Das ist doch viel zu teuer!"*. Es ist ein Mythos, der sich festgesetzt hat, dass „Nachhaltigkeit“ gleichgestellt wird mit „Umweltschutz“. Nachhaltigkeit bedeutet für Unternehmen mehr als nur Umweltschutz. Oft wird der Begriff auf ökologische Maßnahmen reduziert, doch tatsächlich beschreibt nachhaltiges Wirtschaften eine ganzheitliche Unternehmensführung, die langfristige Stabilität und Wertschöpfung anstrebt. Im Zentrum steht dabei nicht nur die Umwelt („E“ für Environmental), sondern auch soziale Verantwortung („S“ für Social) und eine gute Unternehmensführung („G“ für Governance). Ein nachhaltiges Unternehmen organisiert sich so, dass es dauerhaft wirtschaftlich erfolgreich ist – im Einklang mit gesellschaftlichen Erwartungen, regulatorischen Anforderungen und ökologischen Rahmenbedingungen. Ziel ist es, zukunftsorientiert zu handeln, Risiken zu minimieren und Chancen langfristig zu nutzen. Nachhaltigkeit bedeutet also vor allem: heute die Weichen stellen, um morgen besser, robuster und verantwortungsvoller wirtschaften zu können.

Aber woher kommt diese Behauptung eigentlich? Und warum hält sie sich so hartnäckig? Wäre es nicht an der Zeit, den Taschenrechner hervorzuholen und die Rechnung neu aufzumachen?

Die Vorstellung, dass Nachhaltigkeit automatisch Mehrkosten bedeutet, ist tief verankert in den Denkstrukturen der klassischen Industrieökonomie. Lange galt: Wachstum bedeutet mehr Produktion, mehr Produktion bedeutet mehr Ressourcenverbrauch und wer Ressourcen schont, verzichtet. Und Verzicht ist in einem auf Effizienz getrimmten Wirtschaftssystem gleichbedeutend mit Wettbewerbsnachteil. Die industrielle Revolution und das Zeitalter des Öls formten eine Denkweise, in der Umweltkosten unsichtbar blieben. Externe Effekte wie Luftverschmutzung oder Biodiversitätsverlust wurden selten bilanziert. Nachhaltigkeit galt somit als moralischer Zusatz, nicht als wirtschaftlicher Vorteil. Diese Haltung wurde von Medien, Politik und selbst manchen Bildungsinstitutionen weitergetragen und zementierte sich in Formeln wie: "Umweltfreundlich = teuer".

Warum hält sich aber der Mythos so hartnäckig, obwohl die Folgen falschem Managements über Jahrzehnte hinweg bereits spürbar sind? Ein Grund ist psychologischer Natur: Menschen neigen dazu, kurzfristige Kosten stärker zu gewichten als langfristige Gewinne. Wenn ein Unternehmen 10 Millionen Euro in eine neue CO_2-arme Produktionsanlage investieren muss, aber dadurch erst in fünf Jahren von Steuererleichterungen, geringeren Energiepreisen und einem besseren Markenimage profitiert, erscheinen die Vorteile abstrakt.

Dazu kommt: Viele Beispiele für misslungene Nachhaltigkeitsprojekte – zu teuer, zu ineffizient, zu kompliziert – prägen die Debatte stärker als die unzähligen "stillen" Erfolgsgeschichten. Das Phänomen ist in der Psychologie bekannt: Negative Geschichten brennen sich tiefer ein als positive (Furnham & Hughes, 2014).

Auch die Medien tragen ihren Teil bei: Berichte über gescheiterte Prestigeprojekte oder ökologische Vorschriften, die kleine Unternehmen überfordern, erzeugen Resonanz. Erfolgsgeschichten hingegen sind oft weniger spektakulär, weil sie schleichend verlaufen.
Und schließlich: Die komplexen Wirkzusammenhänge von Nachhaltigkeit sind schwer zu kommunizieren. Wie erklärt man, dass ein heute teurer Prozess morgen eine Versicherung gegen Klimarisiken darstellt? Dass ein ressourcenschonender Produktionsprozess zwar mehr Planung verlangt, aber langfristig robuster gegen Marktverwerfungen ist?

Empirisch betrachtet ist die Annahme, Nachhaltigkeit sei nur ein Kostenfaktor, längst widerlegt. Zahlreiche Studien zeigen, dass nachhaltige Unternehmen resilienter, profitabler und innovativer sind (Savion, 2009; Nissen et al., 2016). So ergab eine Analyse der Harvard Business School, dass Unternehmen mit klarer ESG-Strategie (Environmental, Social, Governance) langfristig besser performen, geringere Kapitalkosten haben und stabiler durch Krisen kommen (Budson, 2022). Auch die Europäische Kommission kommt in ihrem Green Deal zu dem Schluss: *"Die Investitionen in nachhaltige Technologien und Prozesse zahlen sich über Skaleneffekte, Innovationssprünge und Marktpositionierung aus"* (Europäische Kommission, 2020).

Praxisbeispiel 1: Interface – Teppiche mit Bilanzgewinn
Das US-Unternehmen **Interface**, das in Europa produziert, stand einst für konventionelle Teppichböden mit hohem Öl-Anteil. In den 1990er Jahren begann Interface seine gesamte Lieferkette umzustellen: Recyclingmaterialien, CO_2-arme Produktion, geschlossene Materialkreisläufe. Die Investitionskosten waren erheblich, doch heute ist Interface Marktführer für nachhaltige Bodenbeläge, hat seine Emissionen um über 90 Prozent reduziert und verzeichnet stabile Gewinnmargen. Der damalige CEO Ray Anderson nannte das Prinzip *"Doing well by doing good".* Nachhaltigkeit wurde nicht als Zusatz, sondern als Innovationsmotor begriffen, wirtschaftlich wie kulturell (Lieberman, 2023).

Praxisbeispiel 2: BASF – Chemieriese auf grüner Mission
Der deutsche Chemiekonzern **BASF** hat sich zum Ziel gesetzt, bis 2050 klimaneutral zu werden. Die Umstellung ist komplex, teuer und infrastrukturell anspruchsvoll. Dennoch zeigt die Zwischenbilanz: Die Umstrukturierung hin zu Kreislaufwirtschaft, grüner Wasserstoffproduktion und Digitalisierung senkt nicht nur Emissionen, sondern schafft neue Geschäftsmodelle, etwa im Recycling hochwertiger Kunststoffe. Laut einer internen Evaluierung von 2022 rechnet sich die Transformation über die Einsparung von CO_2-Zertifikaten, bessere Energieeffizienz und wachsendes Kundeninteresse an nachhaltigen Lösungen (BASF Nachhaltigkeitsbericht, 2022).

Praxisbeispiel 3: Schneider Electric – Energieeffizienz als Kernkompetenz
Das französische Unternehmen **Schneider Electric** zeigt, wie Nachhaltigkeit sogar zum USP werden kann. Der Anbieter von digitalen Energiemanagementsystemen hilft anderen Unternehmen, ihre CO_2-Bilanz zu verbessern und verdient daran. Gleichzeitig hat Schneider Electric seine eigene Produktion über Jahrzehnte hinweg konsequent umgestellt. Allein durch intelligente Steuerungssysteme spart das Unternehmen jährlich Millionen an Energie- und Wartungskosten ein. Das Resultat: eine der grünsten Lieferketten Europas, ein Top-Ranking bei ESG-Ratings und stetig wachsender Marktanteil im Industrie- und Infrastruktursektor.

Der Gedanke, Nachhaltigkeit sei nur etwas für Großkonzerne mit dicken Budgets, ist ein weiteres hartnäckiges Missverständnis. Gerade kleine und mittlere Unternehmen (KMU) sind es, die von nachhaltigen Innovationen besonders profitieren können, vorausgesetzt, die Rahmenbedingungen stimmen

Viele KMUs sind in energieintensiven Branchen tätig: Maschinenbau, Lebensmittelverarbeitung, Textilproduktion. Hier können bereits einfache Maßnahmen wie LED-Beleuchtung, intelligente Heizsysteme oder Abwärmenutzung bis zu 30 Prozent Energie einsparen. Das senkt nicht nur die Nebenkosten, sondern erhöht die Wettbewerbsfähigkeit in einem Umfeld steigender Energiepreise (Meyer et al., 2022). Beispiel: Die deutsche Bäckerei Müller in Bayern senkte durch ein innovatives Wärmerückgewinnungssystem ihren Gasverbrauch um 40 Prozent und amortisierte die Investition binnen zweier Jahre. Gleichzeitig vermarktete sie ihre "grüne Semmel" regional erfolgreich als Symbol nachhaltiger Handwerkskunst (Fraser et al., 2021).

Nachhaltigkeit ist kein Marketinggag mehr, sondern wird zunehmend zur Kaufentscheidung. Insbesondere im B2B-Bereich erwarten Großkunden von ihren Zulieferern ESG-Nachweise, CO_2-Bilanzen oder Umweltzertifikate. Wer hier nicht liefern kann, verliert Aufträge (Taylor & Kowalski, 2004). Ein Beispiel liefert die italienische Textilmanufaktur Albini Group: Durch den Umstieg auf Bio-Baumwolle, umweltfreundliche Färbeprozesse und Transparenz in der Lieferkette gewann sie große Modekunden zurück, die zuvor nach Asien abgewandert waren (Lieberman, 2023).

Gerade im Zusammenspiel mit digitalen Technologien entfalten nachhaltige Strategien ihr volles Potenzial. Smart Meter, vorausschauende Wartung oder digitale Lieferkettenoptimierung führen zu mehr Ressourceneffizienz und Flexibilität (Flyvbjerg, 2013). Ein KMU, das beides verbindet, ist die tschechische Firma **Linet**, Europas führender Hersteller von Klinikbetten. Durch digital gesteuerte Produktionsanlagen spart das Unternehmen Energie, reduziert Ausschuss und optimiert Logistikprozesse. Gleichzeitig werden langlebige, recyclebare Materialien verwendet, ein doppelter Nachhaltigkeitsgewinn.

ESG umfasst neben Umweltaspekten (E) auch soziale Verantwortung (S) und gute Unternehmensführung (G). Maßnahmen in diesen Bereichen können erhebliche Kosten sparen:

Soziale Nachhaltigkeit: Das Familienunternehmen **Vaude** aus Deutschland setzt auf transparente Löhne, familienfreundliche Arbeitszeitmodelle und Mitarbeiterbeteiligung. Die Folge: geringere Fluktuation, höhere Produktivität und geringere Rekrutierungskosten (Witkowski, 2022).

Governance: Der niederländische Mittelständler **Auping** optimierte seine Unternehmensstruktur mit digitalem Berichtswesen und klaren Compliance-Strukturen. Dies führte zu schnelleren Entscheidungsprozessen, besserem Risikomanagement und geringeren Rechtskosten – allesamt wirtschaftlich spürbare Effekte (Nissen et al., 2016).
Für viele KMUs ist der Wille zur Transformation da, aber es fehlen jedoch die Kapazitäten.

Hier kommt die Politik ins Spiel:

- Förderprogramme wie "GoGreen" oder "Horizont Europa" bieten Zuschüsse für grüne Innovationen.
- Steuererleichterungen und CO_2-Bepreisung schaffen finanzielle Anreize.
- Transparente, einfache Regularien senken den administrativen Aufwand für KMUs.

In Dänemark beispielsweise gibt es eine "Energieberatung light" für Kleinstunternehmen, gefördert vom Staat. Ergebnis: Bereits tausende Unternehmen haben Investitionen in LED, Dämmung oder Photovoltaik angestoßen, oft mit Amortisationszeiten unter 3 Jahren (European Commission, 2020).

Es klingt paradox: Während viele glauben, Nachhaltigkeit sei ein Kostenfaktor, entwickelt sie sich in Wahrheit zum größten Innovationsmotor unserer Zeit. Oder um es salopp zu sagen: Wer heute noch in fossile Pfade investiert, ist morgen auf dem Holzweg – im schlechtesten Sinne des Wortes. Ressourcenknappheit, volatile Energiemärkte, Druck von Konsumentinnen. Das alles zwingt Unternehmen zu neuen Ideen. Doch statt im Jammertal zu verweilen, entstehen daraus clevere Lösungen.

Beispiel: Das österreichische Start-up **LooPi** hat ein selbstreinigendes, wasserautarkes Outdoor-Waschbecken entwickelt, betrieben mit Solarstrom, ausgestattet mit lebenden Pflanzen zur Wasseraufbereitung. Was als ökologisches Kunstprojekt begann, wird nun in ganz Europa an Bahnhöfen, Festivals und Schulen installiert. Moral der Geschichte? Wenn dein nachhaltiges Design aussieht wie ein Instagram-Post und auch noch Kosten spart, dann darfst du dich ruhig ein bisschen feiern.

Lineares Wirtschaften (nehmen, nutzen, wegwerfen) war gestern. Der neue Trend heißt Kreislaufwirtschaft und wer jetzt an leere Pfandflaschen denkt, denkt zu klein. Europäische Unternehmen wie **Umicore** (Belgien) oder **Stena Recycling** (Schweden) zeigen, wie man aus vermeintlichem Abfall hochpreisige Sekundärrohstoffe gewinnt. Bei Umicore werden Altbatterien recycelt, die seltenen Metalle extrahiert und erneut in die Produktionskette eingespeist. Das spart nicht nur Energie, sondern reduziert geopolitische Abhängigkeiten, ein echter wirtschaftlicher Heimvorteil (European Commission, 2020).

Auch **Renaults** "Refactory" in Flins (Frankreich) zeigt, was möglich ist: Eine ehemalige Autofabrik wurde zum Zentrum für Wiederverwendung und Reparatur umgebaut, inklusive eigener Hochschule für Kreislaufkompetenz. Wenn man so will: das Hogwarts der Nachhaltigkeit.

Wer nachhaltig wirtschaftet, erschließt neue Zielgruppen. Eine wachsende Zahl von Konsumentinnen achtet bei Kaufentscheidungen auf Kriterien wie CO_2-Fußabdruck, soziale Verantwortung oder transparente Lieferketten. Besonders junge Menschen, also die Kundinnen von morgen, lassen sich von Greenwashing kaum noch beeindrucken.
Natürlich ist nicht jede nachhaltige Idee ein Volltreffer. Es gab biologisch abbaubare Kaffeekapseln, die sich auf dem Versandweg auflösten, und Möbel aus Pilzgeflecht, die bei Regen sporen. Aber genau das gehört zur Innovation dazu: ausprobieren, scheitern, verbessern.

Der Glaube, Nachhaltigkeit sei teuer, basiert auf veralteten Annahmen, kurzfristigem Denken und mangelnden Erfolgsgeschichten. Doch wer genauer hinschaut, erkennt: Nachhaltigkeit ist nicht nur ein ethisches Gebot, sondern ein wirtschaftlicher Vorteil. Ob Großkonzern oder Mittelstand, ob Start-up oder Traditionsbetrieb. Wer in Ressourcen, Menschen und Verantwortung investiert, investiert in Resilienz, Innovation und Zukunftsfähigkeit. Der Mythos lebt nur weiter, solange wir ihn füttern. Höchste Zeit, ihn auf Diät zu setzen.

Mythos 2: „Digitalisierung vernichtet Jobs!“

"Digitalisierung? Dann braucht es uns alle ja bald nicht mehr!". Diesen Satz hört man nicht nur in Werkshallen, sondern auch in Führungsetagen. Kaum eine technologische Entwicklung wird so ambivalent betrachtet wie die digitale Transformation. Auf der einen Seite locken Effizienz, Geschwindigkeit, neue Geschäftsmodelle. Auf der anderen Seite schwingt bei vielen Menschen die Angst mit: *"Und was passiert mit meinem Job?"* Dieser Mythos, dass Digitalisierung massenhaft Arbeitsplätze vernichtet, ist nicht neu. Er begleitet fast jede technische Revolution. Die Sorge ist nachvollziehbar: Maschinen, die denken können? Software, die analysiert, entscheidet, optimiert? Da wird es eng für uns Menschen, so scheint es. Doch wie viel Wahrheit steckt hinter dieser Befürchtung und wie viel Missverständnis?
Ein Blick zurück in die Geschichte der Arbeitswelt und der industriellen Entwicklung zeigt: Die Angst vor dem "technologischen Verdrängtwerden" reicht weit zurück. Bereits während der ersten industriellen Revolution, beginnend Ende des 18. Jahrhunderts in England, regte sich massiver Widerstand gegen Maschinen. Die sogenannte Luddite-Bewegung (ca. 1811–1816) zerstörte Webstühle, Spinnmaschinen und mechanische Webrahmen in der Überzeugung, sie würden menschliche Arbeit überflüssig machen. Damals verloren viele Heimarbeiterinnen im Textilwesen tatsächlich ihre Einkommensquellen (Acemoglu & Johnson, 2023). Doch was passierte dann? Aus dieser Phase des Schocks entwickelte sich der Übergang zu Fabrikarbeit, industrieller Organisation und städtischem Leben. Es war kein geradliniger Prozess und ganz bestimmt auch keine Blütezeit von Menschenrechten und Gleichbehandlung. Streiks, soziale Umwälzungen, Kinderarbeit und Armut prägten das Bild. Aber im Rückblick gilt diese Periode als Beginn eines historischen Wohlstandsbooms. Denn: Produktivität stieg, Löhne wuchsen langfristig, und es entstanden neue Berufe in Technik, Verwaltung und später im Dienstleistungssektor.

Dabei ist die Angst vor dem Verlust des Arbeitsplatzes oft gar nicht das eigentliche Problem. Vielmehr verbirgt sich dahinter ein tieferliegendes psychologisches Phänomen, das als "Statusverlust-Mechanismus" bekannt ist (Furnham & Hughes, 2014). Menschen fürchten nicht nur, ihren Job zu verlieren, sie fürchten, ihren Platz in der Welt zu verlieren. Was bin ich wert, wenn ich nicht mehr gebraucht werde? Wer bin ich noch, wenn mein Wissen durch Algorithmen ersetzt wird? Arbeit ist eben nicht nur Erwerb. Sie ist Zugehörigkeit. Struktur. Identität. Sie bietet das gute Gefühl, gebraucht zu werden, etwas Sinnvolles zu tun, Anerkennung zu erhalten. Wird dieser emotionale Rahmen erschüttert, reagieren viele Menschen mit Ablehnung oder Widerstand gegen Veränderung. Das hat nichts mit "Technikfeindlichkeit" zu tun, sondern mit dem zutiefst menschlichen Bedürfnis nach Stabilität, Kontrolle und Wertschätzung.

Besonders deutlich wird das in klassischen Industriebranchen: Wer jahrzehntelang Maschinen gewartet hat oder im Management tätig war, entwickelt ein tiefes Erfahrungswissen. Wenn dieses durch ein Dashboard ersetzt wird, dann ist das nicht nur eine technische und organisatorische Umstellung, es ist ein symbolischer Rollenwechsel. Wer einmal Experte war, fühlt sich plötzlich wie ein Lehrling im eigenen Betrieb. Ohne passende Begleitung und Weiterbildung wird aus technischem Fortschritt schnell ein emotionaler Rückschritt. Es bedeutet nicht, dass das erlangte Erfahrungswissen falsch ist oder Mitarbeiterinnen etwas falsch machen. Dieses Wissen passt nur nicht mehr in die Zeit, in die notwenigen Prozesse und vor allem in die Notwenigkeit, Marktanforderungen zu befriedigen.
Es lohnt sich also, Digitalisierung nicht nur mit Bits und Bytes zu denken, sondern mit Herz und Hirn. Denn wer die psychologische Seite des Wandels versteht, hat die größeren Chancen, ihn erfolgreich zu gestalten.

Zahlreiche ökonomische Studien widersprechen der Annahme, dass Digitalisierung per se Arbeitsplätze vernichtet. Laut einer Untersuchung der OECD (2022) führen digitale Technologien zwar zu Strukturveränderungen, aber nicht zu Netto-Arbeitsplatzverlusten. Vielmehr entsteht eine Verschiebung: Routinetätigkeiten nehmen ab, wissensbasierte Berufe nehmen zu. Als besonders gefährdet stehen Berufe mit einfachen Buchhaltungsarbeiten, Lager- und Logistikjobs oder digitale Integration, klassische Fließbandarbeit und Teile der Kundenbetreuung (zum Beispiel: Callcenter) im Fokus. Hingegen sind kreative Berufe (Design, Forschung und Strategie), soziale Tätigkeiten (Pflege, Bildung und Therapie), technische Integrationsberufe (KI-Trainings und Schnittstellenmanagement), komplexe Führungsaufgaben und Projektkoordination nur sehr schwer ersetzbar. In der Industrie bedeutet das: Klassische Maschinenbedienung wird weniger gefragt sein. Stattdessen braucht es Data Analysts, Automatisierungstechnikerinnen, Robotik-Ingenieurinnen, Change-Managerinnen.

Acemoglu und Johnson (2023) zeigen in ihrem Buch "Macht und Fortschritt", dass Technologien dann gesellschaftlich positiv wirken, wenn sie nicht nur Arbeit ersetzen, sondern ergänzen. Technologien, die Menschen stärken, etwa durch Automatisierung gefährlicher oder eintöniger Tätigkeiten, schaffen in Summe mehr Wohlstand, neue Berufsfelder und größere wirtschaftliche Resilienz.

Industrieunternehmen stehen an der Front der digitalen Transformation und damit auch in der Verantwortung. Sie müssen nicht nur Technologien implementieren, sondern auch Menschen mitnehmen.

Das umfasst:

- frühzeitige Weiterbildung,
- interne Umschulungsprogramme,
- neue Lernformate wie digitale Lernplattformen oder AR-Trainings,
- partizipative Innovationskulturen.

Siemens (2021) geht mit gutem Beispiel voran, wenn es darum geht, Digitalisierung nicht nur als Technikprojekt, sondern als Kulturwandel zu begreifen. In mehreren europäischen Ländern betreibt das Unternehmen sogenannte *Learning Factories* – Lernfabriken, in denen Mitarbeitende in realitätsnahen Szenarien neue digitale Werkzeuge, Automatisierungstechniken und Industrie-4.0-Anwendungen ausprobieren können. Das Besondere: Hier darf experimentiert, getestet – ja, sogar gescheitert werden. Ohne Produktionsdruck, aber mit klarer Perspektive. Die Trainingsumgebungen simulieren echte Fertigungsprozesse und ermöglichen praxisnahes Lernen: von der intelligenten Sensorik über cloudbasierte Steuerungssysteme bis hin zu KI-gestützter Wartung. Ziel ist nicht nur der Kompetenzaufbau, sondern auch der Abbau von Berührungsängsten. Mitarbeitende berichten, dass sie sich durch die Lernfabriken sicherer im Umgang mit neuen Technologien fühlen und besser verstehen, wie ihre Rolle sich im digitalen Umfeld verändern kann. So wird die Transformation greifbar und mitgestaltbar, statt verordnet und gefürchtet. Ein positiver Nebeneffekt: Die unternehmensinterne Bindung steigt, weil sich die Belegschaft gesehen und gefördert fühlt.

Technologischer Fortschritt ohne soziale Teilhabe führt zu Ungleichheit. Daher braucht es eine kontinuierliche Anpassung der Bildungssysteme – von der Berufsausbildung über Hochschulen bis zur betrieblichen Weiterbildung. Berufsschulen müssen digitale Inhalte integrieren und lebenslanges Lernen muss zum Standard werden, nicht zur Ausnahme. Kooperationen zwischen Industrie, Bildungsinstitutionen und öffentlicher Hand sind dabei unerlässlich. Das bedeutet auch: Flexibilität in Lehrplänen, stärkere Verzahnung von Theorie und Praxis, Förderung digitaler und sozialer Kompetenzen.

Digitalisierung ist kein dunkler Tunnel, sondern eine Brücke. Sie führt uns nicht weg vom Menschen, sondern weiter zu ihm hin. Sie ersetzt nicht den Menschen, sondern lädt ihn ein, neue Aufgaben zu übernehmen, andere Stärken zu entdecken und mit Technik zu wachsen. Wandel macht manchen Menschen Angst, ja, aber Wandel ist auch das, was uns als Gesellschaft stark gemacht hat. Eine aktuelle Untersuchung der Bertelsmann Stiftung (2023) belegt: Unternehmen, die aktiv in digitale Weiterbildung investieren, verzeichnen nicht nur höhere Innovationsraten, sondern auch eine deutlich stärkere Mitarbeiterzufriedenheit und geringere Fluktuation. Das zeigt: Wer Wandel mit Weitblick gestaltet, gewinnt auf allen Ebenen. Industrieunternehmen sind hier mehr als nur Technologieanwender. Sie sind Zukunftsbauer. Wer seine Beschäftigten mitnimmt, statt sie zu ersetzen, stärkt nicht nur den eigenen Erfolg, sondern auch den sozialen Kitt unserer Gesellschaft.

Kurzum: Der digitale Wandel ist kein Abgesang auf menschliche Arbeit, er ist ihr nächstes Kapitel. Der Mensch bleibt im Zentrum der Arbeitswelt. Nur ist es jetzt an der Zeit, ihm die Werkzeuge, das Wissen und die Sicherheit dafür zu geben. Oder wie es der Ökonom Joseph Schumpeter einst formulierte: *„Der Kapitalismus ist eine Form oder Methode der wirtschaftlichen Veränderung, die niemals ruht. Diese ewige Unruhe ist der Preis des Fortschritts.“* (Schumpeter, 1942, S. 83).

Mythos 3: "Früher war alles besser – warum sollen wir jetzt alles ändern?"

"Früher war alles besser!". Das ist der große Klassiker unter den Stammtischsätzen. Kaum kündigt ein Unternehmen eine Veränderung an, taucht er auf. Fast wie ein Reflex. Dabei schwingt oft mehr mit als bloß Nostalgie: Unsicherheit, Überforderung, vielleicht auch ein Hauch Trotz und dem daraus resultierenden passivem Widerstand. Der Satz ist ein Seufzer der Gegenwart und eine Idealisierung der Vergangenheit. Aber woher kommt dieser Mythos eigentlich? Warum hält er sich so hartnäckig, besonders in europäischen Industrieunternehmen?

Der Ursprung liegt tief in der menschlichen Psychologie. Neurowissenschaftlich ist belegt: Menschen erinnern sich emotional intensiver an positive als an negative Erfahrungen, ein Phänomen, das als „Rosinenpickerei des Gedächtnisses" bezeichnet wird (Taylor & Kowalski, 2004). Hinzu kommt der sogenannte **Vertrautheits-Bias**: Was wir kennen, fühlt sich sicherer an. Neue Entwicklungen hingegen wirken anstrengend, selbst, wenn sie objektiv Verbesserungen bringen.

Taylor und Kowalski (2004) beschreiben diesen Effekt als kognitive Vereinfachungsstrategie: In einer komplexer werdenden Welt neigt das Gehirn dazu, sich an linearen, bekannten Mustern zu orientieren, um Reizüberflutung zu vermeiden. Die Gegenwart mit ihrer Vielzahl an Tools, Schnittstellen, Plattformen, Datenschutzrichtlinien und geopolitischen Abhängigkeiten überfordert schlichtweg viele Menschen. Nicht weil alles schneller wird, sondern weil es vernetzter, widersprüchlicher und dynamischer wird. Die Nostalgie ist also eine Art neuronales Beruhigungsmittel.

In der Industrie kommt ein weiterer Faktor hinzu: Jahrzehntelang galten Effizienz, Ordnung und Planbarkeit als Maßstab für gute Unternehmensführung. Veränderung bedeutete Störung. Man hatte „seine Abläufe", „seine Maschinen", „seine Schichten". Alles war eingespielt, solange sich niemand einmischte. Und dann kam die Digitalisierung. Dann kamen Nachhaltigkeit, Kreislaufwirtschaft, flexible Arbeitszeitmodelle und COVID. Und mit ihnen: Unordnung. Neue Begriffe. Neue Tools. Neue Regeln. Kein Wunder also, dass viele mit einem verklärten Blick zurückschauen.

Wenn wir glauben, früher sei alles besser gewesen, dann hilft ein Blick in die Fakten und ein guter Begleiter für diesen Blick ist Hans Rosling. In seinem Buch ‚**Factfulness**' zeigt der schwedische Mediziner und Datenanalyst eindrucksvoll, wie sehr sich die Welt in den letzten Jahrzehnten verbessert hat – gerade dort, wo es niemand erwartet hätte (Rosling, 2018). Rosling räumt mit dem Irrglauben auf, die Welt sei aus den Fugen geraten. Stattdessen belegt er mit statistischer Präzision: Noch nie lebten so viele Menschen in Frieden, mit Zugang zu Bildung, medizinischer Versorgung und technologischem Fortschritt. Die Kindersterblichkeit ist weltweit so niedrig wie nie, die Lebenserwartung steigt, und Armut nimmt seit Jahrzehnten ab.
Was das mit Industrie zu tun hat? Eine ganze Menge. Denn Fortschritt passiert nicht abstrakt, sondern durch Technologie, Organisation und wirtschaftliche Innovation, also durch industrielle Entwicklung. Jede effizientere Maschine, jede sauberere Energiequelle, jede digitale Plattform ist ein Baustein dieser Entwicklung. Rosling betont: Unsere Wahrnehmung der Welt ist verzerrt, weil schlechte Nachrichten auffallen und sich emotional tiefer einprägen als gute. Genau deshalb neigen wir dazu, die Gegenwart zu unterschätzen und die Vergangenheit zu verklären. Aber wer den Mut hat, genau hinzuschauen, erkennt: Wir leben objektiv in der besten Zeit der Menschheitsgeschichte, mit allen Herausforderungen, ja, aber auch mit mehr Chancen denn je.

Die industrielle Geschichte Europas war nie eine Wellnessreise. In den 1950ern kämpfte man mit Kriegsschäden und Wiederaufbau. In den 1970ern mit Ölkrisen, in den 1980ern mit ersten Automatisierungswellen. In den 1990ern mit der Globalisierung, und seit den 2000ern mit digitalem Strukturwandel. In Wahrheit war Veränderung immer die Konstante. Nur erscheint sie im Rückblick oft logischer, als sie im Moment erlebt wurde. Der Sozialwissenschaftler Niklas Luhmann sagte einmal: *„Was wir heute für selbstverständlich halten, war früher oft unvorstellbar."* Genau darin liegt der Denkfehler des Mythos: Er vergleicht gelebte Gegenwart mit idealisierter Erinnerung – kein fairer Wettbewerb.
Außerdem: Einfacher war nicht zwangsläufig besser und Nostalgie skaliert nicht. Starre Hierarchien, gesundheitlich belastende Arbeitsbedingungen,

mangelnde Mitbestimmung – das alles war „früher“ durchaus üblich. Nur redet heute kaum noch jemand gern darüber. Wer also behauptet, alles sei einst übersichtlicher gewesen, verwechselt Komfort mit Gewohnheit. Oder wie es ein erfahrener Produktionsleiter in Norditalien formulierte: *„Früher war's halt einfacher, weil keiner gefragt hat, wie's einem dabei geht.“* (Interview im Rahmen des EU-Projekts ‚Industry Dialogue Europe‘, 2023)

Und dann ist da noch ein gern übersehene Punkt: Die Komplexität unserer Zeit ist auch ein Zeichen unseres Fortschritts. Wer mit einem Knopfdruck Lieferketten quer durch fünf Länder synchronisiert, CO_2-Bilanzen ohne Verzögerung ausliest und gleichzeitig gesetzliche Vorgaben aus Brüssel einhält, der darf sich ruhig mal auf die Schulter klopfen. Nicht, weil es einfacher geworden ist, sondern weil wir heute Dinge meistern, die früher unmöglich gewesen wären. So gesehen, ist die Gegenwart nicht schlechter als die Vergangenheit, sie ist nur reichhaltiger und manchmal eben auch anstrengender. Aber das ist kein Makel, sondern ein Merkmal von Entwicklung. Mythen sind wie alte Maschinen: Laut, nostalgisch und manchmal gefährlich, wenn man nicht weiß, wie man sie ausschaltet. Der Mythos vom "goldenen Gestern" ist kein harmloser Lagerfeuer-Rückblick, er kann aktiv Veränderung blockieren.

In Industrieunternehmen zeigt sich das in Form von Innovationsverzögerung, interner Lagerbildung ("Alt gegen Neu") oder ineffizienten Parallelwelten: Da wird neben einer modernen IoT-Schnittstelle noch manuell gestempelt, weil "es die Mitarbeiter so gewohnt sind". Und während die Vorstandsetage längst von agiler Transformation spricht, wünschen sich Teile der Belegschaft schlicht ihr Faxgerät zurück. Das ist psychologisch nachvollziehbar, aber wirtschaftlich hoch riskant.

Denn Studien wie die der **European Investment Bank** (2023) zeigen: Unternehmen mit hoher Veränderungsbereitschaft und offener Unternehmenskultur wachsen schneller, sind widerstandsfähiger gegenüber Krisen und haben eine höhere Mitarbeiterbindung. Das bedeutet: Wer auf Zukunft setzt, gewinnt. Aber nur, wenn er die Menschen mitnimmt. Erfolgreiche Industrieunternehmen in Europa investieren deshalb nicht nur in Technologie, sondern auch in mentale Beweglichkeit: durch Dialogformate,

Beteiligung, Fehlerfreundlichkeit und einem professionellen Change-Management.

Ein gutes Beispiel liefert der finnische Maschinenbauer **KONE**: Dort gehört zur Unternehmenskultur ein jährlicher "Learning Day", an dem auch Führungskräfte von Azubis geschult werden, etwa in Themen wie Cloudlösungen oder Diversity-Kommunikation. Der Effekt? Hohe gegenseitige Wertschätzung, niedrigere Hierarchieschranken und eine Lernkultur, die Wandel nicht als Ausnahme, sondern als Teil der Identität begreift (KONE corporation, Sustainability Report, 2021). Oder, wie ein Mitarbeiter dort sagte: *"Früher war alles einfacher – aber heute ist es interessanter."*

Oft steckt hinter dem Widerstand gegen Veränderung ein tiefes Missverständnis: Dass man sich zwischen Bewährtem und Neuem entscheiden müsse. Zwischen Tradition und Innovation. Zwischen Verlässlichkeit und Veränderung. Doch das ist ein Trugschluss. Veränderung bedeutet nicht, alte Werte über Bord zu werfen. Es bedeutet, sie auf neue Weise lebendig zu halten. Qualität, Präzision, Zuverlässigkeit – das sind keine nostalgischen Tugenden, sondern bleibende Erfolgsfaktoren. Sie sehen nur anders aus, wenn sie durch Digitalisierung und Nachhaltigkeit ergänzt werden.

Ein anschauliches Beispiel liefert der österreichische Werkzeugmaschinenhersteller **EMCO**: Jahrzehntelang stand das Unternehmen für robuste Maschinenbaukunst, über Generationen hinweg. Inzwischen entwickelt EMCO digital gesteuerte Fertigungssysteme, die on-the-fly Wartungsbedarf anzeigen und Produktionsdaten erfassen. Das Ziel? Mehr Verlass durch vorausschauende Wartung, Transparenz und Fernservice. Die Werte sind die gleichen geblieben. Nur die Umsetzung ist smarter geworden (EMCO GmbH, 2023).

Oder der italienische Traditionsbetrieb **Barilla**: Pasta wie bei Nonna, aber inzwischen produziert mit CO_2-reduzierten Verfahren, digital verfolgbarer Lieferkette und einer Produktionssteuerung, die selbst dem kühlsten Prozessingenieur ein Lächeln entlockt. Auch hier: Wandel, ja. Aber nie auf Kosten des Markenkerns (Barilla Grpup - Sustainability Report, 2022).

Veränderung ist dann kein Verrat, wenn sie eingebettet ist in Haltung. Wenn sie anschlussfähig bleibt für die Menschen, die sie tragen sollen. Und wenn sie nicht fragt: *"Was müssen wir aufgeben?"*, sondern: *"Was können wir weiterentwickeln?"*. Denn auch das gehört zur Wahrheit: Wer alte Werte dogmatisch konserviert, macht sie irgendwann unbrauchbar. Wer sie hingegen aktualisiert, hält sie lebendig. Und wer mutig in die Zukunft blickt, schreibt daran mit.

Mythos 4: "Das bringt doch sowieso nichts, wenn andere nicht mitziehen!"

"Warum sollen wir das machen, wenn China, Indien oder die USA es nicht tun?". Kaum ein Satz hat in europäischen Unternehmen so viel rhetorische Wucht entfaltet wie dieser. Man hört ihn in Aufsichtsräten, Werkshallen, Wirtschaftsverbänden und auf Leserbriefseiten. Er klingt vernünftig, pragmatisch, irgendwie globalisiert, ist aber in Wirklichkeit vor allem eins: eine bequeme Ausrede. Der Mythos basiert auf einem tief verankerten Gefühl der Ohnmacht gegenüber globalen Dynamiken. Was kann ein einzelner Betrieb im Kanton Basel, eine mittelständisches Stahlbauunternehmen in Slowenien oder eine Brauerei in Portugal schon bewirken gegen CO_2-Emissionen in China, Plastikinseln im Pazifik oder die Energiepolitik der USA?

Diese Logik wirkt auf den ersten Blick schlagkräftig, ist aber beim zweiten Hinsehen nicht haltbar. Denn sie verkennt dreierlei: Erstens, die wirtschaftliche Macht Europas, zweitens, die Rolle europäischer Standards und drittens, die Dynamik von Vorbildwirkung und Marktgestaltung. Der **"Warum-ich-wenn-andere-nicht"-Mythos** ist so beliebt, weil er Verantwortung elegant verschiebt. Er verknüpft moralischen Relativismus mit wirtschaftlichem Pessimismus: *"Wir würden ja gern nachhaltiger produzieren, aber die Wettbewerber drücken die Standards."*

Er berührt damit ein psychologisches Muster, das in der Sozialforschung als **Tragedy of the Commons** bekannt ist: Der Begriff wurde von Garrett Hardin (1968) geprägt und beschreibt das Dilemma, dass ein gemeinsam genutztes Gut – etwa die Umwelt – übernutzt wird, wenn sich alle individuell Vorteile verschaffen, aber niemand Verantwortung übernimmt. Wird jeder kurzfristige Eigennutz maximiert, leidet langfristig das Gemeinwohl. Bei genauer Betrachtung lässt sich sagen: Der Mythos hält sich so hartnäckig, weil er bequem ist. Er erlaubt Passivität mit moralischem Unterton.

Ein treffender Vergleich: Niemand würde ernsthaft behaupten, dass es sinnlos sei, Steuern nicht zu zahlen, weil der eigene Beitrag nur 0,00001 Prozent des Staatshaushalts ausmacht. Nach dieser Logik müsste jeder von uns den solidarischen Gedanken über Bord werfen und sagen: *"Warum soll ich zahlen, wenn mein Nachbar vielleicht schwarzarbeitet?"* Aber in einem funktionierenden sozialen System ist es gerade die Summe der kleinen Beiträge, die das große Ganze möglich macht. Verantwortung ist nicht relativierbar, nur weil andere sie (vielleicht) nicht übernehmen. Sie beginnt bei uns selbst. Dasselbe gilt für Klima- und Nachhaltigkeitsziele: Wer sich aus der Verantwortung stiehlt, weil andere scheinbar weniger tun, untergräbt die Idee gemeinschaftlichen Fortschritts. Verantwortung ist kein Bonus für Idealistinnen, sondern das Fundament eines zukunftsfähigen Systems. Und er wirkt besonders stark, wenn geopolitische Spannungen zunehmen, internationale Abkommen bröckeln und Nachhaltigkeit als "Luxusthema" dargestellt wird. In solchen Zeiten sehnt man sich nach Einfachheit und findet sie oft in der Flucht in den Vergleich mit vermeintlich "schlimmeren" anderen.

Tatsache ist: Die Europäische Union ist einer der größten Binnenmärkte der Welt. Mit rund 450 Millionen Menschen, enormer Kaufkraft und hohem Exportvolumen. Und was in Europa reguliert wird, setzt oft Standards weltweit. Der Begriff dafür: **Brussels Effect** (Bradford, 2020). Beispiel gefällig?
Die Datenschutzgrundverordnung (DSGVO) war anfangs ein europäisches Projekt. Heute beeinflusst sie weltweit den Umgang mit Daten. Unternehmen von Kalifornien bis Seoul haben ihre Prozesse angepasst, weil sie in Europa aktiv sein wollen.
Ähnliches gilt für Umweltstandards, Produktsicherheit und Lieferkettenregeln. Wenn Europa neue Standards setzt, richten sich viele internationale Unternehmen danach. Nicht aus Liebe zur EU, sondern aus wirtschaftlichem Eigeninteresse. Und genau darin liegt die Chance: Wer vorangeht, definiert das Spielfeld.

Zugleich ist es auch ein Mythos, dass Europa als Einziger handelt und der Rest der Welt untätig zusieht. Gerade China hat in den letzten Jahren enorme Fortschritte gemacht. Das Reich der Mitte ist längst nicht mehr nur verlängerte Werkbank, sondern Vorreiter in Bereichen wie grüner Energie, Elektromobilität und Kreislaufwirtschaft. Laut der International Energy Agency (IEA, 2023) ist Chinas CO_2-Ausstoß im Jahr 2022 zum ersten Mal seit zwei Jahrzehnten stabil geblieben, trotz weiterem Wirtschaftswachstum. Zudem hat China über 40 Prozent aller weltweiten Investitionen in grüne Technologien getätigt (IEA, 2023). Auch bei Standards zieht das Land nach: In Bereichen wie nachhaltiger Städtebau ("Sponge Cities"), Solarenergie oder E-Busse ist China heute globaler Taktgeber, nicht zuletzt, weil dort politische Steuerung, wirtschaftlicher Ehrgeiz und technologische Innovationskraft kombiniert werden.

Mit anderen Worten: Die Welt bewegt sich. Nicht perfekt, nicht synchron, aber durchaus dynamisch. Wer also mit dem Finger auf andere zeigt, verkennt nicht nur die Realität, er lässt auch Chancen liegen, mit gutem Beispiel voranzugehen.

Apropos Beispiel: **Umicore**, ein belgisches Unternehmen, das einst vor allem für Metallverarbeitung bekannt war. Heute ist Umicore eines der weltweit führenden Unternehmen im Bereich Recycling und nachhaltige Materialien, insbesondere bei Batterien. Durch ihre Technologien zur Gewinnung seltener Metalle aus Altgeräten beeinflussen sie nicht nur europäische Umweltstandards, sondern auch die globalen Lieferketten für Elektromobilität. Der Markt folgt dem Technologieführer, nicht umgekehrt (Umicore, 2023). Das Unternehmen ist mit seinen Jahresberichten ein Paradebeispiel für transparente Innovationsstrategie im Recyclingbereich (Umicore, 2023). Heute ist Umicore eines der weltweit führenden Unternehmen im Bereich Recycling und nachhaltige Materialien – insbesondere bei Batterien. Durch ihre Technologien zur Gewinnung seltener Metalle aus Altgeräten beeinflussen sie nicht nur europäische Umweltstandards, sondern auch die globalen Lieferketten für Elektromobilität. Der Markt folgt dem Technologieführer, nicht umgekehrt.

Ein weiteres Beispiel liefert der deutsche Mittelständler **Vaude**, bekannt für Outdoor-Bekleidung. Das Unternehmen hat seine Produktion nahezu klimaneutral gestaltet, setzt auf nachhaltige Materialien und faire Lieferketten. Was als mutige Einzelentscheidung galt, wurde zur Benchmark in der gesamten Branche. Inzwischen greifen selbst Wettbewerber auf Vaudes Know-how zurück (Vaude, 2023). Das Unternehmen veröffentlicht regelmäßig Transparenzberichte und wurde mehrfach für seine Umwelt- und Sozialstandards ausgezeichnet (Vaude, 2023). Was als mutige Einzelentscheidung galt, wurde zum Benchmark.

Auch **Siemens** zeigt, wie man Einfluss durch Vorleistung ausüben kann: Das Unternehmen hat frühzeitig auf "grüne Infrastruktur" gesetzt – von intelligenten Stromnetzen bis zu emissionsarmer Fertigung. Inzwischen kooperiert Siemens weltweit mit Kommunen und Regierungen, die nachhaltige Technologien nach europäischem Standard implementieren möchten (Siemens AG, 2022). Siemens dokumentiert diese Entwicklung ausführlich in seinen Nachhaltigkeitsberichten (Siemens AG, 2022). Inzwischen kooperiert Siemens weltweit mit Kommunen und Regierungen, die nachhaltige Technologien nach europäischem Standard implementieren möchten.

Und dann gibt es die vermeintlich "kleinen" Unternehmen, die große Wirkung entfalten. **Ecoligo** aus Berlin. Das Start-up bringt Solarenergieprojekte nach Ghana, Vietnam oder Costa Rica, finanziert durch europäische Privatinvestoren. Ihre Projekte belegen, dass auch aus kleinen Büros in Kreuzberg weltweite CO_2-Einsparungen entstehen können (Ecoligo, 2023). Ihre Wirkung wird jährlich in einem detaillierten Impact Report veröffentlicht (Ecoligo, 2023). Ihre Projekte belegen, dass auch aus kleinen Büros in Kreuzberg weltweite CO_2-Einsparungen entstehen können.

Wer Standards setzt, wird zum Bezugspunkt. Wer vorausgeht, schafft Nachfrage. Und wer Verantwortung übernimmt, bekommt nicht nur Respekt, sondern auch Wettbewerbsvorteile. Und wer auf internationaler Bühne wirklich etwas bewegen will, muss kooperieren und nicht nur kommentieren. Die Idee, dass Nachhaltigkeit und internationale Partnerschaft Gegensätze seien, ist längst überholt. Tatsächlich zeigt sich immer deutlicher: Je stärker Europa seine Standards, Technologien und Werte global vernetzt, desto größer ist sein Einfluss.

Das EU-Mercosur-Abkommen unterstreicht dies. Über Jahre politisch umstritten, enthält heute erstmals verbindliche Nachhaltigkeitsklauseln. Die EU-Kommission verweist in ihren aktuellen Verhandlungsunterlagen darauf, dass Nachhaltigkeit erstmals nicht nur als Absichtserklärung, sondern als rechtlich überprüfbare Verpflichtung verankert ist (European Commission, 2023). Unternehmen, die aus Europa exportieren, werden so zu Botschaftern neuer Produktionsmaßstäbe. Auch bilaterale Innovationspartnerschaften, etwa zwischen Deutschland und Südkorea im Bereich grüner Wasserstoff, zeigen: Wer vorausgeht, wird eingeladen, Standards mitzugestalten. Die Bundesregierung hebt in ihrer Wasserstoffstrategie hervor, dass Kooperationen mit Südkorea, Kanada und Chile auf gegenseitigem Technologietransfer und verbindlichen Umweltstandards beruhen (BMWK, 2023).

Hinzu kommt: Nachhaltigkeit wird zunehmend zur Marktzulassung. Wer heute als Zulieferer oder Exporteur auf internationale Märkte will, braucht ESG-Berichte, CO_2-Kennzahlen und Lieferkettentransparenz. Was früher als freiwilliges Engagement galt, ist heute faktisch Eintrittskarte in globale Wertschöpfungsketten.

Gerade europäische Unternehmen können hier punkten. Sie verfügen über Erfahrung, Zertifizierungsstandards und das Vertrauen internationaler Abnehmer. Laut einer Umfrage des World Economic Forum (2024) sehen 72 Prozent der globalen Unternehmen europäische Firmen als Vorbild in Sachen Nachhaltigkeitsintegration. Nicht trotz, sondern wegen ihrer hohen Anforderungen. Laut einer Umfrage des World Economic Forum (2024), durchgeführt unter 1.200 internationalen Entscheiderinnen, sehen 72 Prozent der globalen Unternehmen europäische Firmen als Vorbild in Sachen Nachhaltigkeitsintegration, insbesondere wegen ihrer glaubwürdigen Umsetzungspraktiken (WEF, 2024).

Wer heute noch glaubt, dass Engagement nichts bringt, unterschätzt die Kraft des Handelns. Europas Industrie ist kein Zuschauer der Weltgeschichte, sondern ein aktiver Mitautor. Wer gestaltet, inspiriert und wer inspiriert, verändert. Die Zukunft ist kein Wettbewerb der Ausreden, sondern der Ideen. Die gute Nachricht: Es gibt kein „zu klein“ beim Vorangehen. Ob ein Start-up in London, ein Familienbetrieb in Sofia oder ein Konzern in Rotterdam –

wer Verantwortung übernimmt, handelt nie allein. Denn Verantwortung zieht Kreise. Immer!

Mythos 5: "Ohne billige Energie keine wettbewerbsfähige Industrie!"

Kaum steigen die Energiepreise, hallt der Ruf durchs Land: "So kann doch niemand mehr produzieren!" Industrievertreterinnen, Medien, Lobbyverbände – sie alle malen gern ein Bild, als hänge die gesamte Wettbewerbsfähigkeit Europas allein am Stromzähler. Die Argumentation: Teure Energie macht unsere Produkte teuer. Teure Produkte verkaufen sich schlecht. Und schon wandert die Produktion nach Asien ab.

So plausibel das klingt, so verzerrt ist das Bild. Denn der Mythos "billige Energie = starke Industrie" ist ein grobes Missverständnis und hält sich dennoch hartnäckig. Das hat historische Gründe: In der Nachkriegszeit basierte das europäische Wachstumsmodell auf günstiger Energie, vor allem aus Kohle, Öl und später Atomkraft. Ganze Industriezweige wie Stahl, Aluminium oder Chemie waren direkt an den Energiepreis gekoppelt. Preissteigerungen galten als akute Standortgefahr. Doch die Ökonomie hat sich verändert. Und mit ihr die Industrie. Heute bestimmen weit mehr Faktoren die Wettbewerbsfähigkeit als die bloße Energiequelle: Innovationskraft, Digitalisierung, Qualität, Resilienz. Oder anders gesagt: Es ist weniger entscheidend, ob der Strom billig ist, sondern wie klug er genutzt wird.
Es stimmt: Energiepreise spielen eine Rolle. Aber sie sind nur ein Puzzlestück im großen Bild industrieller Wettbewerbsfähigkeit. Wer sich ausschließlich darauf konzentriert, verkennt die Dynamik moderner Produktionsökonomie.

Beispiel: Deutschland hatte 2022 die höchsten Industriestrompreise in der EU. Und trotzdem exportierte es mehr Maschinen als je zuvor. Warum? Weil deutsche Produkte oft nicht über den Preis, sondern über Qualität, Technologie und Zuverlässigkeit konkurrieren (BMWK, 2023).

Hinzu kommt, dass Unternehmen, die effizient mit Energie umgehen, haben bei steigenden Preisen einen Vorteil. Nicht, weil sie Glühbirnen ausschalten, sondern weil sie systemisch denken: Prozessoptimierung, Abwärmenutzung, Digitalisierung. Laut einer Studie der International Energy Agency (IEA, 2022) können Industrieunternehmen bis zu 30 Prozent Energie sparen, ohne die Produktion zu beeinträchtigen, einfach durch smarte Technik.

Der dänische Pumpenhersteller **Grundfos** hat seine Werke durch intelligente Steuerungssysteme so optimiert, dass der Energieverbrauch pro Pumpe seit 2010 um 25 Prozent gesenkt wurde (Grundfos, 2023). Gleichzeitig wurde die Produktionsmenge gesteigert. Weniger Verbrauch, mehr Output und das bei steigenden Strompreisen.

Ein weiteres Beispiel liefert **ArcelorMittal** in Luxemburg. Das Unternehmen investiert seit Jahren in wasserstoffbasierte Stahlproduktion. Das ist zwar nicht billig, aber langfristig stabiler, unabhängiger und CO_2-armen Stahl verlangt inzwischen fast jeder internationale Großkunde (ArcelorMittal, 2023).

Der Trick ist also nicht, Energiepreise zu senken, sondern Energiekosten zu kontrollieren. Und das gelingt am besten durch Effizienz, Innovation und langfristige Planung.
Wer heute noch denkt, dass erneuerbare Energien ein Kostenrisiko darstellen, hat die letzte Dekade verschlafen. Denn Sonne, Wind und Co. sind längst kein Öko-Luxus mehr, sondern wirtschaftlicher Faktor und zunehmend ein echter Standortvorteil. Die Zeiten, in denen Solar- und Windstrom teurer als fossile Alternativen waren, sind vorbei. Laut BloombergNEF (2023) gehören Photovoltaik und Onshore-Wind mittlerweile weltweit zu den günstigsten Stromquellen. Teils deutlich unter den Preisen für Erdgas oder Steinkohle. Der Grund: Skaleneffekte, technologische Reife und sinkende Betriebskosten. Gerade für Industrieunternehmen eröffnen sich dadurch neue Perspektiven: Wer in eigene Anlagen investiert oder langfristige Stromabnahmeverträge (sogenannte Power Purchase Agreements, PPAs) nutzt, sichert sich stabile Energiepreise, unabhängig von geopolitischen Krisen oder Preissprüngen an den Weltmärkten.

Die **Salzgitter AG** setzt mit dem Projekt "Salcos" auf grünen Wasserstoff und Windkraft zur Dekarbonisierung ihrer Stahlproduktion. Finanziert wird das

Ganze teils über Bundesförderung, teils durch strategische Partnerschaften mit Energieversorgern (Salzgitter AG, 2023). Ziel: CO_2-armer Stahl ohne Abhängigkeit von Importgas und das bei Planungssicherheit über Jahrzehnte.

Auch **Fronius** in Österreich zeigt, wie Erneuerbare zur Ressource werden: Der Hersteller von Solartechnik produziert an seinen eigenen Standorten mit Photovoltaik, speichert Strom in Batteriesystemen und deckt damit nicht nur die Eigenversorgung ab, sondern entwickelt daraus neue Geschäftsmodelle (Fronius, 2023).

Was früher als "zu wetterabhängig" galt, ist heute ein Pluspunkt: Dezentralität, Resilienz, Zukunftssicherheit. Denn wer sich selbst mit Energie versorgt, ist nicht nur unabhängiger, sondern oft auch günstiger unterwegs. "Billig" ist nicht mehr das Gegenteil von "erneuerbar". Im Gegenteil: Die Kombination aus Innovation, Eigenversorgung und smarter Planung macht grüne Energie zur Währung industrieller Zukunftsfähigkeit.

"Teure Energie macht unsere Industrie kaputt!", so die altbekannte Sorge. Doch wer den Taschenrechner anwirft, merkt schnell: Teuer wird's meist dort, wo kurzfristig gedacht wird. Denn der wahre Preis von Energie bemisst sich nicht nur an der Kilowattstunde, sondern an Risiken, Abhängigkeiten und langfristigen Folgekosten. Die Abhängigkeit Europas von fossilem Erdgas hat in den vergangenen Jahren nicht nur Milliarden verschlungen, sondern auch politische Handlungsspielräume massiv eingeschränkt. Die Energiekrise nach dem russischen Angriffskrieg gegen die Ukraine führte zu explodierenden Preisen und machte schmerzhaft deutlich, wie fragil scheinbar günstige Lieferketten sein können (IEA, 2023). Erneuerbare Energien hingegen verursachen zwar Investitionskosten, aber kaum geopolitische Erpressbarkeit. Wer eigene Ressourcen nutzt, zahlt vielleicht am Anfang mehr, aber später weniger und vor allem planbarer. Es ist der Unterschied zwischen "billig und unsicher" und "smart und stabil". Dazu kommt ein technischer Aspekt, den viele unterschätzen: Europa hat nicht zu wenig erneuerbare Energie. Ganz im Gegenteil: Länder wie Deutschland, Spanien, Dänemark oder Portugal produzieren phasenweise mehr Wind- und Solarstrom, als sie selbst verbrauchen können. Was oft als "Überschussproblem" bezeichnet wird, ist in Wirklichkeit ein Zeichen von Fortschritt und eine hervorragende Basis für den Stromhandel.

Hier greift ein weiterer verbreiteter Mythos: Deutschland, so heißt es oft, "verscherbelt" seinen überschüssigen Ökostrom zu Billigpreisen ins Ausland und muss später teuren Strom zurückkaufen. Das klingt dramatisch, ist aber irreführend. Tatsächlich ist Deutschland seit Jahren Nettoexporteur von Strom und profitiert von einem gut ausgebauten europäischen Strommarkt. Laut Bundesnetzagentur (2023) exportierte Deutschland 2022 rund 62 Terawattstunden Strom mehr, als es importierte und zwar mit positiven Handelsbilanzen. Stromhandel funktioniert über kurzfristige Preisunterschiede und Netzverfügbarkeiten. Mal exportiert man günstig, mal importiert man, wenn es effizienter ist. Das ist kein Widerspruch, sondern Systemintelligenz. Der europäische Strommarkt gleicht Lasten aus, stabilisiert Netze und fördert die Integration erneuerbarer Energien (Agora Energiewende, 2023). Kurz gesagt: Stromhandel ist kein Zeichen von Schwäche – sondern von Vernetzung. Und genau darin liegt die Zukunft: in einem flexiblen, grenzüberschreitenden Energiesystem, das Angebot und Nachfrage in Echtzeit miteinander verbindet.

Das Problem ist also nicht die Erzeugung, sondern die Speicherung.
Hier kommt die Energiespeicherfrage ins Spiel: Strom aus Wind und Sonne fällt unregelmäßig an. Ohne effiziente Speicherlösungen (wie Batteriespeicher, Pumpspeicher oder Wasserstoff) geht wertvolle Energie verloren. Laut Claudia Kemfert et al. (2023) im Buch *Unlearn CO_2* liegt das größte strukturelle Defizit der europäischen Energiewende nicht in der Produktion, sondern im Mangel an Flexibilität, sprich: in der Infrastruktur für Speicherung und Netzmanagement. In Zahlen: Über 6 Prozent des in Deutschland produzierten Ökostroms konnten 2022 nicht genutzt werden, weil die Netze überlastet waren oder Speicher fehlten (BMWK, 2023). Das ist nicht nur ineffizient, sondern wirtschaftlich unsinnig. Würde dieser Überschuss gespeichert und gezielt eingesetzt, könnten Industriebetriebe von stabilen Preisen profitieren, selbst bei Wetterkapriolen.

Die Lösung liegt also nicht im Preisdumping, sondern in Investitionen in Speichertechnologien, smarter Netzsteuerung und dezentralen Energiekonzepten. Auch hier hat Europa enormes Potenzial, wenn es den Mut zur Umsetzung findet. Der Glaube, dass nur billige Energie eine starke Industrie ermöglicht, stammt aus einer anderen Zeit und einer anderen Logik. Die Weltwirtschaft des 21. Jahrhunderts funktioniert anders: schneller,

digitaler, vernetzter und vor allem ressourcensensibler. Europas Industrie wird nicht dadurch stark, dass sie Centbeträge pro Kilowattstunde einspart, sondern dadurch, dass sie klüger, effizienter und nachhaltiger wirtschaftet. Wer heute in Effizienz, Speicher, Erneuerbare und Netze investiert, kauft sich nicht nur Planungssicherheit, sondern auch Zukunftsfähigkeit. Ja, der Wandel kostet. Aber das Festhalten an alten Strukturen kostet mehr. Mehr an Wettbewerbsfähigkeit, Innovationskraft und Vertrauen. Die gute Nachricht: Die Technologien sind da. Die Märkte sind bereit. Und der politische Rahmen, so unvollkommen er manchmal wirkt, bewegt sich Schritt für Schritt in die richtige Richtung. Die Industrie von morgen wird nicht billig sein. Aber sie wird besser sein. Besser für das Klima. Besser für die Versorgungssicherheit. Besser für die Menschen, die in ihr arbeiten.
Oder, um es mit einem modernen Leitsatz zu sagen: **Nicht die niedrigste Rechnung zählt, sondern die beste Entscheidung.**

Zusammenfassung: Mythen und Missverständnisse - Faktencheck und Perspektivenwechsel

Nach fünf Mythen voller Argumente, Beispiele und Widerlegungen ist klar: Viele populäre Aussagen zur Transformation von Industrie und Gesellschaft sind weniger Fakten als gefühlte Wahrheiten. Mythen, die sich im Alltag gut behaupten, am Stammtisch gut klingen und in Talkshows fabelhaft zuspitzen lassen. Doch genau das ist das Problem. Denn Mythen haben eine besondere Eigenschaft: Sie wirken intuitiv richtig. Sie bedienen vertraute Denkweisen, liefern schnelle Erklärungen und ersparen uns die anstrengende Auseinandersetzung mit komplexer Wirklichkeit. In einer Welt, die sich rasant verändert, bieten Mythen kognitive Bequemlichkeit. Sie sind gewissermaßen die Fast-Food-Version der Erkenntnis.

Psychologisch betrachtet nennt man das **kognitive Dissonanzreduktion**: Wenn neue Informationen im Widerspruch zu unseren bestehenden Überzeugungen stehen, entsteht ein inneres Spannungsgefühl. Diese Dissonanz versuchen wir zu reduzieren und zwar nicht immer durch rationales Überprüfen, sondern durch selektive Wahrnehmung, Umdeutung oder Verdrängung (Festinger, 1957). Nehmen wir ein Beispiel: Wenn jemand fest daran glaubt, dass wirtschaftlicher Erfolg nur durch möglichst niedrige Kosten entsteht, dann erzeugt die Aussage „Nachhaltigkeit kann profitabel sein“ erst einmal Widerspruch. Also wird das Argument abgetan, hinterfragt oder als „grünes Marketing“ abgewertet. Nicht, weil es faktisch falsch wäre, sondern weil es nicht ins bekannte Denkmuster passt.

Ähnlich verhält es sich mit der Digitalisierung. Wer die eigene berufliche Identität über handwerkliche oder analoge Fähigkeiten definiert, erlebt technologische Veränderungen nicht als Chance, sondern als Bedrohung. Also wird das Narrativ gestützt, dass Digitalisierung „Menschen überflüssig“ mache, selbst wenn die Fakten längst das Gegenteil zeigen (Acemoglu & Restrepo, 2020).

Diese Prozesse laufen oft unbewusst ab und machen Mythen so langlebig. Denn was unser Weltbild stabilisiert, fühlt sich zunächst einmal gut an. Auch wenn es uns am Ende davon abhält, Neues zuzulassen. Und weil die industrielle Transformation viele bekannte Muster infrage stellt, greifen wir lieber zu den alten Erzählungen: dass Nachhaltigkeit teuer sei, Digitalisierung nur Jobs koste, oder Veränderung sowieso nichts bringe.

Doch der Faktencheck zeigt: Die Mythen halten der Realität nicht stand. Mehr noch: sie bremsen Fortschritt, Innovation und Wettbewerbsfähigkeit. Es ist Zeit, umzudenken. Ein Perspektivenwechsel klingt nach einem netten Appell, ist aber in Wahrheit ein hoch wirksames psychologisches Werkzeug. Denn wer seinen Blickwinkel verändert, verändert seine Haltung. Und wer seine Haltung ändert, verändert sein Verhalten. Psychologisch betrachtet spricht man von **Reframing**: eine Technik, bei der die Bedeutung einer Situation bewusst umgedeutet wird, um neue Handlungsmöglichkeiten zu eröffnen (Watzlawick et al., 1974). Was vorher wie ein Risiko erschien, kann so zur Chance werden. Was nach Verlust roch, wird zur Einladung, etwas dazuzugewinnen. Es ist die mentale Fähigkeit, mit Unsicherheit produktiv umzugehen.

In Bezug auf die industrielle Transformation bedeutet das: Statt immer nur auf das zu blicken, was uns abverlangt wird (Verzicht, Investition, Veränderung), sollten wir stärker wahrnehmen, was wir gewinnen:

Zukunftsfähigkeit, Innovationsspielraum, neue Märkte, Fachkräftebindung, gesellschaftliche Relevanz.

Ein Beispiel: Wenn ein Unternehmen nicht fragt *„Was kostet uns CO_2-neutrale Produktion?"*, *sondern „Was bringt sie uns langfristig?"*, dann entstehen andere Entscheidungen, andere Investitionen und ein anderes Selbstverständnis. Aus der Haltung *„Wir müssen"* wird *„Wir können"*. Oder sogar: ***„Wir wollen"***.

Dieser Perspektivwechsel ist kein Luxus, sondern Überlebensstrategie. Denn in einer Welt voller Dynamik und Unsicherheit brauchen Organisationen keine Sicherheitsverweigerung – sie brauchen Veränderungskompetenz. Und die beginnt im Kopf. Oder wie die Psychologin Carol Dweck (2006) es formuliert: *„Menschen mit einem dynamischen Selbstbild sehen Herausforderungen nicht als Bedrohung, sondern als Lerngelegenheit."* Genau das ist es, was Unternehmen heute brauchen: eine Haltung, die Entwicklung nicht als Ausnahme, sondern als Normalzustand begreift. Was uns fehlt, ist nicht nur mehr Technologie oder mehr Geld, es fehlt oft eine neue Erzählung. Eine, die Zukunft nicht als Zumutung beschreibt, sondern als Möglichkeit. Eine, die nicht von Verzicht handelt, sondern von Gewinn. Und vor allem: eine, die wieder Stolz macht, Teil eines Veränderungsprozesses zu sein. Denn Hand aufs Herz: Die industrielle Revolution, die soziale Marktwirtschaft, der Wiederaufbau nach dem Krieg – all das waren Phasen, in denen Europa gezeigt hat, was möglich ist. Nicht, weil alles einfach war, sondern weil viele den Mut hatten, es trotzdem zu versuchen. Heute stehen wir wieder an einem solchen Punkt.

Die Industrie Europas hat das Potenzial, zur Pionierin einer neuen Wirtschaftsweise zu werden: digital, klimaneutral, sozial verantwortlich und wirtschaftlich erfolgreich. Aber dafür braucht es mehr als Strategiepapiere und Klimaziele. Es braucht ein anderes Selbstbild. Eine Industrie, die stolz ist auf Innovation statt nur auf Tradition. Die Kreislaufwirtschaft nicht als Pflicht, sondern als cleveren Wettbewerbsvorteil begreift. Die nicht in Panik verfällt, wenn sich Rahmenbedingungen ändern, sondern darin ein Trainingsfeld für ihre Anpassungsfähigkeit sieht.

Diese neue Erzählung beginnt im Kleinen: in Führungsetagen, in Werkhallen, in Schulen. Sie entsteht überall dort, wo Menschen bereit sind, ihr Denken zu öffnen, Verantwortung zu übernehmen und Chancen zu gestalten. Und sie braucht Erzählerinnen, in Medien, in Politik, in Unternehmen. Wie wir über Zukunft sprechen, bestimmt mit, wie wir sie erleben. Wenn wir immer nur über Risiken reden, lähmen wir. Wenn wir aber über Möglichkeiten sprechen, mobilisieren wir. Und genau das brauchen wir jetzt: Mobilisierung. Zukunft passiert nicht. Sie wird gemacht.

TEIL II:
Wie beides zusammenpasst

Grüne Bits und Bytes – Wie digitale Technologien den ökologischen Wandel treiben

„In der Mitte von Schwierigkeiten liegen die Möglichkeiten.“ – Albert Einstein

Wenn ein Wirt früher die Bierfässer für den Freitagabend bestellte, verließ er sich auf sein Bauchgefühl, seine Stammgäste und den Wetterbericht. Wenn es heiß war und der Fußball lief, nahm er lieber ein Fass mehr. Nachhaltig war das selten. Entweder landete zu viel Bier im Reservekeller oder der Laden stand trocken, was auch nicht ideal fürs Geschäft war. Heute ist auch das Stammlokal smart geworden: Ein Sensor im Fass misst den Verbrauch, die Kasse liefert Livedaten über Absatzmengen, der KI-Assistent beruft zusätzliche Servicekräfte ein und die Wetter-App ist längst in die Einkaufsplanung integriert. Das mag banal klingen, aber es ist ein gutes Beispiel dafür, was digitale Technologien im Alltag leisten können: Entscheidungen verbessern, Ressourcen schonen, Verschwendung minimieren und das nicht nur beim Bier. Und was mach der Wirt? Er kümmert sich um seine Gäst.

In diesem Kapitel geht es um nichts weniger als die vermeintlich „grüne“ Seite der digitalen Nachhaltigkeit. Eine Seite, die lange übersehen wurde, weil sie nicht nach Wald und Wiese aussieht. Doch in den Rechenzentren, Logistikhallen und Produktionshallen Europas verändert sich gerade etwas Grundlegendes: Bits und Bytes lernen, grün zu denken. Und Europa hat die Chance, hier weltweit Maßstäbe zu setzen – mit digitalen Innovationen, die ökologische Verantwortung nicht als Randnotiz, sondern als Grundfunktion verstehen. Die ökologische Wende, also die Transformation hin zu einer klimaneutralen, ressourcenschonenden Wirtschaftsweise, ist ohne Digitalisierung nicht denkbar. Das wird mittlerweile selten bestritten. Doch was genau bedeutet das eigentlich? Ist es wirklich nachhaltig, wenn Unternehmen Milliarden in Sensoren, Plattformen und Algorithmen investieren, während gleichzeitig die CO_2-Bilanzen durch die Decke gehen? Oder ist es gerade diese Technologie, die dafür sorgt, dass wir smarter mit Energie und Rohstoffen umgehen können, im Großen wie im Kleinen?

In der öffentlichen Debatte erscheint Digitalisierung oft als energiehungriges Monster. Und tatsächlich: Rechenzentren verschlingen gigantische Mengen Strom, Kryptowährungen stehen im Verdacht, halbe Stromnetze lahmzulegen, und der Datenhunger moderner KI-Systeme ist nicht zu unterschätzen. Doch das ist nur die halbe Wahrheit. Die andere Hälfte erzählt davon, wie Digitalisierung dabei hilft, Emissionen zu vermeiden, Kreislaufwirtschaft zu ermöglichen und Prozesse so zu optimieren, dass Nachhaltigkeit nicht mehr nur Ideal, sondern messbare Realität wird.

Nehmen wir die **datengetriebene Effizienz**. In einem herkömmlichen Produktionsbetrieb war es lange üblich, auf Erfahrungswerte zu setzen: Wie viel Material brauchen wir? Wann ist die Maschine zu warten? Welche Lieferzeiten müssen wir einkalkulieren? Heute können all diese Fragen präzise auf Basis von Daten beantwortet werden und das hat erhebliche ökologische Konsequenzen. Wenn Produktionsprozesse auf Echtzeitdaten basieren, lassen sich Ressourcen gezielter einsetzen, Überproduktion vermeiden und Ausschuss drastisch reduzieren. Unternehmen wie Bosch, Siemens oder mittelständische Fertiger in der EU setzen längst auf diese Systeme. Nicht nur wegen der Umwelt, sondern weil sich Effizienz rechnet (Harispuru 2021; PwC 2022).

Noch weiter geht der Einsatz sogenannter digitaler Zwillinge. Diese digitalen Abbilder physischer Anlagen oder Prozesse ermöglichen es, Wartungsbedarfe frühzeitig zu erkennen, Störungen vorherzusagen und die gesamte Lebensdauer einer Maschine ressourcenschonend zu steuern (Yang et al. 2025). **Predictive Maintenance** ist das Zauberwort: Maschinen werden nicht mehr dann gewartet, wenn es im Kalender steht, sondern genau dann, wenn es nötig ist. Das spart Material, vermeidet Stillstand und senkt den Energieverbrauch – messbar und dauerhaft. Gleichzeitig erlaubt CO_2-Monitoring kontinuierlich, die Umweltwirkungen eines Produkts oder Prozesses nicht nur zu dokumentieren, sondern aktiv zu steuern. Das sind keine abstrakten Visionen, sondern praxistaugliche Werkzeuge, die bereits heute in der europäischen Industrie im Einsatz sind (Okolo et al. 2024).

Natürlich hat auch die Digitalisierung selbst eine ökologische Verantwortung. Denn so viel Potenzial in den neuen Technologien steckt, sie brauchen Strom. Viel Strom! Rechenzentren sind das Rückgrat unserer digitalen Welt, aber sie sind auch energieintensive Infrastrukturen. Die gute Nachricht: Es geht auch anders. In Europa entstehen immer mehr grüne Rechenzentren, die auf erneuerbare Energien setzen, intelligente Kühlungssysteme verwenden und ihren CO_2-Fußabdruck offenlegen. Länder wie Schweden, die Niederlande oder Deutschland arbeiten gezielt daran, ihre digitale Infrastruktur nachhaltig umzubauen, auch, weil Nachhaltigkeit zunehmend ein Standortfaktor ist (Fraunhofer ISST 2025; Brüning 2024).

Und was passiert jenseits der Serverhallen? Ein besonders spannendes Feld ist die Digitalisierung globaler Lieferketten. Gerade in komplexen Produktionsnetzwerken ist es oft schwer nachvollziehbar, woher ein Produkt stammt, welche Emissionen in der Herstellung angefallen sind und ob ökologische Mindeststandards eingehalten wurden. Hier kommt die Kombination aus Blockchain und dem Internet der Dinge (IoT) ins Spiel. Sensoren und smarte Etiketten erfassen Transportwege, Lagerbedingungen und CO_2-Werte unverzüglich. Diese Informationen werden in fälschungssicheren digitalen Registern gespeichert, sodass alle Beteiligten – von der Rohstoffmine bis zum Handel – Transparenz erhalten (Krings & Schwab 2020; Siemens 2021).

Das ist nicht nur ein Fortschritt für Unternehmen, sondern auch für Konsumentinnen. Wer heute nachhaltig einkaufen will, ist auf verlässliche Informationen angewiesen. Je digitaler die Lieferkette, desto glaubwürdiger die Aussage über den ökologischen Fußabdruck eines Produkts. Europa geht hier mit gutem Beispiel voran, mit Technologien, die nicht nur Transparenz schaffen, sondern Vertrauen ermöglichen. Doch damit diese Technologien ihr volles Potenzial entfalten, braucht es mehr als nur Technik. Es braucht politische Rahmenbedingungen, strategische Investitionen und eine klare europäische Vision. Die EU hat mit dem Green Deal und Programmen wie „Digital Europe“ oder „Fit for 55“ erste wichtige Schritte gemacht. Doch der Weg zur digitalen Nachhaltigkeit ist kein Selbstläufer. Es braucht ein Zusammenspiel aus Regulierung, Innovationskraft und gesellschaftlichem Bewusstsein und genau hier kann Europa zeigen, dass Digitalisierung und Klimaschutz keine Gegensätze sind, sondern zwei Seiten derselben Medaille.

Nicht zuletzt braucht es auch einen kulturellen Wandel. Nachhaltigkeit muss Teil der digitalen DNA werden. Nicht als Zusatzmodul, sondern als

Grundfunktion. Start-ups, Universitäten, Mittelstand und Industrie müssen gemeinsam daran arbeiten, dass jedes Byte nicht nur schneller, sondern auch grüner wird. Das beginnt bei der Programmierung energieeffizienter Software, geht über die Gestaltung von nachhaltigen Geschäftsmodellen bis hin zur Frage, wie sich digitale Geräte reparieren, recyceln oder in Kreisläufe integrieren lassen. All das mag abstrakt klingen, doch wie immer gilt: Der Teufel steckt im Detail, aber auch der Fortschritt. Digitalisierung ist kein Selbstzweck, sondern ein Werkzeug. Und wie jedes Werkzeug lässt es sich gut oder schlecht einsetzen. In den Händen Europas liegt die Chance, eine digitale Zukunft zu gestalten, die nicht nur effizient, sondern auch gerecht und nachhaltig ist.

Wenn also der Wirt von nebenan demnächst nicht nur die Biermenge, sondern auch seinen CO_2-Ausstoß mit einer App steuert, dann ist das kein Witz mehr, sondern ein kleiner Schritt auf einem großen Weg. Ein Weg, auf dem Europa Vorreiter sein kann, wenn es gelingt, Technologie und Verantwortung miteinander zu verbinden.

Datengetriebene Effizienz – Wenn Algorithmen besser rechnen als der Chef

Im Mittelalter bestimmte das Bauchgefühl den Tagesablauf: Der Mönch wusste, wann er zum Gebet läuten musste, der Schmied spürte im kleinen Finger, wann das Eisen heiß genug war zum Schmieden, und der Wirt wusste, wann das Bier knapp wurde – spätestens, wenn die Gäste grummelten. Im 21. Jahrhundert hat das Bauchgefühl ausgedient. Heute entscheidet die Datenlage. Zumindest in den Unternehmen, die nicht mehr auf Glück vertrauen, sondern auf Systeme, die instantan messen, steuern und optimieren. Kurz gesagt: auf datengetriebene Effizienz.

Jetzt mag man denken: Klingt nach Consulting-Buzzword-Bingo. Aber der Begriff beschreibt einen echten Wandel. Wo früher Erfahrung und Intuition dominierten, regieren heute Sensoren, Software und Statistiken. Das Ziel ist klar: Ressourcen sparen, Emissionen senken, Prozesse verschlanken und das alles möglichst so, dass es sich auch noch rechnet. Denn Daten sind nicht nur das neue Öl, sie sind der neue Schmierstoff für nachhaltige Geschäftsmodelle.

Ein besonders anschauliches Beispiel liefert der urbane Verkehr. Wer morgens in London, Paris oder Brüssel im Stau steht, hat selten das Gefühl, in einer smarten Welt zu leben. Doch genau hier kann datengetriebene Effizienz eine stille Revolution bewirken und tut es mancherorts bereits. Städte wie Kopenhagen oder Barcelona setzen auf datenbasierte Verkehrssteuerung, bei der historische und Livedaten aus Ampeln, Smartphones und öffentlichen Verkehrsmitteln kombiniert werden, um den Verkehrsfluss zu verbessern. Das Ergebnis: weniger Stop-and-Go, geringerer Kraftstoffverbrauch und deutlich weniger CO_2-Emissionen. In Kopenhagen führte der Einsatz solcher Systeme laut Stadtverwaltung zu einer Senkung der Emissionen im innerstädtischen Verkehr um rund 10 Prozent, allein durch smarteres Timing der „grünen Welle“ (vgl. European Commission 2023). Der Clou dabei ist nicht die Technik, sondern der Perspektivwechsel: Verkehr wird nicht mehr als starres System verstanden, sondern als lebendiger Organismus, dessen Puls man messen und beeinflussen kann. Und damit ist der Wirt wieder mitten im Spiel. Denn wenn die Straßen leerer und die Busse pünktlicher werden, kommt auch der Stammgast wieder öfter vorbei – pünktlich zur Happy Hour.

Und damit ist klar: Datengetriebene Effizienz ist mehr als ein Industrieprojekt. Sie betrifft unser tägliches Leben, unsere Städte, unsere Zeit und unseren Planeten. Es geht nicht nur um Bits, sondern um Lebensqualität. Und Europa ist gut beraten, dieses Spielfeld nicht Amazon, Google und Co. zu überlassen, sondern eigene, gemeinwohlorientierte Strategien zu entwickeln, auf Basis europäischer Werte und Datenschutzstandards.

Man stelle sich folgendes vor: Ein Bürgermeister in Rogaland (Norwegen) schaut morgens nicht mehr nur auf den Wetterbericht und den Stand der Stadtkasse, sondern auch auf ein Dashboard mit Echtzeitdaten zur Luftqualität, zum Stromverbrauch der öffentlichen Gebäude und zur Auslastung des örtlichen Busnetzes. Früher hätte man das als Science-Fiction abgetan oder mit einem Schulterzucken quittiert. Heute ist das Alltag, zumindest in Städten, die auf datengetriebene Effizienz setzen, wie etwa Heidelberg, Wien oder Amsterdam. Gerade im kommunalen Bereich zeigt sich, wie breit der Nutzen datengetriebener Strategien gefächert ist und wie direkt sie sich auf ökologische Ziele auswirken. Die Stadt Wien beispielsweise optimiert mithilfe einer zentralen „Datenplattform Urbane Innovation" den Energieverbrauch öffentlicher Gebäude. Heizungs- und Lüftungssysteme werden nicht mehr nach starren Zeitplänen betrieben, sondern bedarfsgerecht anhand von Nutzungsdaten, Wetterprognosen und Gebäudesensoren. Das Resultat: bis zu 25 Prozent weniger Energieverbrauch im Winter, ohne dass irgendjemand frieren muss (Stadt Wien 2022). In Amsterdam wiederum betreibt die Stadt eine datengetriebene Verkehrsflussoptimierung, bei der neben klassischen Sensoren auch Crowd-Daten aus Mobilitäts-Apps und Fahrradzählern genutzt werden. Damit werden nicht nur Staus vermieden, sondern auch Straßenräume flexibler verteilt. Je nachdem, ob gerade mehr Menschen zu Fuß, mit dem Rad oder mit dem Auto unterwegs sind. Diese „flexible Urbanität" spart CO_2, vermeidet Stress und zeigt, dass Digitalisierung nicht zwingend kalt und technokratisch sein muss, sondern das Leben in der Stadt konkret verbessern kann (Gemeente Amsterdam 2021).

Doch es sind nicht nur Kommunen, die den digitalen Hebel für Nachhaltigkeit entdecken. Auch in der Privatwirtschaft tut sich einiges, und zwar längst nicht nur in der Großindustrie. Ein besonders spannendes Beispiel liefert die europäische Landwirtschaft. Lange galt der Ackerbau als weitgehend analog, mit Traktoren, die sich am Horizont orientierten, und Bauern, die sich auf Erfahrung, Himmel und Bauchgefühl verließen. Heute fährt der Traktor satellitengesteuert, misst den Stickstoffgehalt des Bodens zeitnah und passt die Düngermenge zentimetergenau an – voll automatisiert, datengestützt und präzise. Smart Farming nennt sich das und es senkt den Düngeeinsatz, reduziert den Pestizidverbrauch und spart Diesel (Springer 2024). Laut einer Studie des Thünen-Instituts kann ein durchschnittlicher landwirtschaftlicher Betrieb in Deutschland durch den Einsatz datenbasierter Präzisionslandwirtschaft bis zu 30 Prozent Dünger und Pflanzenschutzmittel einsparen, ohne Ertragsverlust. Das ist nicht nur wirtschaftlich attraktiv, sondern auch ökologisch ein Meilenstein. Denn weniger Dünger heißt weniger Nitrat im Grundwasser, weniger Emissionen in der Produktion und langfristig mehr Biodiversität.

Das datengetriebene Effizienz damit weit mehr ist als ein IT-Projekt, zeigt sich auch bei Energieversorgern. Stadtwerke in ganz Europa setzen zunehmend auf sogenannte „Demand Side Response"-Modelle, bei denen Stromkunden – etwa Haushalte oder kleine Gewerbe – durch datenbasierte Anreize ihren Verbrauch an das Angebot erneuerbarer Energien anpassen. Wenn die Sonne scheint, wird der Wäschetrockner belohnt. Wenn der Wind nachlässt, kostet das Kochen vielleicht ein paar Cent mehr. Klingt nach Spielerei, ist aber ein zentraler Baustein für die Integration volatiler Erneuerbarer ins Netz. Denn je besser Angebot und Nachfrage aufeinander abgestimmt sind, desto weniger fossile Backup-Kapazitäten braucht es und desto geringer sind die Emissionen (BMWK 2023). Dabei ist es wichtig zu betonen: Es geht nicht darum, jeden Lebensbereich durchzuoptimieren oder Algorithmen das Denken abzunehmen. Vielmehr eröffnet datengetriebene Effizienz neue Handlungsspielräume für Städte, Unternehmen und Haushalte. Und diese Räume sind gestaltbar. Europa steht dabei in einer besonderen Verantwortung: Während andere Regionen vor allem auf maximale Datenausbeute und wirtschaftliche Verwertung setzen, kann und sollte Europa beweisen, dass Daten auch gemeinwohlorientiert eingesetzt werden können, im Sinne der Menschen und des Klimas. Denn so nützlich datengetriebene Effizienz auch ist, sie wirft auch Fragen auf: Wem gehören die Daten? Wer profitiert? Wie werden Entscheidungen nachvollziehbar gemacht, wenn sie auf Basis komplexer Modelle getroffen werden? Und wie stellen wir sicher, dass die digitale Wende nicht zu einer neuen Form der Intransparenz führt?

Gerade hier bietet Europa mit der Datenschutz-Grundverordnung (DSGVO), der KI-Verordnung und der Diskussion um Datensouveränität ein Gegengewicht zu rein marktorientierten Modellen. Wenn Städte wie Barcelona ihre Datenplattformen als öffentliches Gut verstehen, wenn Unternehmen wie Volkswagen Emissionsdaten ihrer Produktion freiwillig veröffentlichen oder wenn Bürgerinnen über „Open Data"-Portale ihre Umgebung analysieren können, dann zeigt sich, wie eine demokratische, nachhaltige Datenzukunft aussehen kann.

Aber wie weit reicht der „Datenzauberstab"? Daten sind das neue Gold, heißt es oft. Aber wer schon einmal versucht hat, eine Goldmünze in der Fußgängerzone gegen ein belegtes Brötchen zu tauschen, weiß: Der Wert liegt nicht im Rohstoff selbst, sondern in dem, was man daraus macht. Und das gilt für Daten ganz besonders. Denn selbst die beste Datenplattform ist nutzlos, wenn niemand weiß, wie man damit arbeitet. Oder schlimmer noch: wenn sie zu Misstrauen führt.

In den bisherigen Beispielen war datengetriebene Effizienz vor allem Heldengeschichte. Und zugegeben: Die Möglichkeiten, die digitale Technologien eröffnen, sind beeindruckend. Doch spätestens bei der Frage, wie sich solche Projekte skalieren lassen, wird's ernst. Denn was in einer Pilotstadt mit Modellförderung funktioniert, ist nicht automatisch übertragbar auf eine Mittelstadt im Erzgebirge oder eine Gemeinde im südfranzösischen Hinterland. Technik lässt sich skalieren – Menschen, Verwaltungsprozesse und politische Mehrheiten nur bedingt. Ein Klassiker der Ernüchterung ist das Thema „Datensilos". In vielen Verwaltungen, Unternehmen oder Stadtwerken schlummern zwar riesige Datenschätze, aber sie liegen gut abgeschirmt in einzelnen Systemen, inkompatibel, unsauber dokumentiert und mit viel IT-Zeitaufwand gesichert wie Fort Knox. Die Folge: Statt Synergien entstehen Doppelerfassungen, statt Transparenz wächst die Komplexität. Ein Beispiel liefert die urbane Verkehrsplanung: Wenn die Daten der Busbetriebe nicht mit denen der Radverkehrsplanung kommunizieren, dann fährt der Bus immer noch durch dieselbe enge Gasse, in der die neue Fahrradstraße geplant war, trotz bester Datenlage.

Das ist kein Einzelfall. Selbst große Industrieunternehmen kämpfen mit internen Reibungsverlusten. Eine Studie von **PwC** (2022) zeigt, dass rund 60 Prozent der europäischen Firmen zwar datengetriebene Geschäftsmodelle als strategisch wichtig einstufen, aber weniger als die Hälfte über einheitliche Datenstandards oder -kulturen verfügt. Mit anderen Worten: Man weiß, dass Daten helfen könnten, aber man spricht nicht dieselbe Sprache. Hinzu kommt ein kultureller Faktor: Daten verändern Machtstrukturen. Wenn ein Algorithmus besser vorhersagen kann, wann eine Maschine ausfällt, braucht es vielleicht weniger Manager mit jahrzehntelanger Erfahrung, was zu Widerständen führen kann. Oder wenn eine datenbasierte Analyse vorschlägt, das Lager zentral zu verkleinern, bedeutet das in der Praxis vielleicht die Schließung eines Standorts, mit allen sozialen Folgen. Daten können sehr präzise sein, aber sie sind nicht neutral. Ihre Interpretation ist politisch, ökonomisch, kulturell. Und manchmal schlicht unbequem. Auch auf ethischer Ebene beginnt das Terrain, auf dem datengetriebene Effizienz sich bewegt, rutschig zu werden. Je mehr Sensoren, Plattformen und Modelle unser Verhalten mitverfolgen und bewerten, desto größer wird die Sorge vor einer „Totalverdatung" der Welt. Besonders problematisch wird es, wenn Effizienz als einziges Kriterium gilt. Denn nicht alles, was effizient ist, ist auch gerecht. Und nicht alles, was digitalisiert werden kann, sollte auch digitalisiert werden.

Ein klassisches Beispiel: Energieverbrauch in Mietwohnungen. Moderne „Smart Meter"-Systeme können den Verbrauch exakt messen, analysieren und sogar steuern – zum Beispiel über variable Stromtarife. Das klingt nach einem Traum für datengetriebene Effizienz. Aber wenn der Strom dann montags um 18 Uhr doppelt so teuer ist, weil alle kochen, betrifft das vor allem Menschen mit wenig Flexibilität wie Alleinerziehende, Familien mit Schichtarbeit und Sozialarbeiterinnen. Datenbasierte Steuerung muss deshalb sozial eingebettet werden, sonst wird sie zum Gerechtigkeitsproblem. Hinzu kommt: Viele datengetriebene Effizienzmaßnahmen sind abhängig von technischen Infrastrukturen, deren Nachhaltigkeit selbst kritisch zu hinterfragen ist. Die Herstellung von Sensoren, Servern und Netzwerktechnik verbraucht seltene Erden, Wasser und Energie. Und oft genug ist die Bilanz nur positiv, wenn die Technologie lange genutzt und systemisch eingebettet wird. Kurz gesagt: Wer alle fünf Jahre neue Smart Devices einführt, digitalisiert sich nicht nachhaltig, sondern teuer.

Doch anstatt sich davon entmutigen zu lassen, sollte man genau hier ansetzen: Mit einer klugen, werteorientierten Strategie, die nicht nur die technologischen, sondern auch die gesellschaftlichen Voraussetzungen berücksichtigt. Europa hat hier durchaus eine Vorbildrolle eingenommen. Initiativen wie Gaia-X oder die EU-Datenstrategie zielen darauf ab, Datenräume zu schaffen, die transparent, sicher und gemeinwohlorientiert sind. Das ist ambitioniert und genau deshalb wichtig. Denn wenn Daten das Betriebssystem der Nachhaltigkeit werden sollen, braucht es klare Spielregeln, demokratische Kontrolle und einen ethischen Kompass. Oder anders gesagt: Wer die Welt mit Daten retten will, braucht mehr als einen Algorithmus. Er braucht Haltung.

Datengetriebene Effizienz ist wie ein Fitnessprogramm fürs Unternehmen: Am Anfang die Smartwatch, laden drei Tracking-Apps herunter, messen eifrig Schritte und sind überzeugt, dass jetzt alles besser wird. Doch spätestens nach dem ersten Muskelkater, oder der dritten gescheiterten Dashboard-Schulung, wird klar: Es reicht nicht, Zahlen zu sammeln, man muss sie auch verdauen. Und vor allem danach handeln. Und das ist genau der Punkt, an dem viele Organisationen in Europa derzeit stehen: mitten in der Umstellung vom Datenbesitz zur Datenverantwortung. Denn so schön das Wort Effizienz klingt, in der Praxis bedeutet es Veränderung. Und Veränderung tut weh. Plötzlich muss die Einkaufsabteilung transparent hmachen, warum sie bei bestimmten Lieferanten bestellt. Das Energiemanagement wird zur Querschnittsfunktion, die nicht mehr im Keller hockt, sondern im Vorstand sitzt. Und aus der IT-Abteilung wird ein strategisches Organ, das nicht mehr nur Updates installiert, sondern Emissionen analysiert. Kurz: Datengetriebene Effizienz ändert nicht nur Prozesse, sie ändert Macht, Kultur und Selbstverständnis. Und das ist gut so. Denn in einer Zeit, in der die ökologische Tragfähigkeit unseres Wirtschaftens zur Überlebensfrage wird, braucht es genau diese strukturelle Neujustierung. Nicht als Buzzword, sondern als betriebliche Realität.

Dabei zeigt sich: Wer datengetriebene Nachhaltigkeit ernst nimmt, landet zwangsläufig bei Fragen, die nicht mit Technik beantwortet werden können. Welche Kennzahlen zählen wirklich? Wie viel Komplexität kann eine Organisation überhaupt verarbeiten? Und was passiert, wenn ein Algorithmus sagt: *„Eure Lieferkette ist effizient – aber moralisch schwierig“?*

In dieser Reifephase wird Effizienz politisch. Nicht in parteipolitischem Sinne, sondern im ureigensten Wortsinn: als Gestaltung des Gemeinwesens. Denn jede datenbasierte Entscheidung ist auch eine Entscheidung über Ressourcen, Prioritäten und Werte. Wenn also ein Unternehmen auf Basis von Verbrauchsdaten entscheidet, künftig saisonal zu produzieren, regionale Lieferanten zu bevorzugen oder Energie nach Emissionsintensität zu bepreisen, dann ist das nicht nur klug, sondern eine neue Art des ökologischen Denkens in Zahlen. Und genau hier liegt das europäische Potenzial: Die Fähigkeit, Effizienz nicht nur technokratisch zu denken, sondern systemisch. Nicht als Rennen um die letzte Kilowattstunde, sondern als Suche nach dem klügsten Gesamtzusammenhang. Während andere Wirtschaftsräume datengetriebene Effizienz gern auf Geschwindigkeit und Rendite reduzieren, kann Europa den Spieß umdrehen und fragen: Was ist der klügste, gerechteste, langfristig tragfähigste Weg?

Diese Haltung spiegelt sich zunehmend in unternehmensinternen Entscheidungen: Es geht nicht mehr nur darum, Daten zu besitzen, sondern darum, sie zu kuratieren, zu verstehen, zu teilen. Der Begriff **„Data Stewardship"** wird zur neuen Führungsqualität. Wer Effizienz will, braucht nicht unbedingt mehr Daten, sondern bessere Fragen. Und wer bessere Fragen stellt, braucht eine Unternehmenskultur, die Unsicherheit aushält, Feedback ernst nimmt und nicht alles mit Excel lösen will. Denn was nützt die schönste CO_2-Bilanz, wenn sie auf unrealistischen Annahmen basiert? Was bringt ein Nachhaltigkeits-Dashboard, wenn die Belegschaft nicht versteht, warum es sie betrifft? Was hilft die beste Predictive Analytics-Plattform, wenn niemand den Mut hat, auf ihre Empfehlungen zu hören?

Datengetriebene Effizienz kann also nur dort funktionieren, wo sie eingebettet ist. In eine Organisationslogik, die Wandel zulässt, Widersprüche aushält und mit Komplexität leben kann. Und das, ganz nebenbei, ist auch ein europäisches Erbe. Denn der Kontinent, der Kathedralen errichtet hat, bevor er wusste, wie man Kuppeln berechnet, weiß, dass es sich lohnt, in Systeme zu investieren, deren Nutzen sich nicht sofort auszahlt, sondern erst über Generationen. Oder anders gesagt: Effizienz beginnt nicht mit der Einführung einer Plattform, sondern mit der Bereitschaft, sich selbst infrage zu stellen. Nicht einmal, sondern immer wieder. Wie ein guter Wirt, der irgendwann merkt: Es geht nicht darum, jeden einzelnen Gast optimal zu bedienen. Es geht darum, dass der Laden als Ganzes läuft – ökonomisch, ökologisch, sozial. Und dafür braucht's Daten, klar. Aber eben auch: Haltung.
Daten, so viel ist klar, sind nicht per se grün. Sie sind nicht einmal sichtbar. Sie riechen nicht, sie klingen nicht, sie lassen sich nicht recyceln wie Glas oder Papier. Und doch können sie unsere Welt verändern, nicht als bloße Mengen, sondern als strukturelle Intelligenz, als Fähigkeit, mit weniger mehr zu erreichen. Genau hier liegt das wahre Potenzial der „grünen Bits und Bytes" (European Commission 2023). Denn während der digitale Wandel lange als Antagonist ökologischer Verantwortung galt – energiehungrige Rechenzentren, Lieferketten für Hardware, Elektroschrott ohne Ende –, verschiebt sich die Perspektive gerade spürbar. Nicht weil die Technologie plötzlich harmlos wäre, sondern weil sie beginnt, sich selbst in Frage zu stellen. Grüne Digitalisierung ist kein Selbstwiderspruch mehr, sondern die nächste Evolutionsstufe digitaler Reife (BMWK 2025).

Das zeigt sich besonders dort, wo Effizienz nicht nur technische Verbesserung meint, sondern ein neues Verhältnis zwischen Mensch, Maschine und Material. Wenn Plattformen Emissionen sichtbar machen, wo vorher Dunkelheit war. Wenn Algorithmen nicht nur den billigsten, sondern den klimaschonendsten Weg vorschlagen. Wenn Energiemanagement nicht nach Peak-Nutzung, sondern nach minimalem CO_2 arbeitet, dann sprechen wir von grünen Bits, nicht im Marketing-Sinn, sondern im physikalisch-moralischen Wortsinn (Fraunhofer ISST 2025). Diese Transformation ist mehr als eine betriebswirtschaftliche Optimierung. Sie ist eine Einladung, Wirtschaft als lernendes System zu denken: nicht linear, sondern zirkulär. Nicht nur lokal effizient, sondern global verantwortlich. Und das grüne Digitalisierung nur dort gelingt, wo sie mit sozialer Fairness, technologischer Souveränität und demokratischer Legitimität verbunden ist (BMWK 2025).

Was daraus entstehen kann, sind neue Standards, technologische wie ethische. Wenn europäische Datenräume so gestaltet sind, dass sie Interoperabilität mit Datenschutz vereinen. Wenn Nachhaltigkeitskennzahlen so nachvollziehbar sind, dass sie global Vertrauen schaffen. Wenn digitale Wertschöpfung nicht länger nur an Rendite gemessen wird, sondern auch an Resilienz, Relevanz und regenerativer Wirkung, dann sind wir auf dem Weg zu einem grünen digitalen Wirtschaftssystem (Fraunhofer ISST 2025).

Effizienz bedeutet nicht, auf alles Überflüssige zu verzichten. Sie bedeutet, sich auf das Wesentliche zu konzentrieren. In einer Zeit multipler Krisen ist das vielleicht die radikalste Idee überhaupt. Und wenn wir sie mit digitalen Mitteln klug umsetzen – datengestützt, transparent, lernfähig – dann wird aus einer technologischen Option eine kulturelle Bewegung. Eine Bewegung, in der Bits und Bytes nicht länger nur rechnen, sondern auch Verantwortung übernehmen. Nicht, weil sie moralisch wären. Sondern weil wir moralisch handeln.

Digitale Zwillinge, Predictive Maintenance und CO_2-Monitoring

Digitalisierung ist für viele noch immer ein abstraktes Versprechen voller Schlagworte, Plattformen und „Next Big Things“. Aber manchmal entfaltet sich ihr Potenzial ganz konkret: Dann, wenn man Prozesse simuliert, eine Fabrik digital kopiert oder eine Stadt im Maßstab 1:1 im Rechner nachbaut. Willkommen in der Welt der **digitalen Zwillinge**. Die Idee dahinter ist ebenso simpel wie wirkungsvoll: Ein digitaler Zwilling ist ein datenbasiertes, dynamisches Abbild eines realen Objekts, Prozesses oder Systems, angereichert mit Echtzeitinformationen und ausgestattet mit der Fähigkeit, Veränderungen zu simulieren, Fehler vorherzusehen und nachhaltige Optionen zu testen. Im Kern geht es darum, aus Daten Wissen zu machen und aus Wissen Handlung.

Die Ursprünge der digitalen Zwillinge liegen, wie so vieles, in der Raumfahrt. Die NASA nutzte bereits in den 1970ern virtuelle Modelle der Apollo-Kapseln, um Wartung und Notfallsimulationen durchzuspielen. Doch was einst Raketen vorbehalten war, ist heute am Boden angekommen: in Fabriken, in Gebäuden und in ganzen Städten. Der globale Markt für digitale Zwillinge wächst rasant und wird laut Schätzungen bis 2030 die Marke von 100 Milliarden US-Dollar übersteigen (MarketsandMarkets 2023). Europa ist mittendrin und hat besonderes Interesse daran, diesen Trend nicht nur zu begleiten, sondern nachhaltig zu prägen. Denn was nützt ein digitaler Zwilling, wenn er nur Prozesse beschleunigt, aber weiter Umwelt zerstört? Der Anspruch in Europa lautet: Digitalisierung muss ökologisch sein. Und digitale Zwillinge bieten genau dafür das technische Rückgrat, wenn man sie richtig einsetzt.

Warum ist dieses Thema gerade für die europäische Industrie von strategischer Bedeutung? Ganz einfach: Europa steht unter doppeltem Druck. Einerseits zwingt der Green Deal zu massiver Emissionsreduktion. Andererseits erfordert der internationale Wettbewerb eine Effizienzsteigerung auf allen Ebenen. Zwischen diesen beiden Polen bewegen sich Industrieunternehmen und suchen nach Lösungen, die Klima und Kosten gleichzeitig berücksichtigen. Digitale Zwillinge können diese Lücke schließen. Sie erlauben es Unternehmen, Prozesse nicht nur zu beschleunigen, sondern auch präzise zu steuern, CO_2-Fußabdrücke zu erfassen, energetische Schwachstellen zu erkennen und Nachhaltigkeit nicht nur zu behaupten, sondern zu berechnen. Laut einer Studie von Capgemini aus dem Jahr 2022 verzeichnen 57 Prozent der europäischen Unternehmen, die digitale Zwillinge einsetzen, eine deutliche Verbesserung in der Umsetzung ihrer

Nachhaltigkeitsstrategien, insbesondere in den Bereichen Energieverbrauch, Materialnutzung und CO_2-Monitoring (Capgemini 2022).

Doch was unterscheidet einen echten digitalen Zwilling von einem digitalen Schatten? Während letzterer lediglich Visualisierung liefert, etwa ein 3D-Modell eines Gebäudes, ist der digitale Zwilling ein aktives System: Er verknüpft das Modell mit Live-Daten aus Sensoren, steuert Prozesse, führt Prognosen durch und kann Simulationen sofort liefern. Ein Zwilling „lebt“ und mit jeder Datenverbindung wird er klüger. Im Bauwesen bedeutet das: Nicht nur die Konstruktion, sondern auch Betrieb, Wartung und Umbau werden digital unterstützt. Der digitale Zwilling weiß nicht nur, wo sich welche Leitung befindet, sondern auch, wie sich deren Zustand verändert, welche energetischen Verluste auftreten und welche Alternative am klimafreundlichsten wäre. Damit wird er zum Assistenten der Nachhaltigkeit und zur Brücke zwischen technischer Effizienz und ökologischer Verantwortung.

Besonders wirkungsvoll wird der digitale Zwilling in Verbindung mit **BIM (Building Information Modeling)**. BIM ist die strukturierte, digitale Erfassung aller relevanten Planungs-, Bau- und Betriebsdaten eines Gebäudes oder Infrastrukturprojekts. Wird dieses Modell mit Livedaten verknüpft, entsteht ein Zwilling, der nicht nur plant, sondern denkt. In der Praxis bedeutet das: Schon in der frühen Entwurfsphase können CO_2-Bilanzen errechnet, Materialkreisläufe simuliert und Energieflüsse analysiert werden. Das macht die Entscheidungen nicht nur fundierter, es erlaubt auch eine ganz neue Form des vernetzten Arbeitens. Architektinnen, Ingenieurinnen, Energieberaterinnen und Bauherrinnen arbeiten am gleichen digitalen Modell – gleichzeitig, transparent, nachvollziehbar. Gerade für Sanierungsprojekte im Bestand, ein zentrales Thema der europäischen Energiewende, sind diese Tools ein echter Gamechanger. Denn viele Gebäude in Europa sind schlecht dokumentiert, unzureichend digitalisiert und energetisch problematisch. Durch digitale Zwillinge kann der Bestand nicht nur erfasst, sondern systematisch optimiert werden. Und das spart, wie Studien zeigen, bis zu 30 Prozent an Energie im Gebäudebetrieb (IEA 2023; Fraunhofer IBP 2022).

Ein Beispiel, das diesen Ansatz auf eindrucksvolle Weise verdeutlicht, stammt aus dem Herzen Skandinaviens: das **Schloss Löfstad** in der Region

Östergötland in Schweden. Was zunächst wie ein klassisches Denkmalpflegeprojekt klingt, wurde unter der Leitung eines multidisziplinären Teams um Zhongjun Ni, Jelrik Hupkes und Petra Eriksson zu einem digitalen Pionierfall für nachhaltiges Bauen, mithilfe eines hochentwickelten **parametrischen digitalen Zwillings** (Ni et al. 2024). Das Ziel war klar: Erhalt der historischen Bausubstanz bei gleichzeitiger Optimierung des Energie- und Raumklimamanagements. Statt auf pauschale Sanierungsempfehlungen oder nachträgliche Analysen zu setzen, entschieden sich die Projektverantwortlichen für einen anderen Weg: die Verbindung von BIM, Sensortechnologie und Live-Datenanalyse in einem dynamischen Modell, dass das Schloss instantan „mitlesen" konnte. Dazu wurden zunächst 13 Sensoreinheiten im Gebäude installiert, die **insgesamt 84 Messgrößen** rund um Temperatur, Luftfeuchte und CO_2-Emissionen erfassten, vom Keller bis zum Dachstuhl. Die erfassten Werte wurden unmittelbar in ein digitales BIM-Modell eingespeist, das zuvor per 3D-Laserscan und Softwarelösungen wie Autodesk Revit erstellt worden war. Der daraus entstehende digitale Zwilling diente nicht nur als Visualisierungsplattform, sondern vor allem als Analyse- und Entscheidungsinstrument. Die Ergebnisse waren bemerkenswert: So zeigte sich etwa, dass bestimmte Räume im Erdgeschoss signifikant höhere Feuchtigkeitswerte aufwiesen, eine Bedrohung für Bausubstanz und historisches Mobiliar. Gleichzeitig ließen sich mit Hilfe von Simulationen unterschiedliche Sanierungsmaßnahmen durchspielen: Wo bringt eine Dampfsperre die besten Resultate? Wie verändert sich das Raumklima, wenn Fenster gezielt automatisiert geöffnet werden? Welche Heizstrategien sparen Energie, ohne die empfindliche Inneneinrichtung zu gefährden?

Das Modell lieferte belastbare Antworten. Es diente als Werkzeug zur Planung konkreter Maßnahmen, darunter gezielte Dämmung, bedarfsorientierte Belüftung und adaptive Heizkonzepte. Alles in einer Weise, die mit dem Denkmalschutz vereinbar war. Und das Beste: Alles konnte zuerst simuliert, gemessen und durchgerechnet werden, ganz im Sinne einer digital gestützten Nachhaltigkeitsstrategie. So wurde Schloss Löfstad zu einem eindrucksvollen Beispiel dafür, wie digitale Zwillinge nicht nur industrielle Prozesse verbessern, sondern auch im Bereich des kulturell sensiblen Bauens enorme Potenziale entfalten können. Die Methodik ist skalierbar – von einzelnen Räumen bis zu kompletten Quartieren und längst auch auf andere Gebäudetypen übertragbar: Museen, Universitäten, öffentliche Gebäude. Genau dort also, wo Europa seine CO_2-Reduktionsziele häufig nur schwer erreicht.

Für den digitalen Zwilling bedeutet das: Er ist weit mehr als eine technische Spielerei. Er ist **ein lernendes System, das hilft, aus Daten echte Nachhaltigkeit zu machen**, indem er Gebäude, Infrastruktur und sogar historische Bauwerke intelligenter, langlebiger und grüner macht. Und indem er Verantwortung nicht nur abbildet, sondern aktiv unterstützt. Europa hat verstanden, dass digitale Zwillinge ein zentraler Baustein für die Transformation sind. Mit der neuen Gebäuderichtlinie (EPBD), der Digitalstrategie, dem Green Deal Industrial Plan und Förderprogrammen wie Horizon Europe werden genau die Projekte angestoßen, die digitale Zwillinge in die Breite bringen sollen, etwa durch offene Datenstandards, Modellregionen und kommunale Reallabore (Europäische Kommission 2023). Auch in der Industriepolitik wird der digitale Zwilling zunehmend als Enabler gesehen: für ressourcenschonende Produktion, Kreislaufwirtschaft, emissionsarme Prozesse und CO_2-Transparenz entlang der Lieferkette. Die europäische Plattform „Digital Twin Manufacturing" bringt Unternehmen, Forschungseinrichtungen und Regulierer an einen Tisch – mit dem Ziel, aus Prototypen einen Standard zu machen.

Wer nun aber denkt, der digitale Zwilling sei nur ein technisches Abbild für Planer und Bauherren, unterschätzt sein wahres Potenzial. Denn dort, wo Sensoren, Maschinen, Daten und Menschen zusammenspielen, entstehen Systeme, die nicht nur zeigen, was ist, sondern vorhersagen, was kommt. In der Industrie heißt das: **Predictive Maintenance**.

Was früher Bauchgefühl oder pauschale Wartungspläne waren, ist heute datengetriebene Wissenschaft. Predictive Maintenance, also die vorausschauende Instandhaltung, basiert auf dem Prinzip: „Repariere es, bevor es ausfällt, aber erst, wenn es wirklich nötig ist." Der digitale Zwilling wird dabei zum Analysten und Frühwarnsystem in einem. In einem typischen Anwendungsfall aus der europäischen Industrie wird der Verschleiß einer Fertigungsmaschine nicht mehr jährlich nach Kalender gecheckt, sondern kontinuierlich überwacht: Schwingungen, Geräusche, Temperatur, Stromaufnahme – alles wird analysiert. Der digitale Zwilling erkennt, wenn sich das Verhalten der Maschine ändert, und gibt einen Hinweis auf beginnenden Verschleiß. Ein einfacher Austausch eines Lagers zur richtigen Zeit kann so Produktionsausfälle verhindern, unnötigen Materialverbrauch reduzieren und Energiekosten senken.

Eine Studie von Deloitte (2022) zeigt: Unternehmen, die konsequent auf Predictive-Maintenance-Modelle setzen, konnten ihre Instandhaltungskosten um durchschnittlich 15–20 Prozent senken und gleichzeitig die Verfügbarkeit ihrer Anlagen um bis zu 25 Prozent steigern (Deloitte 2022). Der ökologische Vorteil liegt auf der Hand: Wenn weniger Material verbraucht und weniger Energie für Notfallmaßnahmen aufgewendet wird, sinken auch die CO_2-Emissionen, oft deutlich.

So sorgt Predictive Maintenance für Effizienz im Kleinen, **CO_2-Monitoring** bringt Transparenz ins Große. Der digitale Zwilling wird hier zum Emissionsbuchhalter, zur Umweltbilanz und zum Reporting-Assistenten zugleich. Gerade in der europäischen Industrie ist das Thema CO_2-Transparenz längst zur Pflicht geworden. Mit der neuen EU-Richtlinie zur **Corporate Sustainability Reporting Directive (CSRD)** müssen Unternehmen ab 2025 ihre CO_2-Bilanzen detailliert offenlegen und zwar nicht nur aggregiert, sondern entlang der gesamten Wertschöpfungskette. Der digitale Zwilling kann diese Datenströme strukturieren, standardisieren und automatisiert bereitstellen – und das Ganze ohne Verzögerung.

Ein gutes Beispiel liefern hier nochmals der Gebäudezwillinge in der europäischen Immobilienwirtschaft. Viele Betreiber großer Bürokomplexe oder Industrieanlagen nutzen digitale Zwillinge, um ihre **Scopes 1 bis 3** nach GHG-Protokoll zu erfassen, also direkte Emissionen, eingekaufte Energie sowie vor- und nachgelagerte Prozesse. Die CO_2-Bilanz fließt dann direkt in die unternehmerische Steuerung ein, sei es für grüne Investitionsentscheidungen, für EU-Förderanträge oder für die interne Priorisierung von Sanierungsvorhaben (Autodesk 2023). Doch es geht nicht nur um Pflichterfüllung. Die besten Anwendungen zeigen: Wer CO_2-Daten ernsthaft nutzt, entdeckt Handlungsspielräume. Ein Fertigungsbetrieb aus Norditalien senkte laut einem Praxisbericht seine Emissionen um 14 Prozent, nur durch die Neuverteilung der Maschinenlaufzeiten auf Tageszeiten mit höherem Ökostromanteil im Netz (Boselli et al. 2022). Möglich wurde das, weil der digitale Zwilling nicht nur überwachte, sondern lernte und Empfehlungen aussprach.

Was in der Industrie funktioniert, lässt sich auch auf die Stadtentwicklung übertragen. **Smart Cities** sind heute nicht mehr nur „vernetzt", sondern zunehmend **datenintelligent**. Digitale Zwillinge helfen dabei, Verkehrsflüsse zu optimieren, die Luftqualität on-the-fly zu überwachen oder den Energieverbrauch ganzer Stadtviertel zu analysieren. Ein prominentes Beispiel ist die Stadt Florenz, die mit der Open-Source-Plattform **Snap4City** einen digitalen Stadtzwilling aufgebaut hat, der verschiedene Datenquellen integriert: Verkehrssensoren, ÖPNV-Daten, Umweltstationen, Gebäudemodelle, Smart-Meter und sogar Bürgerfeedback (Adreani et al. 2023). Die Plattform erlaubt, Szenarien durchzuspielen: Wie verändert sich die Luftqualität, wenn bestimmte Straßen gesperrt werden? Wie wirkt sich ein neues U-Bahn-Projekt auf CO_2-Emissionen aus? Welche Stadtteile profitieren von PV-Ausbau und welche nicht? In Wien wiederum wird der digitale Zwilling genutzt, um Klimaschutzmaßnahmen bei öffentlichen Gebäuden zu steuern: von Heizsystemen über Fenstersteuerung bis zur Regenwassernutzung. Die Zwillinge dort sind modular aufgebaut und werden sukzessive mit weiteren Datenquellen ergänzt, auch über Beteiligung der Bürgerinnen, etwa bei der Hitzeaktionsplanung im Sommer.

Der rote Faden all dieser Anwendungen: Es geht nicht nur um Effizienz oder Technik, sondern um eine verantwortungsvolle digitale Infrastruktur, die dem Menschen dient und dem Klima. Europa hebt sich hier bewusst ab: statt datengieriger Plattformen, wie sie in anderen Weltregionen dominieren, setzt man auf Interoperabilität, Datenschutz und Nachhaltigkeit. Initiativen wie die **EU Digital Twin Consortiums** bauen auf offenen Standards und öffentlich geförderten Schnittstellen. Das Ziel: eine digitale Wertschöpfung, die transparent, wiederverwendbar und skalierbar ist und die keine Exklusivität für Konzerne voraussetzt, sondern auch von Kommunen, Mittelstand und Zivilgesellschaft nutzbar ist.

Denn am Ende – das zeigen alle erfolgreichen Beispiele – entfaltet der digitale Zwilling seine größte Wirkung dann, wenn er nicht als Tool, sondern als **Strukturprinzip** verstanden wird: als Mittel, um Verantwortung messbar zu machen, Beteiligung zu ermöglichen und Nachhaltigkeit zu operationalisieren.

Die Beispiele sind überzeugend, die Technik ist verfügbar, die Einsparpotenziale messbar. Und trotzdem: Der digitale Zwilling ist noch längst kein Standard in Europas Industrie und Bauwesen. Die meisten Projekte sind Pilotinitiativen, die große Leuchttürme bauen, während viele Unternehmen noch mit Excel-Tabellen und Bauchgefühl arbeiten. Warum ist das so?

Die Hürden sind vielfältig, von finanziellen Einstiegskosten über fehlendes Fachpersonal bis hin zur Angst vor Veränderung. Gerade kleine und mittlere Unternehmen (KMU), die das Rückgrat der europäischen Industrie bilden, schrecken oft vor der vermeintlichen Komplexität zurück. Begriffe wie „Cloud-Architektur“, „Interoperabilitätsstandards“ oder „Lifecycle-basierte BIM-Modelle“ klingen eher nach EU-Förderantrag als nach Bauwirtschaft. Dabei muss man nicht mit einem stadtweiten Smart-City-Modell anfangen. Viele Unternehmen und Kommunen setzen erfolgreich auf **modulare Einstiege**.

Zum Beispiel:

- ein digitaler Zwilling für eine einzelne Produktionslinie,
- ein Sensor-Upgrade für ein Verwaltungsgebäude,
- ein BIM-Modell für eine geplante Sanierung,
- ein CO_2-Dashboard zur internen Nachhaltigkeitskommunikation.

Diese kleinen Schritte ermöglichen nicht nur technisches Lernen, sondern auch kulturellen Wandel und der ist mindestens genauso entscheidend. Denn so leistungsfähig digitale Zwillinge auch sein mögen: Ihr Erfolg hängt nicht nur von Technologie ab, sondern auch davon, wie Menschen damit umgehen. In vielen Organisationen existieren Daten, aber sie sind verteilt, nicht gepflegt, unverständlich oder werden nicht genutzt. Die größten Gegner des digitalen Zwillings sind daher nicht Rechenleistung oder Lizenzkosten – sondern Misstrauen, Unwissenheit, Unsicherheit und Gewohnheit.

Hier braucht es also mehr als ein Softwaretraining. Es braucht **digitale Übersetzerinnen**, die vermitteln können, was ein Modell sagt und was nicht. Es braucht Führungskräfte, die bereit sind, Entscheidungen auf Daten zu gründen, auch wenn sie unbequem sind. Und es braucht strukturelle Unterstützung, damit die Transformation nicht am Schreibtisch endet. Europa hat die Zeichen erkannt und stellt wichtige Weichen. Die neue

Gebäuderichtlinie (EPBD), die CSRD-Berichtspflicht und die EU-Taxonomie fördern gezielt die digitale Nachhaltigkeit. Gleichzeitig investieren Städte, Länder und Regionen in digitale Modellregionen, in Datenräume und Bildungsangebote. Wichtig ist, dass diese Förderung nicht nur auf Leuchtturmprojekte zielt, sondern skalierbare, übertragbare Lösungen hervorbringt. Das bedeutet: offene Softwarestandards statt proprietärer Plattformen. Niedrigschwellige Einstiege statt Tech-Elite. Und klare Governance-Modelle für Datenbesitz und Zugriff. Denn am Ende des Tages geht es um Vertrauen. Der digitale Zwilling funktioniert nur, wenn Unternehmen wissen, dass ihre Daten sicher sind, ihre Investitionen sich lohnen und ihre Mitarbeitenden mitgenommen werden.

Der digitale Zwilling ist kein Allheilmittel, aber er ist ein kluges Werkzeug. Ein System, das nicht vorgibt, die Welt zu retten, aber das hilft, sie besser zu verstehen. Und das ist vielleicht der entscheidende Schritt in einer Welt, die oft mehr Daten hat als Orientierung. Wenn wir es schaffen, diese Technologie konsequent europäisch zu denken – offen, fair, gemeinwohlorientiert – dann werden aus Modellen nicht nur Abbilder oder Geschäftsmodelle, sondern Impulse. Für eine Industrie, die weiß, dass Effizienz und Verantwortung zusammengehören. Für Gebäude, die nicht nur stehen, sondern lernen. Und für Städte, die nicht nur smart sind, sondern weise.

Grüne Rechenzentren und nachhaltige Cloud-Infrastruktur

Wenn Satya Nadella (CEO, Microsoft) betont, dass künftig alles über Clouds und Daten verknüpft sein und alles durch Software vermittelt wird, dann spricht einer, der weiß, was er sagt. **Microsoft** setzt dabei nicht auf „Märchenbücher“, sondern investiert Milliarden in nachhaltige Rechenzentren, smarte Kühlung, klimapositive Energiequellen und die *Cloud for Sustainability*, um wirklich Wirkung für den Klimaschutz zu erzielen (Nadella 2023; Nakagawa 2024). Und genau hier wollen wir einsteigen: Es geht nicht um abstrakte IT-Theorie, sondern um die Infrastruktur, die Europas digitale Zukunft und ökologische Verantwortung tragen soll.

Ein Rechenzentrum ist kein schnöder Serverraum, sondern eine hochmoderne Fabrik für digitale Vernetzung: gebündelte **Server-Racks** in Kühlkomplexen, mit redundanter Stromversorgung, Brandmeldung, Zugangskontrollen und Backup-Systemen, die rund um die Uhr laufen, oft mit einer Leistungsaufnahme von mehreren Megawatt, vergleichbar mit einer kleinen Stadt (Uptime Institute 2024). Große Betreiber managen Gigawatt-lastige Infrastruktur über mehrere Standorte hinweg, für Extremverfügbarkeit, Business Continuity und natürlich industrielle Anwendungen in Forschung, Produktion, Logistik. Die Kühltechnik ist hier der stille Star. In Nordskandinavien etwa setzen Betreiber wie **Green Mountain (Norwegen)** oder **EcoDataCenter (Schweden)** auf natürliche Kühlung: kaltes Fjordwasser, Free Cooling und Abwärmenutzung für lokale Wärmenetze (Green Mountain 2024). Doch am Ende zählt ein Kennwert: Der **PUE** (Power Usage Effectiveness), also das Verhältnis zwischen Gesamtenergieverbrauch und IT-Energieverbrauch. Ein Wert um 1,1 gilt als äußerst effizient; moderne Rechenzentrumsbetreiber in Europa erreichen Werte von 1,2 bis 1,3 (DigitalBusiness 2024).

Die **Cloud** ist das digitale Kaleidoskop der Rechenzentren: verteilt, modular, skalierbar. Sie verbindet mehrere Datencenter über sichere Netzwerke und ermöglicht Dienste wie virtuelle Server, Storage, AI-Plattformen oder Software-as-a-Service. Technologisch beruht sie auf Virtualisierung, Containern (z. B. Kubernetes), Infrastruktur-as-Code und automatisierter Skalierung. Infrastrukturverwaltung fällt beim Cloud-Anbieter an, während Nutzer Zugriff mieten statt Hardware kaufen – flexibel, bedarfsgerecht und entkoppelt vom physischen Standort. Ein europäisches Vorbild dafür ist Gaia-X, was in anderen Kapiteln bereits Erwähnung gefunden hat: die von EU, Unternehmen und Forschung getragene Initiative für föderierte, souveräne Cloud-Infrastruktur. Sie steht für Open Standards, Interoperabilität, Datenschutz und für ökologische Leistungsziele beim Betrieb (European Commission 2023). Gaia-X-zertifizierte Provider betreiben Rechenzentren nach europäischen Umweltstandards und ermöglichen damit eine vertrauenswürdige sowie nachhaltige Cloud-Nutzung.

Aber wie funktioniert diese Technologie im Alltag europäischer Industrieunternehmen. Meist beginnt der Alltag wie folgt: Produktionsanlagen oder Laborzüge senden kontinuierlich Sensordaten an Edge-Server vor Ort:

Temperaturen, Druck, CO_2-Werte, Leistungssignale. Diese Daten durchlaufen erste Vorverarbeitung direkt vor Ort, bevor sie in Cloud-Rechenzentren wandern. Dort laufen **Virtual Machines** oder Container, orchestriert über Kubernetes-Clustern. Software-as-a-Service oder individualisierte Anwendungen verarbeiten die Informationen, analysieren Produktionseffizienz, CO_2-Bilanz oder Qualitätsabweichungen, rund um die Uhr und ohne eigenen IT-Betrieb. Dabei ist Hochverfügbarkeit ein Muss: Fällt ein Standort aus, übernimmt ein anderes Rechenzentrum automatisch, dank mehrstufiger Redundanz. Dabei kommunizieren die Standorte via Glasfaser-Backbone oder regionalen Datenräumen, oft gehostet von Gaia-X. Gleichzeitig sorgt eine ausgefeilte Energieoptimierung dafür, dass Ressourcen nicht verschwendet werden: Container werden auf Basis ihrer Auslastung skaliert, ungenutzte VMs abgeschaltet, Ressourcen in Schichten genutzt, je nach Stromangebot und Lastbedarf. Die Kombination aus Edge, Cloud und intelligenter Software ergibt ein grünes, aber leistungsstarkes System: Produktionsunternehmen können Prozesssimulationen, KI-Modelle oder CO_2-Analysen in Sekundenschnelle starten, ohne monatelange Hardwareanschaffung, ohne Overflow-Energieverbrauch, dafür mit klarer Emissionsbilanz.

Ein faszinierendes Beispiel aus der Praxis ist der deutsche Chemiekonzern **Covestro**, der seine komplexen Prozesssimulationen und CO_2-Bilanzen in eine nachhaltige Cloud-Umgebung ausgelagert hat. In Kooperation mit **PlusServer** wurden Docker-Container genutzt, orchestriert durch Kubernetes, gehostet in einem grünen Cloud-Rechenzentrum in Deutschland, betrieben mit 100 % Ökostrom, PUE $\leq 1{,}2$. Ergebnis: Der CO_2-Ausstoß der Simulationsinfrastruktur sank um gut 45 Prozent, während die Laufzeiten von Simulationen von mehreren Stunden auf unter 30 Minuten sanken, sehr zur Freude der Produktionsplaner (PlusServer 2023).

Ein weiteres Beispiel liefert **TotalEnergies** in Frankreich, mit Unterstützung von **OVHcloud**: In Raffinerieprozessen werden Edge-Cluster am Standort installiert, gekoppelt mit PUE $\leq 1{,}25$-Rechenzentren. Dies ermöglicht simulationsbasierte Prozessoptimierung nahezu in Echtzeit und das bei deutlich geringeren Vor-Ort-Investitionen (OVHcloud 2023). Dadurch entsteht ein reibungsloses Zusammenspiel zwischen lokaler Rechenpower (Edge) und zentralem Cloud-Backend und die Umweltbilanz bleibt beachtlich sauber.

Diese Beispiele zeigen: Die Cloud ist nicht nur bequem, sie ist ein klimapolitisch strategischer Hebel. Sie verbindet flexible Infrastruktur mit ökologischer Verantwortung und ermöglicht Unternehmen, Effektivität und Nachhaltigkeit zugleich zu realisieren.

Bleiben wir noch einen Moment in einer der wichtigsten Industrien Europas: der Chemie. Wenn man in der Chemieindustrie von Digitalisierung spricht, denkt man sofort an große Tanks, heiße Reaktoren und scharfkantige Forschung, nicht aber an elegante Cloud-Infrastrukturen. Doch gerade hier wird sichtbar, warum Cloud und grüne Rechenzentren mehr sind als technische Nice-to-Haves: Sie sind strategisches Gebot. Ein Paradebeispiel liefern moderne Chemieunternehmen in Europa, die ihre üblichen On-Premise-Rechenlösungen gegen grüne Cloud-Plattformen eintauschen. Der europäische Branchenverband **Cefic** und Studien von Arthur D. Little betonen: Digitale Technologien, von Edge-Cloud-Architekturen bis KI-gestützter Anlagenüberwachung kombiniert mit CO_2-Monitoring, sind Schlüssel zur ökologischen Transformation in der chemischen Industrie (Kolk & Witthaut 2023).

Eine konkrete Umsetzungsidee stammt aus dem EU-finanzierten **CAPRI-Projekt**: In italienischen Pilotanlagen für Asphalt, Stahl, Chemie und Pharma wurde eine Edge-Cloud-Referenzarchitektur implementiert, die sowohl Brownfield-Szenarien (also bestehende Anlagen) als auch Neuprojekte (Greenfield) erlaubt (Salis et al. 2022). Sensoren entlang der Produktionskette liefern Daten, die lokal auf Edge-Geräten vorverarbeitet, dann in georedundante Cloud-Rechenzentren übertragen werden. Dort erstellen Algorithmen KI-gesteuerte Prognosen und Optimierungen, etwa zur Minimierung von Abfall, Energieverbrauch und Emissionen. Dazu hier ein illustratives Szenario: Ein Raffinerieprozess erkennt über Sensorik, dass sich der Energiebedarf für eine bestimmte Destillationsstufe verschlechtert hat. Der Zwilling in der Cloud schlägt eine niedrigere Betriebstemperatur vor – mit minimaler Rechenzeit, niedrigerem Energieverbrauch und geringerer Fragilität. Geringe CO_2-Emissionen, höhere Ressourceneffizienz, dank smarter Software statt Mammutsteuerung.

Diese Innovationen haben aber auch eine Schattenseite. Die Elektrifizierung der Digitalisierung ist ein flammendes Paritätsprinzip: Digitale Innovation verbraucht Energie und ohne Nachhaltigkeit bricht das System unter seinem eigenen Strombedarf zusammen. Laut **IEA** könnte der Strombedarf durch Rechenzentren rund 20 Prozent des globalen Zuwachses bei der Stromnachfrage bis 2030 ausmachen; AI-Anwendungen treiben das Wachstum an (Birol 2025). Eine konservative Schätzung in Europa geht davon aus, dass neue Rechenzentren den Stromverbrauch bis 2030 um bis zu 30 Prozent steigern könnten (Goldman Sachs 2025). Das bedeutet: Wenn Riesen wie Microsoft, Google oder Amazon ihre KI-Cluster in Europa weiter ausbauen, wird der Strombedarf exponentiell steigen. Und wenn dieser nicht aus erneuerbaren Quellen stammt, drohen CO_2-Schocks in der Industriedigitalisierung sowie Stromnetze, die kollabieren, was jeder Nachhaltigkeitsbericht vermeiden möchte. Daher existiert in Europa der **Climate Neutral Data Centre Pact**: In der Selbstverpflichtung haben Betreiber vereinbart, bis 2025 einen PUE von $\leq 1{,}3$ (cool climate) bzw. $\leq 1{,}4$ (warm climate) zu erreichen, bis 2030 100 Prozent CO_2-freien Strom zu nutzen und Abwärme dort zu nutzen, wo es sinnvoll ist (CNDCP 2025).

Die EU-Regelsetzung ist hier hochambitioniert: Der **EU-Code of Conduct**, die **Energy Efficiency Directive** und die **EU-Taxonomie** setzen verbindliche Kennzahlen und Klassifizierungen – z. B. PUE $\leq 1{,}2$ für Neuanlagen ab 2026 und Energie-Nutzungskennzahlen für Wärmerückgewinnung (Gresb/Jones Day 2025). In vielen EU-Staaten wie etwa Frankreich, Schweden oder Norwegen, entstehen grüne Rechenzentren, die Europas Standards setzen: betrieben mit Wasserkraft oder Wind, in kühlen Standorten mit PUE $< 1{,}2$ (Google-Standorte z. B. in Schweden erreichen 1,1 oder besser).

Trotz dieser Entwicklungen neuer Technologien und Investitionen der EU, setzen nach wie vor viele Industrieunternehmen in veraltet Technologien wie EDI (Electronic Data Interchange). Zugegeben, EDI war einst das Rückgrat industrieller Datenübermittlung: papierlose Rechnungen, Lieferkettenfeinheiten, alles schön strikt, aber unflexibel. Doch die neue Welt verlangt ungleich mehr: Livedaten, flexible Simulation, CO_2-Feedback loops, automatisierte Entscheidungsunterstützung. Dafür ist die starre EDI-Struktur schlicht zu unflexibel. Heutige Cloud-Infrastrukturen ermöglichen Edge-Cloud-Federation: lokale Vorverarbeitung in Anlagen, orchestriert in Containern, eingebettet in globale Cloud-Brains. Datenkontrolle liegt föderiert bei den Nutzern, statt in geschlossenen EDI-Kanälen. Darüber hinaus ermöglichen

Cloud-Architekturen konstante Updates: KI-Modelle zur Emissionsprognose lernen mit, EDI-Systeme hingegen stagnieren. Wer nicht mitdenkt, bleibt rückständig, ebenso wie Maschinen, die keine Softwaretricks lernen.

Und damit stoßen wir nun auch auf „des Pudels Kern". Bei all der Technik, den Standards, den Kältemodulen und Containerarchitekturen darf eines nicht übersehen werden: Der Erfolg grüner Rechenzentren hängt nicht nur von Infrastruktur ab, sondern vor allem von **Menschen**. Denn was nützt das nachhaltigste Cloud-Angebot, wenn es nicht genutzt oder nicht verstanden wird?

Viele Unternehmen, insbesondere im produzierenden Gewerbe, haben den Eindruck: „Grüne Cloud" klingt komplex, teuer und irgendwie nur für Tech-Giganten gemacht. Doch der Einstieg ist deutlich niederschwelliger, als er wirkt, wenn man systematisch vorgeht.

Erster Schritt: **CO_2-Transparenz schaffen**. Viele Betriebe wissen nicht, wie hoch der Energieverbrauch ihrer lokalen IT-Infrastruktur ist, geschweige denn deren Emissionen. Die Lösung: Digitale Zwillinge, Energieaudits oder Analyse-Tools, die Cloud-Anbieter oft mitliefern.

Zweiter Schritt: **Cloud-Anbieter gezielt auswählen**. Europa bietet eine wachsende Auswahl an Anbietern, die PUE-Werte $<1{,}3$ garantieren, ausschließlich Ökostrom nutzen und Datensouveränität gewährleisten. Darunter **PlusServer, IONOS, Cloud&Heat, OVHcloud** oder **T-Systems**. Eine Übersicht liefert u. a. der **Climate Neutral Data Centre Pact** (2025).

Dritter Schritt: **Mitarbeitende befähigen**. Denn was bringt der schönste Data Lake, wenn niemand schwimmen kann? IT-Teams, Controlling, Nachhaltigkeitsbeauftragte – alle sollten verstehen, wie die Cloud funktioniert, wo CO_2 eingespart wird, und wie Prozesse flexibler werden.

Vierter Schritt: **Wärme nutzen**. Größere Unternehmen mit eigenen Serverräumen oder Colocation-Anbietern können Wärmerückgewinnung prüfen. Einige Kommunen, etwa Amsterdam, Frankfurt oder Uppsala, fördern gezielt die Einspeisung von Rechenzentrumsabwärme in Nahwärmenetze.

Digitale Nachhaltigkeit ist nicht nur eine Technologieentscheidung. Es ist eine Frage von moralischer Ambition. Das zeigt sich schon bei der Sprache: Wo früher von „Bits und Bytes“ die Rede war, sprechen europäische Strategien heute von „grüner Intelligenz“, „verantwortlicher Datenarchitektur“ oder „nachhaltiger Informationslogistik“. Klingt nach Blütenlese, ist aber ernst gemeint. Denn auch Rechenzentren sind nicht neutral. Sie stehen in Städten, brauchen Energie, erzeugen Lärm, Wärme, Flächenbedarf. Sie sind also genauso Teil der gebauten Umwelt wie Straßen, Schulen oder Kraftwerke. Eine grüne Cloud ist daher nicht nur ein Serverpark mit PV-Anlage, sondern eine **gesellschaftliche Infrastruktur**, die nur funktioniert, wenn sie mitgedacht wird: in Stadtentwicklung, in Bildungsinitiativen, in Klimabilanzierungen. Was es braucht, ist ein Verständnis von Digitalisierung als Bestandteil der Klimatransformation und nicht als Alternative. Wer das beherzigt, erkennt, dass ein digitaler Zwilling nicht nur Kosten senkt, sondern CO_2 sichtbar macht. Dass Containerplattformen nicht nur Anwendungen automatisieren, sondern Energieverbräuche drosseln. Und dass grüne Rechenzentren nicht nur Bits lagern, sondern gesellschaftliche Zukunftsfähigkeit speichern. Europa hat dabei nicht die größten Hyperscaler. Es hat auch nicht die meisten Rechenzentren. Aber Europa hat etwas, das in einer Zeit der planetaren Grenzen entscheidend ist: **den Anspruch auf Verantwortung**. Ob der Climate Neutral Pact oder die EU-Strategie zur digitalen Nachhaltigkeit – sie alle stehen für ein Modell, das Effizienz mit Ethik, Innovation mit Inklusion und Digitalisierung mit Dekarbonisierung verbindet. Diese Haltung zeigt sich auch in der europäischen Industrie: Während große US-Konzerne ihre Rechenzentren mit billigem Kohlestrom betreiben, bauen europäische Cloud-Anbieter Wasserkraftwerke an Fjorden, koppeln ihre Kühlanlagen an städtische Wärmenetze oder recyceln Serverkomponenten nach dem Cradle-to-Cradle-Prinzip. Wenn Europa diese Ansätze weiterverfolgt, kann es zum Vorbild werden: nicht mit dem größten Datenvolumen, sondern mit der klügsten Infrastruktur. Nicht mit der lautesten KI-Plattform, sondern mit der vertrauenswürdigsten. Und nicht mit der schnellsten Skalierung, sondern mit der nachhaltigsten Stabilisierung.

Was also bleibt nach gut 1.800 Wörtern über Server, Clouds und Kühlung? Vielleicht dies: Digitalisierung ist keine Zauberei, sie ist Handwerk. Rechenzentren sind keine Geheimbauten, sie sind Teil unserer Wirtschaft. Und grüne Cloud-Infrastrukturen sind keine Randnotiz, sie sind das Rückgrat der ökologischen Transformation. Es ist kein Zufall, dass in Europas Rechenzentren inzwischen nicht mehr nur Maschinen rechnen, sondern auch CO_2-Bilanzen, Lebenszykluskosten und Wiederverwertungsquoten. Hier wird entschieden, ob Digitalisierung ein Problem oder ein Teil der Lösung ist. Und wie gut Europa vorbereitet ist, um diese Entscheidung mit Haltung zu treffen. Denn wenn Bits grün denken lernen, wenn Cloud-Architekturen nicht nur skalieren, sondern auch reflektieren, und wenn Rechenzentren nicht nur rechnen, sondern auch Verantwortung tragen, dann ist die Zukunft nicht nur digital. Sie ist auch nachhaltig. Und sie ist: made in Europe.

Intelligente Lieferketten: Transparenz und Nachhaltigkeit durch Blockchain und IoT

Die Erkenntnisse zur nachhaltigen Unternehmensführung enden jedoch nicht bei der Analyse von Daten aus Rechenzentren und sie endet nicht bei der Fertigung. Wer heute Fertigprodukte klimafreundlich und sozialverträglich herstellen möchte, muss die gesamte Lieferkette verstehen – von Rohstoffgewinnung über Zuliefererbetriebe bis Logistik und Endfertigung. Produkte, die „grün" das Werk verlassen, können energetische „Sünden" an anderen Orten verschleiern, wenn Zulieferbeiträge nicht sichtbar sind. Genau hier setzt die **intelligente Lieferkette** an: vernetzt, transparent, nachvollziehbar.

Im Kern besteht diese aus zwei technologischen Zutaten: **IoT (Internet of Things)**: Sensoren, die Waren überwachen, wie etwa Temperatur, CO_2-Fußabdruck von Transportwegen, Herkunftsnachweise von Materialien. Und **Blockchain-Technologie**: Ein tamperproof Register, das alle Ereignisse entlang der Lieferkette nachvollziehbar und unveränderlich protokolliert, wie etwa Herkunft, Zertifikate, Emissionsdaten, Transportdetails. Zusammen ergibt sich ein nachvollziehbarer Datenpfad von Minen und Farmen über Fabrik, Logistik, Lager und Produktion bis zum Endprodukt. So lassen sich Umweltstandards lückenlos nachweisen und Emissionen entlang der Kette bilanziell adäquat verrechnen. Das ist technologische Souveränität mit europäischer Öko-Verantwortung in einem.

IoT-Technologie beginnt beim Hersteller digitaler Chip-Sensoren: Jeder Container, jede Verpackung, oft sogar jeder Kernbestandteil eines Produkts erhält eine Sensor- oder Tag-Einheit. Diese können Standortinformationen, Temperaturen, Luftfeuchte, CO_2-Emissionen und Materialfreigaben erfassen. In der Praxis werden industrietaugliche Retrofit-Sensoren eingesetzt, die mit drahtloser Übertragung via LoRa, NB-IoT oder 5G Daten an lokale Gateways senden.

Die Blockchain fungiert als verteilt geführtes Register: Jeder Scan, jede Zertifikatsprüfung, jede Materialfreigabe wird als Transaktion gespeichert. Dank kryptografischem Verfahren und Konsensmechanismen ist eine nachträgliche Datenmanipulation nahezu ausgeschlossen. Zusätzlich werden Smart Contracts verwendet, um automatisierte Prüfprozesse ablaufen zu lassen (z. B. CO_2-Schwellwerte oder Herkunftsverifikationen). Die Blockchain ist oft privat (permissioned), betrieben von industriellen Konsortien oder Logistiknetzwerken mit Zugriffsrechten, typisch in Lieferketten unter europäischer Führung. Aber während das Internet der Dinge (IoT) schon in vielen Bereichen unseres Lebens Einzug gehalten hat, ist die Blockchain für viele Menschen noch ein zwar oft gehörtes, aber nicht fassbares Mysterium. Oder wer kann schon die technische Funktionalität von Kryptowährungen in wenigen Sätzen erklären? Ich möchte es trotzdem versuchen.

Das Wort *Blockchain* alleine klingt für viele nach einem futuristischen Passwort oder einem Begriff, den man besser nicht hinterfragt. In Wirklichkeit ist es eine der elegantesten Erfindungen der digitalen Welt und zwar nicht nur für Kryptowährungen, sondern auch für Lieferketten, Nachhaltigkeitsberichte, digitale Herkunftssiegel und vieles mehr. Technisch betrachtet ist eine **Blockchain** eine **dezentrale, digitale Datenbank**, die Informationen in sogenannten **Blöcken** speichert – chronologisch geordnet, kryptografisch abgesichert und miteinander verkettet. Daher auch der Name: *Block – Chain*, also Blockkette. Anstatt alle Daten zentral auf einem Server zu legen, wie bei klassischen Datenbanken, sind sie über viele Computer verteilt, die ein gemeinsames Regelwerk befolgen. Und das verändert alles: Denn kein einzelner Teilnehmer kann allein kontrollieren, ändern oder löschen, was einmal gespeichert wurde – zumindest nicht, ohne dabei aufzufallen. Man spricht deshalb auch von einer **„fälschungssicheren“**

Datenstruktur (Narayanan et al. 2016). So funktioniert's – technisch, aber verständlich:

1. **Ein neuer Datensatz entsteht.**
   Zum Beispiel: Ein Container mit Bio-Kakao verlässt Ghana in Richtung Rotterdam. Die Information „Container #123 verlässt Lager XY am 12. Mai um 9:00 Uhr mit Temperatur 20 °C" wird digital erfasst.

2. **Dieser Datensatz wird zu einem Transaktionsblock.**
   Der neue Datensatz wird mit weiteren Transaktionen in einem digitalen Block zusammengefasst – z. B. auch die Informationen zur Reederei, zur Ladeliste oder zum CO_2-Ausstoß der Transportetappe.

3. **Konsensmechanismus: Alle müssen zustimmen.**
   Bevor dieser neue Block in die Blockchain geschrieben werden darf, müssen alle Teilnehmer im Netzwerk bestätigen, dass die Daten gültig sind. Das passiert je nach System über sogenannte **Konsensmechanismen**. In öffentlichen Blockchains sind das z. B. Proof-of-Work (Bitcoin) oder Proof-of-Stake (Ethereum). In industriellen Blockchains, etwa mit **Hyperledger Fabric**, genügt die Bestätigung durch eine ausgewählte Anzahl vertrauenswürdiger Akteure (Androulaki et al. 2018).

4. **Der Block wird versiegelt.**
   Jeder Block erhält eine Art „digitalen Fingerabdruck", den sogenannten **Hash-Wert**. Dieser ist einzigartig und hängt von allen enthaltenen Daten ab. Ändert sich auch nur ein Komma, ändert sich der gesamte Hash – und der Schwindel fliegt sofort auf.

5. **Verkettung mit dem vorherigen Block.**
   Der neue Block enthält zusätzlich den Hash des vorherigen Blocks, dadurch entsteht die Kette. Manipulation ist nahezu unmöglich: Um einen Eintrag zu ändern, müsste man nicht nur diesen Block, sondern alle folgenden auch fälschen und das auf jedem einzelnen Knoten im Netzwerk gleichzeitig.

6. **Die Blockchain wächst und wird überall gespeichert.**
   Jeder neue Block wird dem lokalen Datensatz aller Netzwerkbeteiligten hinzugefügt. Alle Beteiligten (z. B. Logistikpartner, Hersteller, Zollbehörden) haben dadurch **denselben Datenstand**, ohne zentrale Datenbank und ohne Vertrauensprobleme.

Was die Blockchain so besonders macht, ist nicht nur ihre technologische Raffinesse, sondern die Kombination aus Transparenz, Sicherheit und Selbstverwaltung. Ein digitaler Dreiklang, der gerade in der Nachhaltigkeitsdebatte seine volle Wirkung entfaltet. Zunächst ist da die Unveränderlichkeit: Was einmal gespeichert wurde, bleibt gespeichert. Zwar können neue Informationen ergänzt werden, doch die ursprünglichen Daten lassen sich weder löschen noch manipulieren. Dieses Prinzip der „Immutability" macht die Blockchain zu einem idealen Werkzeug für alles, was dokumentiert und rückverfolgbar bleiben muss, sei es für Umweltbilanzen, Herkunftsnachweise oder gesetzliche Berichtspflichten. Gleichzeitig funktioniert das System dezentral. Es gibt keinen zentralen Server, kein Unternehmen, keine Behörde, die allein Kontrolle ausübt. Alle Teilnehmenden führen ihre eigene Kopie der Kette, und alle müssen sich einig sein, wenn ein neuer Eintrag hinzukommt. Gerade in internationalen Lieferketten, in denen Unternehmen oft weder geographisch noch kulturell eng miteinander verbunden sind, schafft diese dezentrale Architektur ein Maß an Vertrauen, das sich zentral kaum herstellen ließe. Dabei bleibt die Kontrolle gewahrt: In sogenannten privaten oder konsortialen Blockchains. Wie sie in der Industrie meist genutzt werden, können nur berechtigte Akteure Daten einsehen oder hinzufügen. Trotzdem ist jede Transaktion technisch nachvollziehbar, was das Vertrauen in die Richtigkeit der Informationen stärkt, ohne sensible Unternehmensdaten ungeschützt preiszugeben.

Besonders spannend wird es durch sogenannte Smart Contracts, kleine Programme, die in der Blockchain hinterlegt sind und automatisch ausgeführt werden, sobald bestimmte Bedingungen erfüllt sind. So kann ein Transportdienstleister etwa vereinbaren, dass bei Überschreitung eines CO_2-Grenzwerts automatisch eine Warnung an das zentrale ERP-System ausgelöst wird. Oder eine Zahlung wird nur dann freigegeben, wenn ein Temperatur- oder Herkunftsnachweis erfolgreich dokumentiert wurde. Diese

Automatisierung spart nicht nur Zeit und Papierkram, sondern verhindert auch Missverständnisse – ganz ohne Mittler oder manuelle Prüfprozesse. Für den industriellen Einsatz gibt es inzwischen eine Reihe bewährter Blockchain-Technologien. Besonders verbreitet ist **Hyperledger Fabric**, eine von der Linux Foundation entwickelte Plattform, die sich durch ihre Modularität und Kontrollierbarkeit ideal für Unternehmensnetzwerke eignet. Auch **Ethereum**, vor allem in seiner privaten Variante, wird genutzt, besonders wegen seiner ausgereiften Smart-Contract-Funktionalitäten. Für Anwendungen im Bereich des Internet der Dinge kommt häufig **IOTA** zum Einsatz. Anders als klassische Blockchains basiert es auf einem sogenannten gerichteten azyklischen Graphen, dem sogenannten „Tangle", und eignet sich damit besonders gut für die Verarbeitung einer großen Anzahl kleinteiliger Sensordaten. Und mit dem von Siemens mitinitiierten **Estainium Network** existiert sogar eine branchenspezifische Lösung, die CO_2-Tracking entlang industrieller Lieferketten auf Blockchain-Basis ermöglicht – zugeschnitten auf die Anforderungen der europäischen Industrie (Siemens 2023).

In der chemischen Industrie reicht nachhaltige Produktion nicht bis zur Werkshalle, sondern muss schon bei der Rohstoffgewinnung einsetzen. Zwischen Mine oder Plantage und dem Endprodukt liegen oft dutzende Stationen, jede mit potenziellen Umweltrisiken, Zertifikatslücken und CO_2-Hinterlassenschaften. Hier greifen Blockchain und IoT ineinander wie Zahnräder: vernetzte Sensorik sorgt für Echtzeitdaten, die Blockchain sorgt dafür, dass diese Daten unverfälschbar dokumentiert sind und über Zertifikate oder Smart Contracts automatisierte Prüfungen gestartet werden.

Ein überzeugendes Beispiel liefert das Konzeptprojekt „**ChemBlocks**", das den Potenzialraum dieser Technologien für chemische Lieferketten eröffnet (Zit. in turn0search5). Dort wurden chemische Produkte mit IoT-fähigen Tags ausgestattet, kleinste Sensoren, die permanent Daten zu Lagerbedingungen, Standort und Emissionen erfassen. Diese Daten werden via Mobilfunk oder LoRaWAN in ein privates Blockchain-Netzwerk eingespeist, wo Smart Contracts den Transfer von Waren mit Bedingungen verknüpfen: Erst wenn alle Umweltparameter erfüllt sind, gilt eine Lieferung als *„compliant"*, andernfalls stoppt das System automatisch weitere Verarbeitungsschritte und schickt dem Qualitätsmanagement eine Warnung. Das Resultat: deutlich weniger Compliance-Verstöße, reduzierte Betrugsrisiken und ein gesteigertes

Vertrauen der Abnehmer in die Produktqualität. Nachrüstbare IoT-Tags ermöglichen dabei auch kleinen Zulieferern, Teil digitaler Lieferketten zu werden – ohne teure Infrastruktur.

Ein europäischer Leuchtturm dazu ist die **CHEMChain-Initiative** (Deutschland/Belgien), die in Zusammenarbeit von **BASF, Solvay, SAP** und **Siemens** ein Lieferkettensystem für Spezialchemikalien digitalisierte. Jeder Transportcontainer erhielt einen IoT-Tracker, der CO_2-Ausstoß, Temperatur und GPS-Daten erfasste. Die Blockchain, basierend auf Hyperledger Fabric, protokollierte jede relevante Etappe entlang der Kette. Im Ergebnis zeigte sich eine Emissionsreduktion von bis zu 27 % durch optimierte Routen und Vermeidungsstrategien (Müller et al. 2023). Audits wurden effizienter, Zollprozesse schneller und Datenqualität bedeutend verbessert, dank Blockchaintransparenz statt Papierbelegen. Diese Projekte verstehen sich als Blaupause für eine **digitale Souveränität europäischer Lieferkettentechnologie**: IoT erlaubt instantane Transparenz über physischen Materialfluss, Blockchain garantiert unveränderbare Dokumentation und Auditsicherheit, gemacht nach europäischen Compliance-Standards, betrieben in datenschutzkonformer Architektur.

Die Vorteile dieses Zusammenspiels lassen sich klar benennen: Transparenz ohne Zeitverzögerung statt starrer Papierketten, Rückverfolgbarkeit von Rohstoffen vom Feld bis zum Produkt, automatische Überprüfung der Umweltparameter mittels Smart Contracts und Nachvollziehbarkeit durch alle Akteure – vom Bergwerk über den Transporteur bis zur Fabrik und zum Endkunden. Kein Wunder also, dass der Markt für Blockchain in nachhaltigen Lieferketten 2024 bereits mit rund **827 Mio. USD** bewertet wurde und mit einer jährlichen Wachstumsrate von über 35 Prozent bis 2034 prognostiziert wird (turn0search12). Europa nimmt dabei eine Vorreiterrolle ein. Nicht zuletzt dank EU-Regulierungen wie CSRD oder EUDR, die Transparenz in globalen Wertschöpfungsketten fordern.

In der Praxis führen derartige Systeme nicht nur zu ökologischen Vorteilen, sondern auch zu betrieblicher Effizienz: Zeitverluste durch Fehlerkommunikation sinken, Lieferqualität steigt, und das Vertrauen von Geschäftspartnern wächst. Außerdem ist die Datenarchitektur oft cloudbasiert, modular und skaliert mit. Kleine Unternehmen können sich einem permissioned Blockchain-Konsortium anschließen und Teil eines größeren Ökosystems werden, ohne eigene Infrastruktur betreiben zu müssen.

IoT allein sammelt Daten, doch ohne verlässliche Dokumentation bleibt die Herkunft unsicher. Blockchain allein protokolliert Daten, doch ohne Sensoren fehlen die Daten selbst. Zusammen ergeben sie eine durchgängige Lösung: IoT liefert die Basisdaten (CO_2-Werte, Temperaturdaten, GPS-Routen), die Blockchain liefert die Unverfälschbarkeit, Transparenz und Governance. Daraus folgt: Keine grüne Zertifikatsblase ohne physische Daten, und keine glaubwürdige Umwelttransparenz ohne digitale Sicherung. Die Kombination bietet zudem Automatisierungspotenziale: Smart Contracts können eskalieren, wenn Parameter abweichen. Compliance-Reporting wird automatisiert zur Audit-Handlungskette. Umweltzertifizierer greifen direkt auf Blockchain-Ledger zu, statt auf manuelle Lieferantenberichte. Und für Unternehmen bedeutet das: weniger Bürokratie, weniger Papier, mehr Glaubwürdigkeit.

Diese Technologie-Architektur ist besonders für die Industrie relevant. Dort sind Chargen, Produktionsbedingungen und Zertifikate essenziell, und jede Abweichung kann regulatorisch kritisch sein. Blockchain plus IoT bringt hier mehr als nur Digitalisierung: Es liefert ökologische Verantwortlichkeit im Datenpaket.

Dann gibt es diesen einen Moment, in dem ein Industrieunternehmen erkennt: Nachhaltigkeit ist nicht mehr nur ein CSR-Bericht auf der Website, sondern ein operatives Betriebssystem. Lieferketten sind nicht länger logistische Schattenwelten, sondern das Rückgrat unternehmerischer Glaubwürdigkeit. Und in einer Welt, in der ein einzelner Rohstoff 17 Länder durchläuft, bevor er im Produktregal landet, braucht es nicht nur mehr Kontrolle, sondern mehr Vertrauen. Und dieses Vertrauen wächst nicht auf Bäumen, sondern entsteht durch Transparenz, Datenqualität und gemeinsame Standards.

Was in Pilotprojekten wie CHEMChain oder CAPRI begann, wird bald Standard. Die neue **EU-Verordnung zur unternehmerischen Sorgfaltspflicht (CSDDD)** verpflichtet Unternehmen ab 2026 dazu, Risiken entlang ihrer Lieferketten aktiv zu identifizieren, zu bewerten und zu minimieren, inklusive Umweltverstöße, Arbeitsrechtsverletzungen und Klimaschäden. Wer heute nicht digital dokumentiert, was seine Zulieferer tun, steht morgen mit dem

Rücken zur regulatorischen Wand. Blockchain-gestützte Lieferkettenlösungen schaffen hier die technologische Grundlage für ein risikoorientiertes Nachhaltigkeitsmanagement: Alle Schritte, Nachweise und Audits werden nachvollziehbar gespeichert. Gleichzeitig können Firmen damit proaktiv berichten, etwa im Rahmen der **CSRD** (Corporate Sustainability Reporting Directive), statt sich mit Excel-Tabellen durch vergangene Lieferperioden zu quälen.

Der Schlüssel liegt in der Standardisierung. Ohne gemeinsame Datenmodelle, Protokolle und APIs hilft die beste Blockchain nicht. Deshalb entstehen in Europa gerade zahlreiche Initiativen, wie das **Catena-X-Netzwerk** (für die Automobilindustrie), das **Estainium-Konsortium** (für CO_2-Tracking in der Produktion) oder die von der EU-Kommission unterstützte **Digital Product Passport-Initiative**, die helfen sollen, „Nachhaltigkeit als Metadaten“ in Produkten mitzudenken (European Commission 2023; Siemens 2023). „Made in Europe“ heißt nicht nur, dass der Endschliff in einem einzigen EU-Mitgliedsstaat erfolgt, sondern dass jedes Glied der Kette nachvollziehbar, fair und nachhaltig organisiert ist. Während andere Weltregionen auf billig, schnell und weitreichend setzen, will Europa anders punkten: mit Zuverlässigkeit, Transparenz und Rechtskonformität. Die intelligente Lieferkette wird damit zur Projektionsfläche europäischer Werte. Das bedeutet: Wer in Europa produziert oder zuliefert, braucht digitale Nachweise. Nicht als Bürokratie, sondern als Lizenz zum Liefern. Die **technologische Souveränität Europas** beruht darauf, eigene Systeme aufzubauen, statt sich von anonymen Plattformen oder globalen Konzernen digital kolonialisieren zu lassen. Blockchain und IoT richtig eingesetzt, werden damit zu einem Teil der europäischen Wettbewerbsfähigkeit im grünen Zeitalter.

Natürlich ist nicht alles eitel Datenfreude. Kleine Unternehmen stehen vor Herausforderungen: fehlendes Know-how, technische Einstiegshürden, teils skeptische Belegschaften („Wollen die jetzt meine GPS-Daten auch noch verblockchainen?!“). Doch die Erfahrung zeigt: Wer einmal beginnt, etwa mit Sensorik zur Temperaturüberwachung oder einer Blockchain zur Herkunftsnachverfolgung, kommt schnell auf den Geschmack. Denn Effizienzgewinne, Auditvereinfachung und höhere Kundentreue stellen sich schneller ein, als gedacht. Europäische Förderprogramme wie Horizon Europe, die Data Spaces Support Centres oder das Digital Europe Programme bieten nicht nur Finanzierung, sondern auch technische Begleitung, Vernetzung und Schulung. Dabei beginnt der Einstieg nicht mit einer Plattform, sondern mit einem Ziel: Was will das Unternehmen besser machen? CO_2 reduzieren? Herkunft offenlegen? Rückrufe vermeiden? Qualität erhöhen? Daraus ergibt sich die geeignete Technologie: Sensorik für das Monitoring, Blockchain für die Dokumentation, Smart Contracts für Automatisierung. Wichtig: keine Technik ohne Governance. Wer schreibt, wer liest, wer validiert? Die Blockchain ist zwar dezentral, aber nicht führungslos.

Am besten funktioniert der Einstieg über **Pilotstrecken**: eine Lieferkette, ein Produkt, ein Rohstoff. Dann wird sichtbar, welche Daten fehlen, wo neue Hardware gebraucht wird und was bereits automatisiert funktioniert. Erfolgreiche Pilotierungen wecken in der Belegschaft Interesse und in der Geschäftsleitung Investitionslust. Parallel sollte das Unternehmen sich mit anderen Akteuren vernetzen: Verbände, Plattformen, Forschungsprojekte. Denn gerade bei Blockchain gilt: Je mehr mitmachen, desto sinnvoller wird's. Europa muss bei dieser Transformation nicht alles neu erfinden, aber sich treu bleiben. Die Mischung aus technischer Exzellenz, gesellschaftlichem Vertrauen und rechtlicher Verlässlichkeit ist eine Seltenheit im globalen Wettbewerb. Wenn Europa es schafft, IoT-gestützte, blockchainbasierte Lieferketten mit klaren Standards, Open-Source-Komponenten und starker Regulierung zu verbinden, entsteht nicht nur technologische Souveränität, sondern ökologische Wettbewerbsfähigkeit. Ein Lieferkettensystem, das nicht nur emissionsfrei, sondern auch überprüfbar, verständlich und gerecht ist, wird zum strategischen Vorteil. Gerade weil Europa auf Qualität setzt, wird es nie der billigste, aber vielleicht bald der vertrauenswürdigste Lieferant der Welt sein.

Zusammenfassung: Grüne Bits und Bytes – Wie digitale Technologien den ökologischen Wandel treiben

Digitalisierung kann manchmal ein bisschen wie ein überambitionierter Barkeeper wirken: Alles wird geschüttelt, gerührt, durch Algorithmen gejagt, aber am Ende fragt man sich, ob das Ergebnis auch gut ist. Kapitel 4 zeigt: Ja, es muss gut sein, wenn Europa seine technologische Kompetenz mit ökologischer Verantwortung sinnvoll verknüpft. Denn der eigentliche Clou liegt nicht darin, noch einen Server hochzuziehen oder eine weitere KI in die Cloud zu schicken. Die Zukunft gehört den Industrien, die digitale Werkzeuge wie digitale Zwillinge, CO_2-Monitoring, grüne Rechenzentren und Blockchain-basierte Lieferketten so einsetzen, dass sie nicht nur effizient, sondern auch verantwortungsvoll wirtschaften. Und Europa hat alle Zutaten dazu – es muss sie nur klug kombinieren.

Wir haben gesehen: Mit digitalen Zwillingen lassen sich Prozesse nicht nur optimieren, sondern regelrecht „vorfühlen“. Predictive Maintenance verhindert Ausfälle, bevor sie entstehen, CO_2-Bilanzen werden live sichtbar und Gebäudesteuerung funktioniert plötzlich wie ein Dirigent mit Feinsinn. Ob Schloss Löfstad oder Smart-City-Quartiere in Florenz – wer einmal einen digitalen Zwilling im Einsatz gesehen hat, fragt sich, warum man es sich vorher so schwer gemacht hat.

Rechenzentren, das Rückgrat dieser digitalen Aufklärung, stehen nicht mehr nur still und kühl. Sie sind heute selbst Akteure in der ökologischen Transformation. Ob durch Abwärmenutzung, CO_2-freien Strom oder modulare Cloud-Plattformen made in Europe. Die alte Idee, dass Digitalisierung automatisch energiehungrig sein muss, hat in Kapitel 4.3 ihr digitales Grab gefunden. EDI ist tot – lang lebe die Cloud. Und zwar eine, die grün denkt, souverän handelt und europäisch funktioniert.

Spätestens im vierten Unterkapitel wurde klar: Nachhaltigkeit fängt nicht erst am Werkstor an! Sie beginnt beim ersten Rohstoff, dem ersten Sensor, dem ersten Datensatz. IoT und Blockchain sorgen gemeinsam dafür, dass Lieferketten nicht mehr nur beweglich, sondern nachvollziehbar sind. Wenn Kakao, Stahl oder Chemikalien durch Europa reisen, lässt sich mit der richtigen Architektur live verfolgen, wie sauber, sicher und gerecht sie unterwegs sind. Nicht aus Neugier, sondern aus Verantwortung.

Der dicke rote Faden dieses Kapitels: **Technologie ist kein Selbstzweck. Sie ist Werkzeug für Haltung.** Europa kann dabei Vorbild sein. Nicht weil es die lautesten Algorithmen schreibt, sondern weil es Regeln kennt, Transparenz schätzt und Qualität belohnt. Wer Digitalisierung mit Sinn betreibt, schafft nicht nur Effizienz, sondern Vertrauen. Und das ist, im Zeitalter globaler Krisen, geopolitischer Unsicherheiten und wachsender regulatorischer Anforderungen, vielleicht das größte Kapital überhaupt.

Was also tun? Nicht warten. Nicht zaudern. Nicht die IT-Abteilung fragen, ob sie „Blockchain schon installiert" (Achtung: Sarkasmus!) hat. Sondern Schritt für Schritt denken: Wo lassen sich Prozesse vernetzen? Wo liegen Daten brach? Was wird schon heute gemessen, aber noch nicht genutzt? Und vor allem: Wer könnte mitmachen? Denn Digitalisierung ist kein Solo. Sie wird dort stark, wo Netzwerke entstehen – zwischen Firmen, Sektoren, Behörden und Bürgerinnen. Das Kapitel endet nicht mit einem Appell an mehr Technik. Es endet mit einem Aufruf zu mehr Mut. Wer bereit ist, Digitalisierung nicht als Selbstzweck, sondern als Instrument für Nachhaltigkeit zu begreifen, wird schnell erkennen: Die Technologien sind da. Die Tools existieren. Die Standards wachsen. Und Europa? Hat alle Voraussetzungen, um nicht nur zuzusehen, sondern mit gutem Beispiel voranzugehen. Oder um es mit einem etwas abgewandelten Zitat aus Kapitel 4.4 zu sagen: „Die Zukunft ist ein Lieferprozess. Die Frage ist nur: Wer liefert nachhaltig und wer nur mit Verspätung?"

Mensch im Mittelpunkt – Digitalisierung trifft soziale Verantwortung

„Die größte Gefahr in Zeiten des Wandels ist nicht der Wandel selbst – sondern das Handeln mit der Logik von gestern.“ – Peter Drucker

Es ist ein seltsames Paradoxon unserer Zeit: Während sich Maschinen immer besser an den Menschen anpassen, tun sich viele Menschen schwer, sich an die Maschinen zu gewöhnen. Der Fortschritt rauscht in Lichtgeschwindigkeit durchs Industriegebiet, doch nicht jeder sitzt freiwillig mit im Wagon. Dabei sind wir längst keine Zaungäste mehr, sondern Teil einer rasanten Transformation.

Dieses Kapitel widmet sich einer der wichtigsten und gleichzeitig unterschätztesten Fragen der digitalen Revolution: Wie schaffen wir es, dass der Mensch nicht auf der Strecke bleibt? Oder um es weniger dramatisch zu sagen: Wie machen wir Digitalisierung, ohne dass sie sich wie ein technokratischer Albtraum anfühlt? Denn so faszinierend digitale Lösungen auch sind, sie sind immer nur so gut wie die Menschen, die sie nutzen. Und das bringt uns direkt zu einem Begriff, der in den letzten Jahren inflationär durch PowerPoint-Präsentationen, Nachhaltigkeitsberichte und Werbekampagnen gegeistert ist: Nachhaltigkeit. Bei vielen löst das Wort inzwischen ein müdes Seufzen aus – irgendwo zwischen *„Klimaschutz ist wichtig, aber ich hab‘ grad andere Sorgen“* und *„Können wir's nicht einfach grüner lackieren und gut ist es?“*. Doch wenn wir ehrlich sind, hat sich der Begriff längst von seiner ökologischen Monopolstellung emanzipiert. Nachhaltigkeit ist nicht nur die Photovoltaik-Anlage auf dem Unternehmensdach oder der CO_2-neutrale vegane Kantinenburger. In der Betriebswirtschaft beschreibt der Begriff vielmehr ein kluges, zukunftsfähiges Wirtschaften, das dafür sorgt, dass ein Unternehmen nicht nur heute glänzt, sondern auch morgen noch existiert, ohne dabei seine Belegschaft auszubrennen, die Umwelt zu ruinieren oder sich im Lieferkettendschungel zu verheddern.

Das bedeutet: Nachhaltig ist, wer nicht alles dem kurzfristigen Shareholder-Gewinn opfert. Wer nicht auf Teufel komm raus digitalisiert, sondern dabei auch an die denkt, die morgens um sechs Uhr die Maschinen anwerfen, die LKWs beladen oder in der Produktion noch analog mit Schraubenschlüssel statt mit Tablet arbeiten. Nachhaltig wirtschaften heißt, die Menschen in den Mittelpunkt zu stellen – nicht als Imagekampagne, sondern als ernstgemeinte Strategie.

Und genau hier steigen wir in unser Kapitel ein. Denn während in den Chefetagen gerne von „Industrie 4.0" und „Digital Leadership" die Rede ist, sieht der Alltag vieler Beschäftigter mitunter ganz anders aus. Da treffen neue Schulungsportale auf analoge Schulnoten, digitale Compliance-Tools auf papierlastige Lieferprozesse, und Diversity-Ziele prallen auf Excel-Tabellen mit erstaunlich wenig Farbe. Da heißt es plötzlich: *„Das Feedbacktool geht nicht auf meinem Rechner"* oder *„Wir haben das neue Lernprogramm, aber keiner hat Zeit, es zu nutzen"*. Fortschritt trifft Realität und nicht selten tut es dabei ein bisschen weh.

Aber keine Sorge, es gibt auch Hoffnung. Und jede Menge gute Ideen. Europa, dieses vielgescholtene, manchmal schwerfällige, aber erstaunlich innovative Gebilde ist vielleicht besser aufgestellt, als wir denken. Denn wir haben nicht nur die Technologie. Wir haben auch die Werte. Während andere Regionen der Welt Digitalisierung oft ausschließlich als Mittel zur Effizienzmaximierung betrachten – schneller, günstiger, datengetriebener – verstehen wir hierzulande Fortschritt traditionell ein bisschen umfassender. Mit mehr Beteiligung, mehr Mitbestimmung, manchmal auch mit mehr Bürokratie, aber eben auch mit dem ernsthaften Versuch, niemanden zurückzulassen. Und das lohnt sich. Denn wenn wir die Digitalisierung so gestalten, dass sie auch den Menschen nützt und nicht nur der Bilanz, dann kann sie ein echter Gamechanger sein. Dann werden digitale Schulungssysteme zu Werkzeugen der Teilhabe anstatt der Auslese. Dann können Softwarelösungen helfen, globale Wertschöpfungsketten fairer zu gestalten, statt sie bloß effizienter auszubeuten. Dann wird Diversität nicht zur PR-Maßnahme, sondern zum Innovationsmotor. Und Mitbestimmung hört nicht bei der Wahl des neuen Obstkorbes auf, sondern wird zur digitalen Kulturtechnik.

Natürlich wird das nicht von allein passieren. Es braucht Entscheidungen. Und es braucht die Bereitschaft, nicht dem lautesten Tech-Hype zu folgen, sondern dem, was langfristig Sinn ergibt. Werfen wir einen Blick auf verschiedene Ebenen der Industrie. Vom Azubi im Maschinenbau, der per VR-Brille das Schweißen lernt, bis zur HR-Chefin eines Pharmakonzerns, die mithilfe von Daten endlich versteht, warum so wenige Frauen befördert werden. Wir sprechen über digitale Tools, die mehr Transparenz in Lieferketten bringen und über Feedbacksysteme, die in Produktionshallen echte Mitbestimmung ermöglichen. Denn eines ist sicher: Digitalisierung kann die Welt besser machen. Oder zumindest die Arbeit darin. Aber dafür müssen wir uns trauen, mehr zu tun, als nur neue Software zu kaufen. Wir müssen über Verantwortung sprechen und über den Menschen.

Oder, um es ganz untechnisch zu sagen: Es wird Zeit, den Menschen wieder in die Mitte des Betriebssystems zu rücken. Nicht als veraltetes Plug-in, sondern als Hauptnutzer – mit Rechten, Bedürfnissen und der Fähigkeit, dass Fortschritt am besten funktioniert, wenn er nicht nur smart, sondern auch menschlich ist.

Sicherheit & Inklusion durch digitale Schulungssysteme

Lernen ist wie tanzen. Es kann eine kreative und freudvolle Aktivität sein, bei der man mit neuen Ideen und Konzepten interagiert und seinen eigenen Rhythmus findet. Warum das aber so selten so empfunden wird? Weil Lernen anstrengend ist. Studien zeigen, dass nur 36 Prozent der EU-Bevölkerung zwischen 25 und 64 Jahren an betrieblicher Weiterbildung teilnehmen. In 89 Prozent der Fälle werden die Kosten vom Arbeitgeber getragen, aber das bedeutet auch: 20 Prozent der Unternehmen investieren zu wenig in Schulung (European Commission, 2025). Wer aufhört, besser zu werden, bleibt stehen, oder fällt zurück. Das gilt besonders für Branchen, die sich mitten in der digitalen Transformation befinden. Europäische Industrien wie Maschinenbau, Energie oder Finanzdienstleistung setzen zunehmend auf digitale Schulungssysteme, um ihre Mitarbeitenden auf zukünftige Herausforderungen vorzubereiten. Diese Systeme reichen heute weit über langweilige E-Learning-Klickstrecken hinaus. Sie bieten adaptive, praxisnahe Lernumgebungen, die nicht nur Wissen vermitteln, sondern Sicherheit, Teilhabe und Veränderungsfähigkeit stärken (Parry-Slater, 2021).

Psychologisch betrachtet fällt uns kontinuierliches Lernen nicht leicht. Das menschliche Gehirn liebt Routinen, scheut Unsicherheiten und reagiert oft allergisch auf Komplexität. Doch moderne Lernforschung zeigt, dass Lernen erfolgreicher ist, wenn es nicht nur aus Informationsaufnahme besteht, sondern Selbstbestimmung, Sinnhaftigkeit und Feedback einschließt (Deci & Ryan, 2000). Motivation entsteht nicht durch Druck, sondern durch Relevanz. Durch das Gefühl, dass das Gelernte tatsächlich hilft, den Arbeitsalltag besser zu bewältigen.

Digitale Schulungssysteme, die auf diesem Verständnis aufbauen, verfolgen einen ganzheitlichen Ansatz. Sie orientieren sich an den realen Anforderungen des Arbeitsplatzes und nutzen das Prinzip der Modularisierung: kleine, abgeschlossene Lerneinheiten, die sich flexibel in den Arbeitsalltag integrieren lassen. Dabei gilt: Weniger ist oft mehr. Eine didaktisch durchdachte Reduktion auf das Wesentliche beugt Überforderung vor und schafft Raum für Wiederholung (... die Sprache des Gehirns) und Vertiefung. Die Möglichkeit, Inhalte im eigenen Tempo zu erarbeiten, fördert zudem Selbstwirksamkeit und verringert Leistungsdruck (Parry-Slater, 2021).

Ein zentrales Element erfolgreicher Schulungssysteme ist die Integration von Simulationen und interaktiven Elementen. Lernende dürfen Fehler machen. Denn nur wer Fehler reflektiert, entwickelt dauerhaftes Können. Gerade in sicherheitskritischen Bereichen wie der Finanzdienstleistung oder der chemischen Industrie können virtuelle Szenarien den Unterschied zwischen Unsicherheit und Handlungskompetenz ausmachen. Wer eine heikle Situation mehrfach in einer risikofreien digitalen Umgebung durchgespielt hat, wird im Ernstfall souveräner agieren (Beane, 2023).

Doch Technik allein reicht nicht. Lernen ist ein sozialer Prozess und dieser benötigt ein unterstützendes Umfeld. Unternehmen, die digitales Lernen einführen, müssen dafür sorgen, dass Mitarbeitende sich trauen zu lernen. Psychologische Sicherheit spielt hier eine entscheidende Rolle: Die Möglichkeit, Fragen zu stellen, Unsicherheiten zu äußern oder gar Fehler zu bekennen, ohne Gesichtsverlust oder Sanktionen befürchten zu müssen, ist

die Basis jeder erfolgreichen Lernkultur (Edmondson, 2019). Führungskräfte haben dabei eine Schlüsselrolle. Sie müssen selbst als Lernende sichtbar werden, offen mit ihren eigenen Lernwegen umgehen und digitale Schulungen nicht nur genehmigen, sondern aktiv begleiten.
Damit digitale Schulung inklusiv ist, muss sie von Anfang an barrierefrei konzipiert sein. Das betrifft nicht nur technische Zugänglichkeit, etwa durch einfache Navigation, gute Lesbarkeit oder mobile Optimierung, sondern auch inhaltliche Verständlichkeit. Lernmaterialien sollten so gestaltet sein, dass sie unabhängig von Bildungsstand, Herkunft oder individueller Lernsituation zugänglich sind. Systeme, die sich adaptiv an das Lerntempo und das Vorwissen ihrer Nutzerinnen anpassen, eröffnen hier neue Möglichkeiten: Menschen werden nicht ausgeschlossen, sondern gezielt unterstützt (OECD, 2023).

Ein gelungenes digitales Schulungssystem ist damit mehr als ein technisches Tool. Es ist ein pädagogisches Konzept, ein strategisches Element der Personalentwicklung und ein kulturelles Statement. Es zeigt: Wir investieren nicht nur in Maschinen, sondern auch in Menschen. Wir glauben daran, dass Lernen keine Pflichtübung ist, sondern eine Form der Wertschätzung.

Ein konkreter und belegter Praxisfall stammt von **PwC's Academy in Europa**, die interaktive Simulationen anbietet, etwa im Rahmen des Programms **"Investigate!"**, um Betrugsszenarien realistisch nachzustellen. In solchen Workshops spielen Teams in simulierten Unternehmensumgebungen reale Unternehmensrollen, beispielsweise Mitarbeitende im Versicherungsbereich, Ermittler oder interne Auditorinnen und bearbeiten komplexe Verdachtsfälle anhand von Daten, E-Mails und Aussagen. Ziel ist es, das Verhalten in kritischen Situationen zu reflektieren und Handlungskompetenz in einem sicheren virtuellen Raum zu entwickeln (PwC Academy Nederland, 2025; PwC Czech Republic, 2025). Solche Simulationen zeigen eindrucksvoll: Mitarbeitende lernen, Verdachtsfälle früh zu erkennen, strukturiert Informationen auszuwerten und Entscheidungen unter Druck zu treffen, ohne reale Konsequenzen. Eine Studie oder Evaluation direkt im Versicherungsunternehmen liegt zwar nicht öffentlich vor, doch die PwC-Akademie beschreibt den Einsatz solcher Simulationstrainings explizit für den Bereich **Fraud Awareness und Internal Investigations**, die speziell auf Unternehmensinterna zugeschnitten sind.

Auch bei anderen europäischen Engagements wird die Bedeutung digitaler Schulung zunehmend erkannt. Programme wie das *„European Year of Skills"* oder Initiativen der *„Digital Skills and Jobs Coalition"* zielen darauf ab, digitale Kompetenzen breit zu fördern, mit besonderem Fokus auf benachteiligte Regionen und Gruppen. Schulung wird dabei nicht als kurzfristige Maßnahme, sondern als langfristige Investition verstanden (European Commission, 2025). Erfolgreiche digitale Schulungssysteme vereinen didaktische Klarheit mit technologischer Flexibilität und kultureller Sensibilität. Sie bieten Raum für Fehler, fördern Austausch und schaffen Vertrauen. Ihre größte Stärke liegt in ihrer Fähigkeit, Lernen wieder zu dem zu machen, was es im besten Fall ist: eine Einladung zur Weiterentwicklung. Wenn Unternehmen diesen Weg gehen, gewinnen sie nicht nur kompetente Mitarbeitende, sondern sie gestalten aktiv ihre eigene Zukunft mit.

Faire Lieferketten und Social Compliance per Software

Lieferketten können einem das Herz brechen. Und zwar nicht nur, wenn das Paket zu spät kommt, sondern wenn man sieht, unter welchen Bedingungen es entstanden ist. Die Lieferkette ist das Rückgrat der europäischen Industrie und zugleich ihre Achillesferse. Ob Automobilbranche, Chemie, Maschinenbau oder Mode: Ein Produkt ist nur so verantwortungsvoll, wie die Bedingungen seiner Herstellung. Und diese Bedingungen verschwinden nicht in Containern oder Produktionshallen am anderen Ende der Welt. Sie sind digital nachvollziehbar, sichtbar und zunehmend gesetzlich relevant. Spätestens seit dem deutschen Lieferkettensorgfaltspflichtengesetz (LkSG) und der geplanten EU-Richtlinie zur Corporate Sustainability Due Diligence (CSDDD) ist klar: Wer liefern will, muss auch Verantwortung liefern (European Commission, 2023).

Doch wie stellt man sicher, dass entlang einer globalen Lieferkette niemand ausgebeutet, unterbezahlt oder gefährdet wird? Dass keine Kinderarbeit stattfindet, keine katastrophalen Arbeitsbedingungen herrschen, kein Unternehmen in der Kette Menschenrechte verletzt? Die Antwort liegt zunehmend in der Software. Denn Compliance in Live, das Monitoring tausender Lieferanten, ESG-Risikoanalysen, Whistleblower-Systeme oder

Auditdokumentationen lassen sich mit Exceltabellen nicht mehr bewältigen. Willkommen in der Welt der **Social-Compliance-Plattformen**.

Moderne Tools wie **TrusTrace**, **IntegrityNext** oder **Sourcemap** ermöglichen es Unternehmen, Lieferketten bis zum Ursprung zurückzuverfolgen. Sie sammeln Daten zu Umwelt- und Sozialstandards, dokumentieren Zertifikate, erfassen Audits und analysieren Risiken auf mehreren Ebenen. Was früher ein logistisches Nebengeräusch war, ist heute ein strategischer Faktor: Wer transparent ist, hat nicht nur regulatorisch die Nase vorn, sondern gewinnt auch Vertrauen bei Konsumentinnen und Investorinnen. Dabei zeigt eine Studie der ETH Zürich (Schoenherr & Speier-Pero, 2022), dass Unternehmen mit digital unterstütztem Social-Compliance-Management im Schnitt 28 Prozent weniger Verstöße in ihrer Lieferkette verzeichnen und das bei gleichzeitiger Kostenreduktion von 19 Prozent für Audits. Klingt trocken, ist aber revolutionär: Endlich gibt's kein Bauchgefühl mehr im Risikomanagement, sondern KPIs mit Substanz. Daten, wohin man klickt.

Die europäische Industrie erlebt gerade einen Wandel: Compliance wird vom Feigenblatt zur Wettbewerbsstärke. Und Software macht das messbar. Doch Achtung: Wer einfach nur Daten sammelt, überfordert schnell seine Lieferanten. Laut einer Untersuchung von Vogue Business (2024) sehen sich viele Zulieferer mit einem Dschungel an Anforderungen konfrontiert. Jede Marke will andere Daten, andere Formate, andere Plattformen. Die Folge: Frustration, Zeitverlust und sinkende Datenqualität. Deshalb setzen moderne Compliance-Plattformen zunehmend auf Standardisierung, Schnittstellen-Kompatibilität und Schulung. Nicht nur der eigenen Belegschaft, sondern der gesamten Lieferkette. Die gute Nachricht: Wer fair fragt, bekommt bessere Antworten. Und wer Standards nutzt, erspart sich Drama.

Ein gutes Beispiel liefert der schwedische Modehändler **H&M**. Das Unternehmen arbeitet mit TrusTrace zusammen, um Baumwolle bis zur Farm zurückzuverfolgen. Dabei wird nicht nur die Herkunft dokumentiert, sondern auch, unter welchen Bedingungen geerntet wurde. Die Plattform ist transparent, die Daten sind öffentlich zugänglich – auch für kritische Konsumentinnen (TrusTrace, 2023). In der Automobilindustrie zeigt **BMW**, wie's geht: Das Unternehmen verwendet seit 2022 Blockchain-Technologie zur Nachverfolgung von Kobalt, ein Rohstoff, der nicht nur in Batterien, sondern auch in Menschenrechtsdebatten steckt. Und in der Pharmabranche hat **Bayer HealthCare** ein globales Risiko-Monitoring für Lieferanten eingeführt, das über KI gestützt Frühwarnungen auslöst. Ein bisschen wie ein Compliance-Feueralarm, nur ohne das Gepiepe.

Obwohl es im Bereich europäischer Industrieunternehmen noch keine ausreichend belastbaren empirischen Studien gibt, so zeigt sich aber bereits heute, dass das laufende Werk, das volle Lager und der LKW, der pünktlich vom Hof fährt, nicht mehr ausreichen. Heute braucht es zusätzlich: ein LkSG-konformes Frühwarnsystem, drei Nachhaltigkeitsberichte, zwei Schulungen zum Hinweisgeberschutzgesetz und einen gut gelaunten Chief Compliance Officer. Willkommen im Zeitalter der Nebenrollen mit Hauptwirkung! Denn eines ist klar: Wer heute global produziert, braucht mehr als gute Produkte. Es braucht ein Team, das weiß, wie man Gesetzesbücher liest, Risiken antizipiert und sich mit Reporting-Standards auskennt, die man nur mit einem Espresso intus überhaupt fehlerfrei aussprechen kann. Die Folge? Die Zahl der Stellen in den Bereichen Legal, Compliance und Reporting wächst und zwar schneller als ein Containerschiff im Suezkanal stecken bleibt.

Laut dem *„Law Department Benchmarking Report"* der **Association of Corporate Counsel** (ACC, 2023) haben europäische Unternehmen in den letzten Jahren ihre juristischen Abteilungen deutlich ausgebaut. Insbesondere in Branchen mit hoher regulatorischer Dichte, also genau dort, wo Europas Industrie zuhause ist. Auch eine globale KPMG-Befragung (2021) zeigt: 80 Prozent der befragten Unternehmen besetzen Compliance- und Legal-Funktionen inzwischen intern, statt sie auszulagern. Und die Tendenz ist eindeutig steigend, besonders bei größeren Organisationen mit globalen Lieferketten. Doch was kostet der Spaß? Studien zur regulatorischen Belastung zeigen, dass **zwischen 1,3 Prozent und 3,3 Prozent der gesamten Lohnsumme** mittlerweile in Compliance-Aktivitäten fließt (Trebbi et al., 2022). Das klingt zunächst nach einem Fußnotenbetrag, bis man nachrechnet: Für ein mittelständisches Industrieunternehmen mit 1000 Mitarbeitenden und einer Lohnsumme von 60 Millionen Euro sind das bis zu 1,8 Millionen Euro jährlich. Und das wohlgemerkt für Tätigkeiten, die nicht direkt fertigen, verkaufen oder montieren, sondern dokumentieren, prüfen, melden.

Dass dieser Aufwand wächst, zeigt sich nicht nur in den Zahlen. Eine japanische Studie (Kojima et al., 2023) belegt, dass in stark regulierten Branchen wie der Finanz- und Versicherungswirtschaft bereits **mehr als 20 Prozent der Arbeitszeit** auf Compliance entfällt und ähnliche Trends lassen sich in der europäischen Industrie abzeichnen. Wer also glaubt, dass die Zukunft allein in der Robotik liegt, hat die Macht der Paragraphen unterschätzt. Doch es geht nicht nur ums Geld. Auch psychologisch ist dieser Wandel bedeutsam: Denn mit der zunehmenden Formalisierung von Verantwortung steigt der Druck auf Mitarbeitende, auch abseits der Werkbank gesetzeskonform zu handeln und das unter wachsender Beobachtung. Compliance ist längst kein Projekt der Rechtsabteilung mehr, sondern eine Querschnittsaufgabe. Aber: Damit sie akzeptiert wird, muss sie verstanden werden. Und dafür braucht es Kommunikation, Schulung und viel mehr Vertrauen. Denn viele Mitarbeitende fragen sich: *„Was passiert eigentlich mit den Daten, die ich da melde?"* oder *„Wer liest diese Reports wirklich?"*. Studien und Praxiserfahrung zeigen: Wenn Unternehmen nicht offenlegen, wie Daten verarbeitet und geschützt werden, sinkt die Bereitschaft zur Mitarbeit. Vertrauen in Prozesse ist kein Zufallsprodukt, sondern Ergebnis konsistenter Kommunikation und eines klaren Datenschutzversprechens.

Organisationen, die diesen Wandel ernst nehmen, setzen daher auf mehr als Tools. Sie investieren in **Change Management**, bauen interne Kompetenzzentren für ESG und Legal auf und ja, sie zahlen dafür. Denn jede Plattform, so modern sie auch ist, trifft auf das vermutlich widerspenstigste Material in der Wertschöpfungskette: den Menschen. Wer Social Compliance als Software-Projekt begreift, hat schon verloren. Studien belegen: Der Widerstand gegen neue Reporting- oder Audit-Systeme ist nicht technischer Natur, sondern emotional (Kotter, 2018). Menschen wollen nicht kontrolliert, sondern eingebunden werden. Vertrauen entsteht nicht durch Dashboards, sondern durch Dialog. Denn ein Verstoß gegen internationale Sorgfaltspflichten, ein mangelhafter Nachhaltigkeitsbericht oder ein Whistleblower-Skandal kann mehr kosten als jede gut ausgestattete Compliance-Abteilung. Es gilt die einfache Gleichung: Lieber ein Team zu viel, als ein Verfahren zu spät. Und so verändert sich das Bild des Industrieunternehmens: Neben der Produktionshalle wächst ein neuer Raum, voll mit Juristinnen, Datenschutzbeauftragten, Auditorinnen und ESG-Spezialistinnen. Sie tragen keine Schutzhelme, sondern Richtlinientexte. Sie fahren keine Gabelstapler, sondern analysieren Risiken. Und sie sichern das Fundament, auf dem nachhaltiger Unternehmenserfolg heute ruht: **Verantwortung**.

Fairness ist keine Einbahnstraße. Wer Social Compliance ernst meint, muss auch seine Partner befähigen. Software kann hier unterstützen, ist aber kein Selbstläufer. Es braucht Schulung, Dialog, Vertrauen und klare Sanktionen bei Verstoß. Die nächsten Seiten zeigen, wie europäische Unternehmen das Thema angehen, wie Daten zu Verantwortung werden und warum Digitalisierung auch in der Lieferkette eine Chance sein kann.

Diversität fördern mit HR-Analytics

Europa ist divers: kulturell, sozial, historisch. Doch die europäische Industrie tut sich bis heute schwer, diese Vielfalt auch im eigenen Haus konsequent zu leben. Noch immer sind Führungsetagen vielfach homogen, Bewerbungsprozesse standardisiert auf den kleinsten gemeinsamen Nenner und das Bauchgefühl wird viel zu oft zum Entscheidungsträger.
HR-Analytics, also die datenbasierte Analyse von Personalstrukturen, Karrieren, Bewerbungsprozessen und Unternehmenskultur, kann helfen, diese Muster aufzubrechen. Denn wo Daten statt Vorurteile sprechen, wird sichtbar, wie (un)gerecht es wirklich zugeht: Wer wird wie oft befördert? Wer verlässt das Unternehmen nach zwei Jahren wieder? Welche Formulierungen in Stellenanzeigen schrecken ab? Und warum landen Bewerbungen mit dem Vornamen "Fatima" seltener im Vorstellungsgespräch als die von "Franziska"? Tools wie **Textio**, **pymetrics** oder **SAP SuccessFactors** analysieren Sprache, Matching-Prozesse und Bias-Strukturen und zeigen, wo Diversität ungewollt ausgebremst wird. Dabei geht es nicht um politische Korrektheit, sondern um wirtschaftliche Intelligenz: Diverse Teams arbeiten innovativer, entscheiden robuster und reflektieren die Gesellschaft besser, was zahlreiche Studien belegen (Hunt et al., 2020).

Aber wenn es empirisch so klar ist, warum fällt es uns trotzdem so schwer, unsere Vorurteile zu ignorieren. Der Mensch ist ein Gewohnheitstier und ein Mustersucher. Psychologisch neigen wir zu dem, was uns bekannt und vertraut erscheint. Der sogenannte **Similarity-Attraction-Bias** beschreibt die Tendenz, Menschen einzustellen oder zu fördern, die uns selbst ähnlich sind. Sei es in Sprache, Aussehen, Ausbildung oder Lebensstil (Byrne, 1971). Das ist menschlich, aber eben auch gefährlich, wenn es zur strukturellen Diskriminierung führt. Dazu kommt das Phänomen des **Unconscious Bias**, unbewusster Vorurteile, die im Bruchteil einer Sekunde entscheiden, ob jemand als „kompetent" oder „passend" wahrgenommen wird. Studien zeigen, dass gleiche Bewerbungen mit unterschiedlichen Namen (z. B. „Ali" vs. „Alexander") unterschiedlich bewertet werden, selbst bei HR-Profis (Bertrand & Mullainathan, 2004). HR-Analytics kann hier helfen, diese blinden Flecken sichtbar zu machen, etwa durch Analysen von Einstellungsquoten, Sprachgebrauch in Jobanzeigen oder Karrierelaufbahnen.

In den 1970er- und 80er-Jahren standen die meisten großen US-amerikanischen Orchester vor einem unangenehmen Rätsel: Obwohl Frauen seit Jahrzehnten klassische Instrumente studierten und hervorragend ausgebildet waren, blieben sie in den Berufsorchestern massiv unterrepräsentiert. Insbesondere bei den prestigeträchtigen Ensembles in New York, Boston oder Chicago. Die Entscheidungsträger, meist männlich, meist selbst Musiker, glaubten, die Auswahl sei „rein meritokratisch". Nur: Die Zahlen sagten etwas anderes. Erst als man begann, die Probespiele anonymisiert durchzuführen, mit einem Vorhang zwischen Jury und Musikerin, und teilweise sogar auf Teppich, damit das Klackern von High Heels nicht hörbar war, veränderte sich die Lage dramatisch. Die Zahl der angenommenen Musikerinnen stieg messbar. Goldin & Rouse (2000) zeigten in ihrer viel beachteten Studie, dass das blinde Vorspielen die Wahrscheinlichkeit für Frauen, weiterzukommen, um 50 Prozent erhöhte. Ganz einfach, weil unbewusste Vorannahmen (wie „Trompete ist nichts für Frauen") ausgeblendet wurden. Dieses Beispiel ist ein Paradefall für **Unconscious Bias** in Verbindung mit dem **Similarity-Attraction-Effekt**: Männer, die andere Männer bevorzugen, weil sie ihnen vertrauter erscheinen. Und es zeigt eindrücklich, wie stark sich unsere Entscheidungen verändern, wenn wir nur die Reize reduzieren, die unsere kognitiven Abkürzungen aktivieren.

Diversität ist nicht nur eine soziale oder ökonomische Frage, sie ist auch ein juristisches Minenfeld. Denn einerseits verpflichten EU-Richtlinien und nationale Gesetze zu Chancengleichheit und Antidiskriminierung, andererseits sind personenbezogene Daten hochsensibel und unterliegen strengen Datenschutzregeln (DSGVO, 2018).

Das bedeutet: HR-Analytics darf keine „Diversity-Überwachung" betreiben. Vielmehr muss mit anonymisierten Daten, Aggregationen und strengen Zugriffskontrollen gearbeitet werden. Die Herausforderung liegt darin, Diskriminierung sichtbar zu machen, ohne neue Diskriminierung zu riskieren. Unternehmen wie **Siemens** oder **SAP** haben dafür Ethik-Boards eingerichtet, die alle datenbasierten Personalentscheidungen prüfen. So wird sichergestellt, dass Fairness nicht nur gemessen, sondern auch geschützt wird.
Auch das Allgemeine Gleichbehandlungsgesetz (AGG) in Deutschland oder vergleichbare Normen in anderen EU-Ländern geben klare Leitlinien vor: Keine Diskriminierung aufgrund von Herkunft, Geschlecht, Religion, Behinderung, Alter oder sexueller Identität. HR-Analytics muss sich in diesem Spannungsfeld bewegen und tut gut daran, juristische Expertise frühzeitig einzubinden (BAG, 2021).

Bei der **Deutschen Telekom** wurde das Programm **„Bias Interruptors"** eingeführt. Ein System, das mithilfe von Datenanalysen erkennt, wo strukturelle Ungleichbehandlung droht. In Beförderungsprozessen werden beispielsweise Muster aufgedeckt, die bestimmte Gruppen systematisch benachteiligen, etwa durch höhere Drop-out-Raten nach der zweiten Karrierestufe. Nach Einführung gezielter Gegenmaßnahmen stieg der Anteil von Frauen in Führungsrollen deutlich (Telekom, 2022).

Auch bei **IKEA** in Schweden wird mit HR-Analytics gearbeitet. Dort hat man erkannt, dass sich Sprachcodes in internen Stellenausschreibungen systematisch auf Bewerbungsquoten auswirken. Nach einer sprachlichen Überarbeitung durch ein KI-gestütztes Tool stieg die Bewerbungsrate ausländischer Mitarbeitender um 17 Prozent. Ein Erfolg, der inzwischen europaweit ausgerollt wird (IKEA Group, 2023).

In der Pharmaindustrie setzt **Roche** auf eine datengetriebene Personalentwicklung, bei der sogenannte **„Attrition Maps"** erstellt werden: Sie zeigen, welche Personengruppen das Unternehmen häufiger verlassen und warum. So konnten Rückschlüsse auf ungleiche Entwicklungschancen gezogen und Mentoring-Programme gezielt angepasst werden (Roche, 2023).

HR-Analytics ist kein Zauberstab, aber ein verdammt gutes Vergrößerungsglas. Es hilft, Muster zu erkennen, die sonst unter dem Radar bleiben. Es schafft Bewusstsein für strukturelle Ungleichheiten. Und es gibt Unternehmen ein Werkzeug in die Hand, um Fairness nicht nur zu fordern, sondern auch zu fördern. Aber am Ende braucht es mehr als Algorithmen. Es braucht den Willen, mit den gewonnenen Erkenntnissen auch etwas zu tun. Es braucht Führungskräfte, die Vielfalt nicht als PR-Kampagne, sondern als Strategie begreifen. Und es braucht Mitarbeitende, die wissen: Wenn Vielfalt tanzt, gewinnt die ganze Firma.

Digitale Mitbestimmung und Feedbacktools in der Industrie

Die Digitalisierung hat die industrielle Produktion längst verändert. Nun ist sie dabei, auch die Art und Weise zu revolutionieren, wie Unternehmen mit ihren Mitarbeitenden kommunizieren, partizipieren und organisieren. In einer Zeit, in der Maschinen miteinander sprechen und KI ganze Lieferketten mitdenkt, stellt sich eine einfache, aber drängende Frage: Hört eigentlich noch jemand den Menschen? Digitale Feedbacktools, partizipative Plattformen und smarte Umfragesysteme ermöglichen heute eine neue Form der Mitbestimmung. Was früher das schwarze Brett war, ist heute eine App mit Stimmfunktion. Betriebsversammlungen finden als Livestream statt, und Meinungsbilder entstehen nicht mehr durch Applaus im Saal, sondern durch Heatmaps auf Dashboards.

Doch was bedeutet das für Mitbestimmung im klassischen Sinne? Was sagt der Betriebsrat zur App-Abstimmung? Wie digital darf Beteiligung sein, ohne zur Farce zu werden? Dieses Kapitel wirft einen Blick auf Chancen, Grenzen und notwendige Spielregeln digitaler Mitbestimmung. Und es zeigt: Wenn richtig gemacht, kann Technologie nicht nur effizient, sondern auch demokratisch sein.

In modernen Industrieunternehmen sind digitale Feedbacksysteme heute keine Spielerei mehr, sondern essenzieller Bestandteil der Unternehmenskultur. Tools wie **Officevibe**, **CultureAmp** oder **Peakon** erfassen regelmäßig Stimmungsbilder, geben Einblick in Motivation, Engagement, aber auch Stress und Konflikte. Das Versprechen: Frühwarnsysteme für Kulturbrüche und Echtzeit-Daten zur Organisationsentwicklung. Doch wie sicher sind diese Analysen wirklich? Und wie viel Wahrheit steckt in einem Datensatz, der vielleicht mehr Angst als Ehrlichkeit reflektiert?

Denn so präzise ein Dashboard auch aussehen mag, seine Aussagekraft steht und fällt mit der Qualität der eingegebenen Daten. Hier schlägt die menschliche Psyche zu: Mitarbeitende neigen dazu, ihre Antworten „sozial erwünscht" zu gestalten. Wer in einem Unternehmen keine echte Fehlerkultur erlebt, klickt eben lieber auf „alles super", bevor er sich mit Kritik in Schwierigkeiten bringt. In der Psychologie spricht man vom sogenannten **Social Desirability Bias**, also dem Wunsch, sich in einem möglichst positiven Licht darzustellen (Paulhus, 1991). Noch problematischer wird es, wenn man den Pessimismus mancher Kolleginnen als kollektive Wahrheit fehlinterpretiert. Manche Tools sind zwar mit Algorithmen ausgestattet, die solche Verzerrungen erkennen sollen, doch auch Künstliche Intelligenz kann keine Menschenkenntnis ersetzen. Ein Team mit konstanten Bestnoten in Zufriedenheit und Motivation könnte durchaus ein Alarmsignal sein. Nicht für Harmonie, sondern für Schweigen aus Angst. Studien zeigen: In toxischen Kulturen ist die Feedbackbereitschaft oft paradox hoch, aber nur oberflächlich positiv (Edmondson, 2019).

Daher gilt: Digitale Feedbacktools sind nützlich, aber nicht selbsterklärend. Ihre Ergebnisse sollten stets im Dialog mit der Belegschaft kontextualisiert werden. Durch qualitative Interviews, Fokusgruppen oder offene Diskussionen. Nur so entsteht ein echtes Stimmungsbild, statt einer psychologischen Schönwetterkarte.

Und dann ist da noch der Elefant im Serverraum: **Datenschutz**. Was viele Unternehmen übersehen: Auch anonyme Umfragen sind nicht automatisch DSGVO-konform. Die Datenschutz-Grundverordnung (DSGVO) definiert personenbezogene Daten weitläufig. Bereits pseudonymisierte oder aggregierte Informationen können unter Umständen Rückschlüsse auf Einzelpersonen zulassen (Art. 4 Nr. 1 und 2 DSGVO). Gerade bei kleinen Teams oder Auswertungen nach Standort oder Abteilung kann Anonymität zur Illusion werden. Deshalb ist Transparenz Pflicht. Mitarbeitende müssen wissen, welche Daten erhoben werden, wie lange sie gespeichert bleiben, wer darauf Zugriff hat und zu welchem Zweck sie genutzt werden. Ohne eine **Datenschutz-Folgenabschätzung** und eine enge Einbindung des Betriebsrats (nach §87 Abs. 1 Nr. 6 BetrVG) wird aus dem gut gemeinten Dialogtool schnell ein Überwachungsinstrument mit Imageschaden.

Kurzum: Digitale Mitbestimmung braucht nicht nur gute Technik, sondern auch ethisches Feingefühl, juristische Klarheit und psychologische Kompetenz. Eine App kann Türen öffnen, aber sie ersetzt keine gelebte Kultur des Zuhörens. Die empirische Evidenz zeigt: Mitarbeitende, die regelmäßig anonym Feedback geben können, fühlen sich stärker gehört, zeigen mehr Bindung und verlassen das Unternehmen seltener (Bock, 2015; Gallup, 2023).

Besonders in der Industrie, wo Hierarchien häufig noch starr sind, schafft Technologie hier eine neue Form der horizontalen Kommunikation. Auch für Schichtbetriebe oder internationale Teams entsteht so eine niedrigschwellige Möglichkeit, sich einzubringen und das ganz ohne Präsenzpflicht oder Papierkram. Die Möglichkeit zur Mitbestimmung ist daher nicht nur eine technische, sondern vor allem eine emotionale Frage. Der sogenannte **Voice-Effect** beschreibt, wie sehr Menschen darauf reagieren, ob sie sich gehört fühlen, unabhängig davon, ob ihre Meinung tatsächlich umgesetzt wird (Folger, 1977). Allein das Gefühl, dass Rückmeldungen möglich sind und ernst genommen werden, steigert laut Studien das Engagement und die Zufriedenheit der Mitarbeitenden signifikant (Tyler & Lind, 1992).
Gleichzeitig kann schlecht umgesetzte Mitbestimmung dem Unternehmen schaden. Wird Feedback zwar abgefragt, aber nie kommuniziert oder berücksichtigt, entsteht Frustration und Zynismus. **„Employee Survey Fatigue“** ist inzwischen ein dokumentiertes Phänomen (Society for Human Resource Management, 2021). Digitale Tools müssen also nicht nur Daten sammeln, sondern auch sichtbar machen. Das Feedback darf nicht in der Cloud verdampfen.

Mitbestimmung hat in Europa eine lange Tradition, fest verankert im Betriebsverfassungsgesetz (BetrVG). Doch was passiert, wenn der Betriebsrat plötzlich durch Abstimmungssoftware ersetzt wird? Die Antwort ist eindeutig: gar nichts. Digitale Tools ersetzen keine Gremien, sie erweitern ihre Reichweite. Nach §87 BetrVG hat der Betriebsrat ein Mitbestimmungsrecht bei Fragen der betrieblichen Ordnung und der technischen Überwachung.

Das heißt konkret: Jedes Feedbacktool, das Mitarbeitendendaten erhebt oder auswertet, muss mitbestimmt werden (BAG, 2019). Auch Tools zur Stimmungsanalyse, etwa durch KI-gestützte Spracherkennung oder Textanalyse, unterliegen dieser Regelung. Es gilt: Keine App ohne Zustimmung. Viele Unternehmen gehen deshalb in Co-Creation mit dem Betriebsrat. Sie entwickeln gemeinsam Prozesse, Datenschutzrichtlinien und Anwendungsbereiche.

Die **BASF SE** in Ludwigshafen hat während der Corona-Pandemie ein hybrides Beteiligungsmodell aufgebaut: Betriebsversammlungen wurden live gestreamt, Rückfragen per Chattool eingebunden. Ergänzt wurde das durch eine Beteiligungs-App für Vorschläge und Feedback. Die Erkenntnis: Beteiligung stieg, insbesondere unter jüngeren und nicht-deutschsprachigen Mitarbeitenden (BASF, 2021).

Auch der Automobilzulieferer **ZF** Friedrichshafen nutzt digitale Tools zur Mitarbeitendenbeteiligung. Über die Plattform „ZFiTback" können Beschäftigte Verbesserungsvorschläge einreichen, Probleme melden oder Fragen an die Geschäftsführung richten und erhalten Rückmeldung innerhalb definierter Zeitfenster. Die Erfolgsquote bei der Umsetzung liegt laut interner Evaluation bei über 60 Prozent (ZF Group, 2022).

Im Gesundheitssektor geht **Roche Diagnostics** einen ähnlichen Weg: Regelmäßige digitale Pulse-Checks geben Führungskräften wöchentliche Einblicke in die Stimmung der Belegschaft, kombiniert mit Live-Dashboards und Team-Retrospektiven. Der Clou: Ergebnisse sind nicht nur anonym, sondern auch teambezogen – so bleibt das Feedback konkret und handlungsleitend (Roche, 2023).

Digitale Mitbestimmung ist mehr als ein technisches Upgrade. Sie ist Ausdruck eines Kulturwandels, bei dem nicht nur gefragt wird, sondern auch zugehört. Sie macht Beteiligung skalierbar, effizient und inklusiv, gerade in komplexen Industriebetrieben. Aber sie erfordert auch Mut zur Konsequenz: Wer fragt, muss mit Antworten rechnen. Und wer Feedback einholt, sollte besser auch Feedback geben. Denn: Eine App ersetzt kein Vertrauen. Aber sie kann helfen, es zu verdienen.

Zusammenfassung: Mensch im Mittelpunkt – Digitalisierung trifft soziale Verantwortung

Wenn wir über die Zukunft der europäischen Industrie sprechen, dann sprechen wir nicht nur über Maschinen, Märkte und Margen, wir sprechen vor allem über Menschen. Kapitel 5 stellt genau diesen Perspektivwechsel ins Zentrum: Wie gelingt es, dass Digitalisierung nicht entmenschlicht, sondern ermächtigt? Wie schaffen wir es, neue Technologien nicht nur effizient, sondern auch sozial verantwortlich zu gestalten? Und welche Rolle spielt dabei die betriebswirtschaftlich verstandene Nachhaltigkeit, die über Umweltaspekte hinaus auch kulturelle, rechtliche und psychologische Dimensionen einbezieht?

In vier thematisch klar gegliederten Unterkapiteln spannt Kapitel 5 den Bogen von digitalen Schulungssystemen über Software-getriebene Lieferkettenverantwortung bis hin zu datengestützter Diversitätsförderung und Mitbestimmung. Die verbindende Linie: Der Mensch ist kein Anhang zur Digitalisierung, sondern ihr Ausgangs- und Zielpunkt.
„Sicherheit & Inklusion durch digitale Schulungssysteme" widmet sich der Frage, warum Lernen im Industrieumfeld neu gedacht werden muss. Klassische Schulungen nach dem Gießkannenprinzip reichen längst nicht mehr aus, um Sicherheit, Compliance und Innovation zu sichern. Moderne Lernplattformen setzen auf Microlearning, adaptives Feedback und personalisierte Lernpfade. Aber: Die beste Technologie nützt nichts, wenn Lernmotivation fehlt. Hier greift die Psychologie, von der Angst vor Veränderung bis zur Lust am Neuen. Studien zeigen, dass Gamification, Feedback und soziale Einbindung entscheidende Faktoren sind, um digitale Schulungen erfolgreich zu gestalten. Ergänzt wird dieser Abschnitt durch Praxisbeispiele aus der europäischen Finanzindustrie, etwa ein Pilotprojekt zur ESG-Schulung oderdigitale Sicherheitsakademie europäischen Versicherungsunternehmen. Dabei wird auch deutlich, dass Nachhaltigkeit im unternehmerischen Sinne bedeutet, kontinuierliches Lernen strukturell zu verankern – nicht als Pflichtübung, sondern als Überlebensstrategie.

Das zweite Unterkapitel – „Faire Lieferketten und Social Compliance per Software" – nimmt die digitale Verantwortung entlang der

Wertschöpfungskette in den Blick. Der Anspruch: Wer in Europa produziert und exportiert, muss wissen, unter welchen Bedingungen seine Vorprodukte entstehen. Softwarelösungen ermöglichen heute die automatisierte Prüfung von Lieferanten, die Integration von Auditdaten und die Visualisierung von Risikokarten. Doch die Technik allein reicht nicht. Entscheidend sind Vertrauen, Transparenz und vor allem der Wille, Compliance nicht als Kontrollinstrument, sondern als Werteversprechen zu begreifen. Auch rechtlich ist dieser Bereich hochdynamisch: Das Lieferkettensorgfaltspflichtengesetz (LkSG) in Deutschland sowie entsprechende EU-Verordnungen bringen neue Berichtspflichten und einen neuen Markt für Legal- und Compliance-Software. Empirisch lässt sich ein starker Anstieg entsprechender Stellenprofile beobachten, mit wachsenden Kosten für Personal, das jenseits der Produktion tätig ist. Ergänzt wird das Kapitel durch Beispiele aus der Textilbranche (H&M), dem Automobilsektor (BMW) und der Pharmaindustrie (Bayer), die zeigen: Wer früh in Transparenz investiert, zahlt langfristig weniger – finanziell und reputativ.

In „Diversität fördern mit HR-Analytics“ wenden wir uns einem Thema zu, das oft als weich abgetan wird, in Wahrheit aber knallharte Effekte hat: Vielfalt im Unternehmen. HR-Analytics, also die datengestützte Analyse von Bewerbungen, Karrieren und Personalstrukturen, offenbart unbewusste Vorurteile, systematische Schieflagen und versteckte Barrieren. Studien (u. a. von McKinsey, Bertrand & Mullainathan) zeigen, dass diverse Teams innovativer, stabiler und erfolgreicher sind. Tools wie Textio oder SuccessFactors helfen, Stellenanzeigen inklusiver zu formulieren, Karrieren fairer zu gestalten und Fluktuationen zu analysieren. Gleichzeitig ist dieser Bereich ein juristisches Minenfeld: Datenschutz, Antidiskriminierung und Mitbestimmungsrechte müssen beachtet werden. Die Beispiele von IKEA, der Deutschen Telekom und Roche zeigen, dass datengetriebene Diversitätsstrategien dann funktionieren, wenn sie nicht von der HR-Abteilung isoliert betrieben werden, sondern Teil der Unternehmensstrategie sind. Psychologisch wird klar: Vielfalt beginnt im Kopf – und braucht Strukturen, die Mut zur Differenz belohnen.

Im letzten Abschnitt „Digitale Mitbestimmung und Feedbacktools in der Industrie“ fragen wir: Wer redet eigentlich mit, wenn sich alles verändert? Moderne Feedbacksysteme wie Officevibe oder Peakon ermöglichen kontinuierliche Mitarbeiterbefragungen, Stimmungsanalysen und partizipative Plattformen. Was auf den ersten Blick wie ein weiteres Kontrollinstrument wirkt, ist bei guter Umsetzung ein Werkzeug für kulturelle Demokratisierung. Voraussetzung: Das Feedback darf nicht im Datensilo verschwinden, sondern muss sichtbar und wirksam sein. Studien belegen, dass das bloße „Gefühl, gehört zu werden“ (Voice Effect) bereits motivationssteigernd wirkt, aber auch, dass schlecht genutzte Tools Zynismus fördern können. Datenschutzrechtlich ist auch hier Sorgfalt geboten: Was anonym aussieht, ist es oft nicht. Beispiele von BASF, ZF Friedrichshafen und Siemens zeigen jedoch, wie Mitbestimmung auch digital gelebt werden kann, vorausgesetzt, der Betriebsrat wird frühzeitig eingebunden.

Kapitel 5 ist damit ein Plädoyer für eine doppelte Digitalisierung: technisch und menschlich. Es zeigt, dass Software nicht nur Prozesse steuern, sondern auch Kultur verändern kann – zum Besseren, wenn sie verantwortungsvoll eingesetzt wird. Der Mensch bleibt im Mittelpunkt. Aber eben nicht als nostalgisches Ideal, sondern als bewusst gestaltetes Zentrum eines digitalen Europas.

Governance Reloaded – transparente und digitale Unternehmensführung

„Der Unterschied zwischen Theorie und Praxis ist in der Praxis größer als in der Theorie.“ - Ernst Ferstl

Wenn europäische Regulierungsbehörden neue Standards beschließen, spitzt die Industrie in aller Regel die Ohren und nicht selten auch die Bleistifte. Besonders dann, wenn es um das geht, was früher gerne unter „weichen Faktoren“ lief, heute aber zum harten Kern unternehmerischer Verantwortung gehört: ESG, also Umwelt, Soziales und Unternehmensführung. Die neue Corporate Sustainability Reporting Directive (CSRD) der EU verlangt von Unternehmen, ihre Nachhaltigkeitsbemühungen künftig nicht nur zu zeigen, sondern präzise zu dokumentieren und das mit standardisierten, überprüfbaren und vergleichbaren Daten (European Commission, 2023). Was einst mühsam in handgestrickten Excel-Tabellen zusammengetragen wurde, übernimmt heute automatisierte ESG-Software. Das Ziel: den Berichtspflichten effizient und zuverlässig nachzukommen und dabei gleichzeitig echte Erkenntnisse für die Steuerung des Unternehmens zu gewinnen. ESG-Reporting wird zunehmend zur digitalen Managementpraxis. Was auf den ersten Blick wie eine administrative Last erscheint, entpuppt sich bei genauerem Hinsehen als strategische Chance mit langfristigem Mehrwert. Denn wer seine Emissionen, Abfallmengen und Lieferkettenrisiken dynamisch überblickt, kann nicht nur schneller reagieren, sondern auch cleverer planen. ESG-Daten werden zur neuen Unternehmenswährung. Wer sie beherrscht, ist fit für die Zukunft. Wer nicht, schwimmt gegen regulatorische Sturmfluten und verliert das Vertrauen von Investoren, Kunden und Mitarbeitenden.

In verschiedenen Branchen der europäischen Industrie ist das Potenzial digitalisierter ESG-Systeme längst erkannt worden. So nutzt beispielsweise der Nahrungsmittelhersteller **Nestlé** (Schweiz) ESG-Dashboards zur Überwachung von Energie- und Wasserverbräuchen, Transportdaten und Lieferanten-Scorings in Live. Abweichungen vom Soll werden automatisch gemeldet. Ein digitaler Hinweisgeber mit Nachhaltigkeitsfokus. Das Resultat? Rund 200 eingesparte Reporting-Stunden pro Monat und eine ESG-

Kommunikation, die nicht nur gut aussieht, sondern auch hält, was sie verspricht (Nestlé, 2023; Omdena, 2025).
Ein weiteres Beispiel findet sich im Baustoffsektor: **Holcim** nutzt digitale Plattformen, um Emissionen und Materialströme in seinen Produktionsprozessen systematisch zu erfassen und auszuwerten. Ziel ist es, entlang der gesamten Wertschöpfungskette Optimierungspotenziale aufzudecken und Nachhaltigkeit messbar in die industrielle Praxis zu integrieren (Holcim, 2023). Was bislang nach Konzernluxus klang, ist inzwischen auch für KMUs erreichbar. Plattformen wie **esg2go** aus der Schweiz oder **Jedox** bieten skalierbare Lösungen, die – gut implementiert – auch Mittelständler fit für die ESRS-Vorgaben machen. Wer heute noch meint, ESG gäbe es nur im Hochglanzformat für DAX-Manager, ist spätestens nächstes Jahr reif für den Reputations-GAU.

Doch ESG ist mehr als ein regulatorischer Prüfstand. Es ist ein Instrument zur Wertschöpfung. ESG-Daten geben Hinweise darauf, wo Energie verschwendet, Materialien ineffizient eingesetzt oder Lieferanten unter ethisch fragwürdigen Bedingungen arbeiten. Diese Erkenntnisse lassen sich in strategische Entscheidungen übersetzen: Standortverlagerungen, Prozessoptimierungen oder Innovationsprogramme gewinnen an Präzision und Legitimation. Was hilft: eine Portion Humor, denn so trocken die Materie klingt, so deutlich wird auch: Wer ESG nur aus Pflichtgefühl angeht, bleibt im Kleingedruckten stecken. Wer es mit Neugier, Datenfreude und technischer Offenheit tut, wird ESG zum Innovationsmotor machen. Dabei gilt: Gute Tools sind wichtig, aber noch besser sind Menschen, die wissen, was sie mit diesen Tools tun. Denn Technik allein reicht nicht. Automatisierung funktioniert nur, wenn Menschen eingebunden werden. Studien zeigen, dass ESG-Maßnahmen dann besonders erfolgreich sind, wenn Mitarbeitende ihre Sinnhaftigkeit verstehen und sich als Teil des Wandels begreifen (Kotter, 2018). Deshalb ist Kommunikation entscheidend: ESG-Reporting darf nicht als Kontrollinstrument verkauft werden, sondern muss als gemeinsames Navigationssystem in Richtung Zukunft verstanden werden. Also ein Nordstern für die Unternehmung.

Doch so sehr ESG auch als Heilsbringer gefeiert wird, es gibt auch Schattenseiten. Greenwashing ist ein reales Risiko: Wenn Tools schöne Berichte zaubern, aber niemand die Daten hinterfragt, entstehen

Nachhaltigkeitsillusionen. Auch datenschutzrechtlich ist Vorsicht geboten: Personenbezogene Informationen, etwa über das Reiseverhalten von Mitarbeitenden oder Lieferantenbewertungen, müssen DSGVO-konform verarbeitet werden. Rollenbasierter Zugriff, Pseudonymisierung und Governance-Prozesse sind keine optionalen Nice-to-haves, sondern Pflichtausstattung (European Commission, 2023). Kurz: ESG braucht Strategie. Wer einfach nur digitalisiert, ohne zu überlegen, wohin die Reise gehen soll, steht bald vor einem teuren Technologiegrab. Wer jedoch ESG in seine Unternehmensstrategie integriert, profitiert mehrfach: von effizienteren Prozessen, besserem Stakeholderdialog, höherer Mitarbeiterbindung und von einem leichteren Zugang zu Kapital – Stichwort: Taxonomie-Verordnung.

Im Jahr 2025 hat die Europäische Kommission eine überraschende Kehrtwende vollzogen: Mit dem sogenannten **Omnibus-Simplification-Paket** wurden zentrale ESG-Vorgaben entschärft, um vor allem mittelständische Unternehmen zu entlasten (European Commission, 2025). Die Schwelle für eine verpflichtende ESG-Berichterstattung wurde deutlich gesenkt. Künftig betrifft sie nur noch Unternehmen mit über 1.000 Mitarbeitenden, was die Zahl der berichtspflichtigen Firmen drastisch reduziert (GT Law, 2025; ESG Today, 2025; Normative, 2025). Gleichzeitig wurde der Zeitplan gestreckt: Firmen, die ursprünglich ab 2026 hätten berichten müssen, erhalten nun eine zweijährige Fristverlängerung. Der neue Starttermin liegt bei 2028, für börsennotierte KMUs sogar bei 2029. Auch der Umfang der Berichtspflichten wurde entschlackt. Die Anzahl der verpflichtenden Offenlegungen sinkt um über die Hälfte, und mehr Fokus auf Wesentlichkeit erlaubt es Unternehmen, sich auf wirklich relevante ESG-Themen zu konzentrieren. Dies soll jedoch keine Ausrede zum Nichtstun sein oder gar ein Signal zur 180°-Kehrtwende nachhaltigem wirtschaftens. Denn trotz aller Vereinfachungen: Die politische Zielrichtung hat sich nicht geändert. Die EU hält an ihrer Nachhaltigkeitsagenda fest. ESG bleibt ein zentraler Baustein für zukunftsfähiges Wirtschaften. Investoren, Geschäftspartner und Kunden erwarten weiterhin Transparenz und Verantwortung. Kurz: Die Pflicht wurde gelockert – doch die Kür bleibt.

RegTech & Compliance – digitale Wächter der Ethik

In der europäischen Industrie gibt es drei Sorten von Menschen: die einen entwickeln Dinge, die zweiten verkaufen sie und die dritten sorgen dafür, dass niemand dabei ins Gefängnis wandert. Willkommen in der Welt von Legal & Compliance. Ein Bereich, der einst im dunklen Keller der Konzernzentrale hausierte und mit Paragrafen wedelte, ist im Zeitalter von **RegTech** ins digitale Rampenlicht getreten.

RegTech – das ist keine neue Sorte elektronischer Musik, sondern die Abkürzung für Regulatory Technology: digitale Lösungen, die Unternehmen helfen, komplexe regulatorische Anforderungen effizient und fehlerfrei umzusetzen. Und damit sind wir mittendrin im großen Feld der **Compliance**, dem wohl meist unterschätzten Bereich unternehmerischer Verantwortung. Was ist Compliance überhaupt? Kurz gesagt: das Einhalten von Regeln. Etwas ausführlicher: Compliance umfasst alle Maßnahmen, die sicherstellen, dass ein Unternehmen gesetzliche Vorgaben, interne Richtlinien und ethische Standards einhält. Und das betrifft längst nicht nur große DAX-Konzerne, sondern auch mittelständische Industriebetriebe müssen heute nachweisen, dass sie mit sauberen Händen und einer weißen Weste arbeiten. Compliance ist dabei keine starre Einheit, sondern ein bunter Strauß an Themen. Da wäre zum Beispiel die Korruptionsprävention, also der Schutz vor Bestechung, Vorteilsnahme und anderen Trickserein. Viele Unternehmen haben dafür heute klare Richtlinien für Geschenke, Einladungen und Geschäftsreisen, denn die Grenze zwischen höflich und heikel verläuft oft haarscharf. Dann gibt es die Geldwäscheprävention. Klingt nach Hollywood, ist aber knallharte Realität: Unternehmen müssen sicherstellen, dass ihre Geschäfte nicht mit kriminellen Geldern finanziert werden. Dafür braucht es Verfahren zur Kundenidentifikation – Stichwort: Know Your Customer (KYC) – sowie Systeme zur Überwachung verdächtiger Transaktionen. Auch die Sanktions- und Exportkontrolle gehört dazu: Firmen müssen prüfen, ob sie mit sanktionierten Staaten, Organisationen oder Personen Geschäfte machen. Digitale Blacklist-Prüfungen gehören inzwischen zum Alltag, gerade in der exportstarken Industrie. Ein weiterer Riese im Compliance-Kosmos ist der Datenschutz. Seit Inkrafttreten der DSGVO im Jahr 2018 herrscht hier besondere Sensibilität. Unternehmen müssen genau dokumentieren, welche personenbezogenen Daten sie speichern, warum und wie lange. Verstöße sind nicht nur teuer, sondern rufen auch Shitstorms auf den Plan. Und dann gibt es noch die Nachhaltigkeits- und Lieferketten-Compliance: Unternehmen sollen sicherstellen, dass ihre Lieferanten keine Kinder beschäftigen, keine Regenwälder abholzen und keine Umweltauflagen ignorieren. Die EU arbeitet hier mit Hochdruck an der **CSDDD – der Corporate Sustainability Due Diligence Directive**. Nicht zu vergessen: Steuer- und Bilanzierungs-Compliance, Corporate Governance, Wettbewerbs- und Kartellrecht – die Liste ließe sich fortsetzen. Kurz: Compliance ist überall. Wer glaubt, das sei nur was für Juristinnen, irrt. In der digitalen Welt ist regelkonformes Verhalten zur Managementaufgabe geworden und zu einer Frage des Vertrauens. Vom Know-Your-Customer-Verfahren über Exportkontrollen bis zu Lieferkettensorgfaltspflichten: RegTech ist das Schweizer Taschenmesser für die Rechtskonformität. Warum braucht es das? Ganz einfach: Die regulatorische Welt hat sich vervielfacht. Laut einer Studie von Thomson Reuters (2024) müssen große Industrieunternehmen heute mit über 200 regulatorischen Änderungen pro Tag (!) weltweit rechnen. Selbst für leidenschaftliche Regel-Liebhaber ist das schwer zu bewältigen. Compliance-Abteilungen geraten unter Druck und der Aufwand das Richtige zu tun, braucht Ressourcen und Engagement.

Puh! Wer wünscht sich jetzt nicht ein paar digitale Helferlein, die einem auf Knopfdruck helfen, am Weg der Tugend zu bleiben? Moderne RegTech-Plattformen wie **Alyne**, **Compendor** oder **LexisNexis Regulatory Compliance** erfassen regulatorische Änderungen automatisiert, analysieren ihre Relevanz für das eigene Geschäftsmodell und leiten konkrete To-Dos ab. So wird aus dem juristischen Dschungel ein strukturierter Pfad. Künstliche Intelligenz erkennt Muster, vergleicht Gesetzeslagen und priorisiert Risiken. Was früher mit hochgezogenen Augenbrauen gelesen wurde, erledigt heute ein Algorithmus in Sekunden.

Beispiel gefällig? Das niederländische Chemieunternehmen **DSM** nutzt eine Compliance-Plattform, die globale Gesetzesänderungen instantan scannt und automatisch an die jeweiligen Abteilungen verteilt. Wird in Kalifornien eine neue Umweltauflage verabschiedet, landet das Update per Slack-Nachricht im Posteingang des dortigen Werksleiters, inklusive Handlungsanweisung. Bürokratie? Ja. Aber bitte mit Effizienz.

Und noch ein Beispiel: In der europäischen Finanzdienstleistungsbranche hat **ING** mit einer KI-gestützten RegTech-Lösung ihre Geldwäscheprävention modernisiert. Verdachtsmomente werden nicht mehr mühsam händisch gefiltert, sondern durch neuronale Netze analysiert. Die Trefferquote hat sich verdoppelt, die False Positives halbiert. Compliance wird plötzlich sexy, oder zumindest smart.

Natürlich ersetzt Technologie nicht das Urteilsvermögen. Doch sie hilft, menschliche Ressourcen zu schonen und Kapazitäten für das Wesentliche freizusetzen: ethische Entscheidungen. Denn hinter jedem Regelsystem steckt ein Wertekanon. Und der darf nicht automatisiert werden, sondern muss verstanden, diskutiert und gelebt werden. Das bleibt Chefsache. Ebenso wichtig ist es jedoch, dass nicht nur die Führungsetage, sondern auch alle Mitarbeitenden ein klares Verständnis davon haben, was Recht ist und was Unrecht. Compliance kann nur funktionieren, wenn das Wissen darüber breit verankert ist. Genau deshalb sind Schulungen ein unverzichtbarer Bestandteil jeder Compliance-Strategie. Und auch hier hat die Digitalisierung längst Einzug gehalten: E-Learning-Plattformen, interaktive Module und spielerische Wissensabfragen helfen dabei, rechtliche Grundlagen verständlich zu vermitteln, ohne dass man dafür einen Stapel Gesetzbücher wälzen muss. Tools wie **Code of Conduct-Guides, Micro-Learning-Videos** oder **simulationsbasierte Trainings** sorgen dafür, dass Compliance nicht nur theoretisch bekannt, sondern auch praktisch anwendbar ist. Denn: Nur wer weiß, was erlaubt ist und was nicht, kann sich auch bewusst entscheiden, das Richtige zu tun.

RegTech verändert nicht nur, wie Regeln befolgt werden, sondern auch, wie sie verstanden werden. In Zeiten von EU-Lieferkettengesetz und ESG-Offenlegung wird erwartet, dass Unternehmen mehr wissen, als nur, wo ihre Rohstoffe herkommen. Sie müssen auch zeigen, wie sie sicherstellen, dass dort keine Kinder schuften oder Umweltstandards verletzt werden. Eine neue Ernsthaftigkeit zieht ein und mit ihr neue Werkzeuge. Diese Entwicklung hat aber auch ihren Preis. Laut einer Studie der Boston Consulting Group (2023) geben Industrieunternehmen heute rund 7 Prozent mehr für Compliance-bezogene Stellen aus als noch vor fünf Jahren – Tendenz steigend. Diese Kosten entstehen nicht in der Produktion, sondern im „Reporting-Overhead". Wer keine digitalen Lösungen einsetzt, zahlt doppelt: in Zeit und in Nerven.

Rechtlich bleibt es spannend: Mit der Digitalisierung steigen auch die Anforderungen an Datenschutz, IT-Governance und Nachvollziehbarkeit. Wenn KI-Systeme Entscheidungen über Menschen treffen, etwa bei internen Prüfungen oder Audit-Vorbereitungen müssen diese Systeme transparent und kontrollierbar sein. RegTech ist kein modisches Accessoire, sondern eine Notwendigkeit. Es schützt Unternehmen vor Strafen, vereinfacht Prozesse, stärkt die Integrität und befreit juristische Talente von stupider Paragrafenwälzerei. Die Zukunft gehört denen, die Regeln nicht nur kennen, sondern mit Technologie auch klug anwenden. Denn wie sagte schon der große Kant: *„Habe Mut, dich deines eigenen Verstandes zu bedienen.“* Und wenn der mal überfordert ist, hilft eine gute API.

Datensicherheit als ESG-Kriterium

In den meisten europäischen Unternehmen galt IT-Sicherheit lange als Thema für Techniknerds mit Hoodie, Badelatschen und Pizza-Flatrate. Doch spätestens seit der Datenschutz-Grundverordnung (DSGVO), Cyberattacken auf Industrieanlagen inklusive Lösegelderpressung und Millionenbußgeldern wegen fahrlässigem Datenumgang ist klar: Datensicherheit ist kein IT-Sidekick mehr, sie ist ein strategisches ESG-Kriterium (ENISA, 2024).

ESG steht für Environment, Social und Governance und was viele noch übersehen: In allen drei Bereichen spielt der Umgang mit Daten eine zentrale Rolle. Im „E“ geht es um ressourcenschonende Datenzentren, CO_2-arme Cloudlösungen und digitale Effizienz. Im „S“ um Datenschutz, Schutz der Privatsphäre und Cyberhygiene für Mitarbeitende. Und im „G“ schließlich um IT-Governance, also den strukturierten, sicheren und ethischen Umgang mit digitalen Assets. Wer also ESG ernst nimmt, muss auch über Firewalls, Backups und Verschlüsselung sprechen, so trocken das klingt. Denn kein Nachhaltigkeitsbericht, kein Whistleblower-Tool und kein digitaler Lieferkettennachweis funktioniert ohne vertrauenswürdige IT. Gerade Industrieunternehmen stehen hier vor besonderen Herausforderungen. Während Automobilkonzerne hochvernetzte Produktionssysteme betreiben und Chemieanlagen aus der Ferne steuerbar sind, nehmen auch die Angriffsflächen für Cyberattacken zu. Laut ENISA-Bericht 2024 sind

Industrieanlagen heute eines der Hauptziele von Ransomware-Angriffen, mit durchschnittlichem Schaden im zweistelligen Millionenbereich pro Vorfall (ENISA, 2024).

Doch die gute Nachricht: Datensicherheit lässt sich systematisch integrieren und ist messbar. Unternehmen wie Volvo Group (Schweden) oder Novartis (Schweiz) haben eigene ESG-KPIs für Datensicherheit eingeführt. Sie berichten über IT-Risikoanalysen, Schulungsquoten zur Cybersicherheit, Penetrationstests und Incident-Response-Zeiten – öffentlich, prüfbar, benchmarkfähig (Volvo Group, 2024; Novartis, 2024). Zudem setzen immer mehr Firmen auf Zertifizierungen wie **ISO/IEC 27001** oder **TISAX**, um ihren Reifegrad in puncto IT-Security extern zu belegen. Besonders in der Automobil- und Pharmaindustrie sind diese Standards inzwischen ein Muss. Nicht nur als Absicherung, sondern auch als Wettbewerbsvorteil in Ausschreibungen.

Psychologisch betrachtet wirkt Sicherheit oft wie ein Kostenfaktor, dabei ist sie in Wahrheit eine Vertrauensdividende. Mitarbeitende, Kunden und Investoren wollen wissen, dass ihre Daten nicht nur sicher, sondern auch verantwortungsvoll behandelt werden. Eine klare Sicherheitskultur, sichtbar im Verhalten und nicht nur in Policies, ist ein Indikator für gute Unternehmensführung. Und wie in bereits vielen Bereichen hilft auch hier die Technologie: Moderne Sicherheitstools nutzen KI, um verdächtige Muster zu erkennen, Angriffe frühzeitig zu blockieren und Schwachstellen zu identifizieren, bevor sie ausgenutzt werden. Automatisierte Audit-Protokolle erleichtern die ESG-Berichterstattung und reduzieren den Aufwand, ganz im Sinne der Governance-Kriterien.

Aber – und das ist entscheidend – Sicherheit muss gelebt werden. Ein starkes Passwort ist gut, ein geschulter Mitarbeitender ist besser. Regelmäßige Awareness-Kampagnen, Phishing-Simulationen und verpflichtende Cybertrainings gehören in jedes ESG-Programm wie der Reißverschluss zur Jacke. Denn oft ist nicht die Technik das Problem, sondern der Mensch, der versehentlich das falsche PDF öffnet. Datensicherheit ist somit kein Randthema, sondern integraler Bestandteil moderner ESG-Strategien. Wer hier spart, spart an der falschen Stelle. Nicht nur aus Angst vor Bußgeldern, sondern aus Respekt gegenüber allen, die dem Unternehmen ihre Daten anvertrauen.

Business Intelligence für nachhaltige Entscheidungen

Wenn es um Nachhaltigkeit geht, reden viele, doch nur wenige messen. Und noch weniger verstehen, was sie da eigentlich messen. **Business Intelligence** (BI) verspricht hier Abhilfe: Sie macht aus Daten Erkenntnisse, aus Erkenntnissen Strategien und aus Strategien im Idealfall echte Transformation. BI ist die Disziplin, Daten aus verschiedenen Quellen zu sammeln, zu verknüpfen, aufzubereiten und nutzbar zu machen. In der Praxis bedeutet das: Statt sich durch 23 Excel-Sheets und 15 KPIs zu quälen, sieht das Management auf einem Dashboard, was wirklich wichtig ist – inklusive Kontext, Zielabweichung und Trend.

Im Kontext von ESG kann BI zum entscheidenden Gamechanger werden. Denn ökologische, soziale und Governance-bezogene Daten sind oft über viele Abteilungen verteilt: CO_2-Verbrauch hier, Genderquote dort, Compliance-Risiken in der Ecke. BI-Systeme schaffen Verbindung, Vergleichbarkeit und, ganz wichtig, Visualisierung. Denn niemand trifft bessere Entscheidungen durch PowerPoint-Folien allein.

Ein Beispiel: Der schwedische Maschinenbaukonzern **Atlas Copco** setzt auf ein konzernweites BI-System, das ESG- und Finanzdaten integriert. So lassen sich beispielsweise Produktionsprozesse nicht nur nach Effizienz, sondern auch nach ihrem CO_2-Fußabdruck bewerten. Investitionen in neue Fertigungstechnologien werden anhand von Nachhaltigkeitskennzahlen priorisiert, mit dem Effekt, dass Umwelt- und Effizienzziele Hand in Hand gehen. Nachhaltigkeit wird dadurch zur operativen Steuerungsgröße und nicht zur PR-Phrase (Atlas Copco, 2024).

Der größte Vorteil von BI liegt aber in seiner psychologischen Wirkung. Daten schaffen Transparenz und Transparenz erzeugt Verbindlichkeit. Wer weiß, dass seine Abteilung im ESG-Dashboard rot blinkt, entwickelt ein stärkeres Verantwortungsgefühl. So wird Nachhaltigkeit nicht nur gemessen, sondern gelebt. Natürlich braucht es dafür die richtige Architektur: Datenqualität, Schnittstellen, Governance. Doch die Technik ist selten das Problem. Schwieriger ist es oft, die richtigen Fragen zu stellen. Und genau hier greift moderne künstliche Intelligenz unterstützend ein. Microsofts KI-gestützter Copilot etwa hilft dabei, auf Basis natürlicher Sprache Datenabfragen zu formulieren, komplexe Zusammenhänge zu erkennen und Empfehlungen für Handlungsoptionen zu geben. BI wird dadurch nicht nur einfacher, sondern auch intelligenter: Nutzer müssen nicht mehr wissen, *wo* sie suchen müssen. Sie sagen, *was* sie wissen wollen, und die Plattform liefert die Analyse. Das hebt Business Intelligence auf ein völlig neues Level (Microsoft, 2025a; Microsoft, 2025b).: Was wollen wir wirklich wissen? Wofür sind wir bereit, Entscheidungen zu ändern? Welche Kennzahlen sind nicht nur messbar, sondern auch sinnvoll?

Die Wissenschaft bestätigt diesen Wandel. Laut einer Studie von PwC (2024) gaben 74 Prozent der befragten europäischen Industrieunternehmen an, dass sie ESG-Daten aktiv in ihre strategische Entscheidungsfindung einbinden – Tendenz steigend (PwC, 2024). Gleichzeitig nannten viele die „mangelnde Integration" als Haupthürde: Daten gäbe es genug, doch sie schlummern unverbunden in Silos. BI bietet hier nicht nur eine technische Lösung, sondern auch eine kulturelle. Denn wer BI richtig einsetzt, verändert, wie im Unternehmen über Nachhaltigkeit gesprochen wird. Aus Bauchgefühl wird Evidenz. Aus Aktionismus wird Steuerung. Und aus Nachhaltigkeit wird ein Werkzeug.

Digitalisierung verändert dabei nicht nur Prozesse, sondern auch Menschen und das in einer Geschwindigkeit, die in manchen Unternehmen für akuten Orientierungsschwindel sorgt. Wer digitale Governance denkt, muss deshalb auch die psychologischen und organisationalen Folgen mitbedenken: Wie reagieren Mitarbeitende auf neue Kontrollsysteme, transparente KPIs und algorithmisch gestützte Entscheidungen? Was bedeutet es für Führung und Vertrauen, wenn Maschinen bei der Entscheidungsfindung mitreden? Der Mensch ist kein rationaler Datenverarbeiter. Emotionen, Erfahrungen und zwischenmenschliche Dynamiken prägen unser Verhalten, auch (oder gerade) in digitalen Systemen. Studien zeigen, dass Mitarbeitende dann besonders offen für digitale Steuerungselemente sind, wenn sie verstehen, wie diese funktionieren und welchen Zweck sie erfüllen (Kiron et al., 2023).

Transparenz, Partizipation und kontinuierliche Kommunikation sind daher der Schlüssel zur erfolgreichen Verankerung digitaler Governance in Verbindung mit BI.

Organisatorisch braucht es mehr als Technik: Change Agents, psychosoziale Begleitung, Führungskräfte mit digitaler Empathie. Denn Systeme scheitern nicht an der Software, sondern an der Kultur. Wer hingegen frühzeitig auf Dialogformate, digitale Feedbackschleifen und systematisches Onboarding setzt, gewinnt nicht nur Akzeptanz, sondern auch Kreativität und genau die braucht es, um BI nicht als Überwachung, sondern als Unterstützung zu begreifen.

Zusammenfassung: Governance Reloaded – transparente und digitale Unternehmensführung

Wer bei „Governance" immer noch an muffige Sitzungssäle, Vorstandskrawatten und seitenlange Protokolle denkt, dem sei gesagt: Willkommen im 21. Jahrhundert! Denn Governance hat sich gewandelt, von der altgedienten Hüterin der Ordnung zur digitalen Mitspielerin auf der Bühne nachhaltigen Wirtschaftens. Und das mit einer Dynamik, die selbst erfahrene Aufsichtsräte ins Grübeln bringt. Kapitel 6 dieses Buches widmet sich genau dieser Neuvermessung von Unternehmensführung: digital, datenbasiert und – das ist entscheidend – werteorientiert. Dabei wird schnell klar: Es geht nicht mehr nur darum, ob ein Unternehmen „compliant" ist. Es geht darum, wie es digitale Werkzeuge nutzt, um Verantwortung transparent zu machen und Entscheidungen zukunftsfähig zu gestalten. Die neue Governance ist nicht länger der Anker im Regelmeer. Sie ist das Navigationssystem durch die Untiefen der ESG-Welt.

Die Automatisierung des ESG-Reportings ist ein Paradebeispiel dafür. Was früher den Charme von Zahnarztbesuchen in Excel-Form hatte, läuft heute über intelligente Systeme, die Nachhaltigkeitsdaten dynamisch erfassen, auswerten und visualisieren. Plattformen wie Power BI liefern dabei nicht nur hübsche Diagramme, sondern echte Erkenntnisse. Und mit KI-Werkzeugen wie Microsoft Copilot bekommen Controller sogar Hilfe beim Denken

(Microsoft, 2025a; Microsoft, 2025b). So wird ESG von der nervigen Pflicht zur strategischen Kür.

Doch Governance ohne Ethik wäre wie ein Compliance-Officer ohne Kaffeetasse: funktional, aber traurig. Deshalb geht es in Kapitel 6 auch um die stillen Helden des Unternehmensalltags. Jene, die dafür sorgen, dass Regeln nicht nur auf Papier existieren, sondern auch gelebt werden. Compliance also. Aber eben nicht als Bürokratie-Monster, sondern als Schutzschild gegen Korruption, Geldwäsche, Cybercrime und andere unangenehme Zeitgenossen. RegTech hilft dabei, die Komplexität zu zähmen, etwa mit automatisierten Blacklist-Prüfungen oder KYC-Systemen. Doch Technik ist nur ein Teil der Wahrheit. Der andere liegt im Kopf: Nur wer weiß, was erlaubt ist und warum, kann sich bewusst für das Richtige entscheiden. Deshalb gehören Schulungen, E-Learning-Module und digitale Wissensplattformen genauso zur Compliance wie Firewalls und Passwörter. Und genau hier entfaltet die digitale Governance ihre psychologische Kraft: Sie schafft Orientierung in einem zunehmend komplexen Umfeld.

Apropos Orientierung: Auch die Datensicherheit ist längst aus dem Keller der IT-Abteilung in die Chefetagen gezogen. Denn kein ESG-System funktioniert ohne vertrauenswürdige Technik. Ob bei Cyberangriffen, Datenschutz oder digitaler Resilienz – wer hier patzt, verspielt nicht nur Kundendaten, sondern auch Glaubwürdigkeit. Unternehmen wie Volvo oder Novartis zeigen, wie man durch klare KPIs, Trainings und Zertifizierungen wie ISO 27001 Sicherheit sichtbar macht und damit Vertrauen schafft (Volvo Group, 2024; Novartis, 2024).

Doch was passiert eigentlich in den Köpfen der Menschen, wenn Governance digital wird? Wenn Dashboards über Performance entscheiden und Algorithmen mitreden? Das letzte Unterkapitel liefert eine charmante wie ernste Antwort: Es kommt auf die Kultur an. Nur wer offen kommuniziert, Beteiligung ermöglicht und Führung neu denkt, kann digitale Steuerung als Chance statt als Bedrohung etablieren. Moderne Governance ist kein Verzicht auf Kontrolle, sondern ein Gewinn an Vertrauen. Sie ist nicht das Korsett der Innovation, sondern ihr tragendes Rückgrat. Und sie ist vor allem eines: europäisch. Denn während andere auf Datenbesitz und Marktüberlegenheit setzen, stellt Europa den Menschen in den Mittelpunkt – auch (und gerade) in der digitalen Unternehmensführung. Wer das versteht, führt nicht nur gesetzeskonform, sondern zukunftsfähig.

Teil III:
Europa kanns – vom Reden ins Tun

Forschung, Start-Ups & Mittelstand – Das europäische Dreieck der Innovation

„Wer nichts verändern will, wird auch das verlieren, was er bewahren möchte." - Gustav Heinemann

Europa ist nicht das Silicon Valley. Und das ist auch gut so. Während in Kalifornien gerne mit Risikokapital, Hoodie und Hyperventilation an disruptiven Ideen geschraubt wird, geht Europa den Innovationsweg lieber mit Maß, Mitte und Mitteleuropäischer Gründlichkeit. Europa gilt vielen als der Kontinent der alten Routinen, nicht der neuen Ideen. Der Ort, an dem alles schon einmal erfunden wurde, aber bitte nicht zu schnell, nicht zu schrill und bloß nicht zu amerikanisch. Doch dieses Vorurteil greift zu kurz. Denn wer genau hinschaut, entdeckt ein Europa, das keineswegs in der Nostalgie verstaubter Patente erstarrt ist, sondern klug, vielfältig und kooperativ an der Zukunft arbeitet. Nicht im Alleingang, sondern im **Dreiklang: Forschung, Start-ups und Mittelstand** bilden das strategische Fundament für eine innovationsgetriebene, aber sozial eingebettete Industriepolitik. Während im Silicon Valley die Geschwindigkeit zählt und in China oft die staatliche Marschrichtung, setzt Europa auf das Prinzip der **vernetzten Innovation**. Ein Forscherteam an der TU Delft entwickelt eine neue Methode zur Wasserstoffspeicherung, ein Spin-off in Barcelona macht daraus ein marktfähiges Produkt und ein Maschinenbauer in der Emilia-Romagna integriert es in seine Produktion. Voilà: Das europäische Innovationsdreieck in Aktion. Das ist nicht immer sexy, aber meistens nachhaltig.

Zugegeben, Europas Innovationsstil ist nicht immer medienwirksam. Statt knalliger Buzzwords wie „unicorn", „pivot" oder „disrupt", hört man hier häufiger „Skalierbarkeit", „Anwendungsreife" oder „Konsortialantrag". Aber das hat auch Vorteile: Denn Europas Industrie denkt in Jahrzehnten, nicht in Quartalen. Und Innovationspolitik ist nicht nur ein Spiel der Start-ups, sondern ein Orchester, in dem die Forschungsinstitute, Gründer und der industrielle Mittelstand gemeinsam musizieren – manchmal dissonant, aber meistens im Takt.

Der französische Ökonom Philippe Aghion nennt das **„geführte Innovation“**: Ein Zusammenspiel zwischen Markt, Staat und Wissenschaft, das radikale wie inkrementelle Veränderungen ermöglicht, ohne dabei das gesellschaftliche Gleichgewicht zu verlieren. Ein Modell, das Europa nicht nur stabil, sondern zukunftsfähig macht. Dahinter steckt die einfache, aber wirkungsvolle Idee, dass erfolgreiche technologische Erneuerung nicht im freien Marktchaos entsteht, aber auch nicht durch zentralistische Planung. Stattdessen braucht es ein fein austariertes Zusammenspiel von drei Kräften: dem Markt, dem Staat und der Wissenschaft. Der Markt sorgt für Wettbewerb, kreative Unruhe und Unternehmergeist, also für das berühmte „Trial and Error“, das aus guten Ideen großartige Geschäftsmodelle macht. Der Staat wiederum schafft die nötige Infrastruktur, Sicherheit und Richtung: Er finanziert Grundlagenforschung, reguliert Technologien mit Weitblick und gleicht soziale Folgen aus. Und die Wissenschaft? Sie liefert das Rohmaterial: Wissen, Talente und Technologien, die noch nicht marktfähig, aber hochpotent sind. Zusammen ergeben diese drei Akteure kein starres System, sondern ein dynamisches Innovationsökosystem, das gleichzeitig kreativ, robust und legitimiert ist. Aghion beschreibt dieses Zusammenspiel als eine Art institutionelle Symphonie: Jede Stimme ist wichtig, aber erst im Zusammenspiel entsteht Fortschritt. Europa, so seine These, sei besonders gut darin, genau dieses Gleichgewicht zu halten (Aghion et al., 2021). Nicht zuletzt, weil hier die Forschungslandschaft stark ist, der soziale Zusammenhalt zählt und politische Steuerung als *koordinierende Kraft*, nicht als Bremsklotz verstanden wird.

Mit Programmen wie dem **European Innovation Council** (EIC) oder den **Important Projects of Common European Interest** (IPCEI) hat die EU in den letzten Jahren ein Innovations-Ökosystem aufgebaut, das Forschung, Gründung und industriellen Einsatz systematisch verbindet (European Commission, 2023). Der Fokus liegt nicht nur auf Digitalisierung oder grüner Transformation, sondern gerade auch auf der Verknüpfung von neuen Technologien mit Europas wirtschaftlichem Rückgrat – dem produzierenden Gewerbe. Und genau hier zeigt sich die Stärke des Dreiecks: Die Grundlagenforschung bringt das Know-how, die Start-ups sorgen für Dynamik, der Mittelstand für Skalierung und Marktzugang. Das ist keine Theorie, sondern Praxis. Zum Beispiel in Clustern wie **“Silicon Saxony”** rund um

Dresden, in der **"EnergieRegion"** der Niederlande oder im **"BioRN"-Netzwerk** in der Rhein-Neckar-Region.

Natürlich funktioniert das nicht immer reibungslos. Die Kluft zwischen Universität und Unternehmensgründung ist oft größer als der Ärmelkanal. Fördermittelanträge lesen sich bisweilen wie mittelalterliche Rätselverse. Und der eine oder andere Mittelständler glaubt noch immer, Digitalisierung beginne beim papierlosen Faxgerät. Aber: Europa lernt. Und es lernt schnell. In Estland läuft das E-Government wie ein Start-up, in Schweden pilotieren Mittelständler KI-gestützte Produktionssysteme, und in Österreich entstehen aus Forschungskooperationen weltweit gefragte Umwelttechnologien. Wie der Innovationsforscher Joseph A. Schumpeter schon Anfang des 20. Jahrhunderts feststellte, braucht es für wirtschaftlichen Wandel immer auch institutionelle Vielfalt und gesellschaftliche Stabilität. Beide Merkmale, die Europa traditionell auszeichnen (Schumpeter, 1934). Das Innovationsdreieck ist also kein Zufall, sondern Ausdruck eines bewährten europäischen Entwicklungspfads.

In diesem Kapitel nehme ich Sie mit auf eine Reise durch Europas kluge Köpfe, mutige Gründer und zupackende Mittelständler. Wir schauen in Labore, durchleuchten Geschäftsmodelle und werfen einen schelmischen Blick auf Förderformulare. Und ich zeige: Innovation in Europa ist nicht nur Hightech, sondern auch Handwerk, nicht nur Deeptech, sondern auch Denkfleiß.

Hirn, Herz und Hand – Wie Europas Forschung den Puls der Industrie fühlt

Im europäischen Maschinenraum der Ideen sitzt die Forschung nicht im Elfenbeinturm. Sie trägt Sicherheitsschuhe, spricht mit Ingenieurinnen und denkt über Lösungen nach, bevor überhaupt jemand das Problem bemerkt hat. Europas Forschungslandschaft mag nicht laut sein, dafür ist sie gründlich, exzellent und erstaunlich anwendungsnah. Und sie bildet das Rückgrat unseres Innovationsdreiecks: ohne Hirn keine Hand und auch kein Start-up. Ob Energiewende, Kreislaufwirtschaft, Biotechnologie oder Quantentechnologie: An Instituten wie der **Fraunhofer-Gesellschaft**, **CEA-Leti** in Frankreich oder **IMEC** in Belgien wird täglich daran geforscht, wie man aus Erkenntnis Wirkung macht. Anders als oft vermutet, geht es hier nicht nur um abstrakte Grundlagen, sondern vor allem um das, was die Industrie wirklich braucht: Technologiereife, Prozessoptimierung und zukunftsfähige Materialien (Dosi, 1988).

Nehmen wir das Beispiel Wasserstofftechnologie: Während in Südkorea und Japan milliardenschwere Industriekonsortien an Tanks und Turbinen tüfteln, vernetzen sich in Europa Dutzende Forschungseinrichtungen, um gemeinsam Standards, Sicherheitsanforderungen und Herstellungsverfahren zu entwickeln. Nicht schneller, aber smarter, denn das ist der europäische Stil. In Frankreich etwa arbeitet das **CEA** nicht nur an Wasserstoffspeicherung, sondern auch an deren Integration in bestehende Industrieprozesse (CEA, 2022). Und in Deutschland geht es mit Fraunhofer und der **Helmholtz-Gemeinschaft** direkt in die Anwendung: von der Pilotanlage zur Produktionsstraße. Das Erfolgsgeheimnis liegt dabei in der Nähe zur Anwendung: Viele europäische Forschungseinrichtungen arbeiten nicht nur interdisziplinär, sondern auch intersektoral. Die Wissenschaft geht zu den Unternehmen, nicht umgekehrt. Im Bereich Maschinenbau etwa bringt das „Fraunhofer-Institut für Produktionstechnik und Automatisierung (IPA)“ regelmäßig mittelständische Unternehmen mit neuesten Erkenntnissen aus der Robotik und KI zusammen, inklusive Testlabors und Demonstrationsfabriken. Diese Struktur ist weltweit einzigartig: Europa hat kein einheitliches Innovationszentrum wie das MIT, sondern ein dichtes Netz an Exzellenz. Man könnte sagen: Nicht ein Leuchtturm, sondern ein Lichtermeer. Und genau darin liegt eine Stärke: Während andere auf einzelne Superzentren setzen, ermöglicht Europa regionale Spezialisierung, und zwar dort, wo die Expertise sitzt. Biotechnologie in Deutschland, Halbleiter in den Niederlanden, nachhaltige Baustoffe in Österreich. Innovation folgt hier nicht der Macht, sondern dem Können.

Ja, Grundlagenforschung klingt erstmal trocken. Aber sie ist der Stoff, aus dem die Transformationen sind. **CRISPR**, **mRNA-Impfstoffe**, **Quantenkryptografie** – vieles davon begann als unscheinbares Laborprojekt, meist in universitären Kontexten. Die große Kunst Europas besteht darin, genau diese Projekte frühzeitig zu erkennen und strategisch zu fördern. Programme wie der **European Research Council (ERC)** oder das **Marie Skłodowska-Curie-Programm** unterstützen herausragende Köpfe mit mutigen

Ideen. Und das zahlt sich aus: In den internationalen Rankings für wissenschaftliche Qualität und Zitierhäufigkeit sind europäische Institute ganz vorne dabei (ERC, 2023). Was oft fehlt, ist nicht die Idee, sondern der Anschluss an Markt und Anwendung. Also Grundlagenforschung, ja! Daraus ein Marktfähiges Produkt entwickeln, eher schwierig. Genau deshalb ist die enge Verzahnung mit Start-ups und Mittelstand so wichtig, doch dazu kommen wir später noch einmal.
Die Vorstellung, dass europäische Forschung langsam, teuer und praxisfern sei, hält sich hartnäckig, ist aber längst widerlegt. Klar, ein Drittmittelantrag bei Horizon Europe ist keine kreative Fingerübung. Aber wenn man sich die Ergebnisse anschaut, lohnt sich der Aufwand: Low-Carbon-Zement, 3D-gedruckte Organe, Recyclingverfahren für kritische Rohstoffe – alles „Made in Europe". Und oft finanziert mit EU-Geldern, die nicht nur die Forschung, sondern auch deren Transfer in die Industrie ermöglichen (European Commission, 2023). Europäische Forschung ist also kein Selbstzweck, sondern ein kraftvoller Hebel für industrielle Innovation. Oder, um es etwas spitzbübisch zu sagen: Während andere Länder lieber das nächste große Ding erfinden, tüftelt Europa daran, wie man das letzte große Ding endlich marktreif bekommt.

Start-up trifft Schraubenschlüssel

Wenn man „Start-up" hört, denken viele an hippe Großraumbüros mit Gratispizza, Investorenpitches in Turnschuhen und PowerPoint-Folien voller Weltrettung. Doch die europäische Realität sieht oft anders aus: Der Gründer heißt manchmal Gerhard, ist gelernter Schweißer und hat gerade ein Sensorpaket für Schweißroboter entwickelt, das Energie spart. Und seine Garage steht nicht im Silicon Valley, sondern in einem Gewerbepark bei Linz. Willkommen in der europäischen Start-up-Kultur: weniger Hype, mehr Handwerk. Weniger „Fake it till you make it", mehr „Build it till it works". Und genau darin liegt ihre Stärke. Oder wie es die EU-Kommissarin für Wettbewerb und Digitalisierung so passend ausgedrückt hat: *„In Europa gründen wir keine Start-ups, um Milliardäre zu werden, sondern um Probleme zu lösen."*

Europäische Start-ups sind selten reine Softwareunternehmen mit globaler Skalierungsphantasie. Viel häufiger handelt es sich um technologieorientierte Ausgründungen aus Hochschulen, Forschungszentren oder dem industriellen Mittelstand. Ihre Ideen drehen sich nicht um die nächste Social-Media-Plattform, sondern um neue Materialien, energieeffiziente Fertigung, Medizintechnik oder Automatisierungslösungen. Sie entwickeln Sensorik für die Bauindustrie, KI für Wartungssysteme im Maschinenbau oder nachhaltige Kühlverfahren für Chemieanlagen. Kurz: Sie machen Dinge, die wirklich gebraucht werden. Und die nicht ganz so leicht auf TikTok viral gehen.

Das bedeutet allerdings auch: Kapitalbeschaffung ist schwieriger, Skalierung braucht länger, und der Markt ist oft konservativer. Trotzdem (oder gerade deshalb) finden viele dieser Start-ups stabile Nischen und wachsen langsam, aber robust. Manche werden sogar zu sogenannten **„Zebra-Unternehmen"**: Start-ups, die wirtschaftlich tragfähig, sozial verträglich und ökologisch nachhaltig wirtschaften wollen, ganz ohne Wachstumswahn (Kikuchi et al., 2020).

Natürlich ist Gründen in Europa kein Spaziergang. Wer hier innovativ sein will, braucht nicht nur eine gute Idee, sondern auch einen Stapel ausgefüllter Formulare. Der „European Innovation Council" (EIC) und Programme wie **„EIC Accelerator"** oder **„EIT InnoEnergy"** bieten zwar Millionenbeträge für technologieorientierte Gründer, doch der Weg dorthin ist ungefähr so übersichtlich wie ein Förderatlas bei Nacht (European Commission, 2023). Einige Länder in Europa haben das erkannt und clever gegengesteuert: Estland bietet in wenigen Klicks Gründungen an, Österreich punktet mit enger Start-up-Politik auf Landesebene, und die Niederlande vernetzen ihre Tech-Hubs über Regionen hinweg zu einem echten Gründerökosystem. In Deutschland wiederum wächst rund um München, Aachen oder Berlin eine neue Generation von Gründerinnen heran, die nicht aus Frust über Großkonzerne, sondern aus Forschung und Fachwissen heraus gründen.

Was viele europäische Start-ups von ihren US-Pendants unterscheidet, ist ihr Verhältnis zur Industrie. Während im Silicon Valley die Start-up-Karriere oft mit dem Exit endet, also dem schnellen Verkauf an einen großen Techkonzern, arbeiten europäische Gründerinnen häufig bewusst mit etablierten Unternehmen zusammen. Sie nutzen industrielle Netzwerke,

Produktionskapazitäten und Vertriebskanäle – nicht als Notlösung, sondern als Strategie.

Beispiel: Ein Start-up aus Dänemark entwickelt ein Verfahren zur CO_2-neutralen Betonherstellung und kooperiert von Anfang an mit einem mittelständischen Bauzulieferer. Ergebnis: schneller Marktzugang, realistische Skalierung, und weniger Burnout im Gründerteam. Das heißt nicht, dass es in Europa keine „Unicorns" gibt. Doch oft sind die eigentlichen Erfolgsgeschichten leiser, langlebiger und lokal verankert. Es geht nicht um die Milliardenbewertung, sondern um funktionierende Geschäftsmodelle.

Europa zeigt: Man kann auch dann innovativ sein, wenn man nicht im Hoodie rumläuft. Es entstehen Firmen, die Schweißtechnik mit Datenanalyse verbinden, Landwirtschaft mit IoT oder Pharmaforschung mit KI-gestützter Diagnostik. Und sie tun das mitten in der Industrie, nicht als Parallelwelt im Tech-Kosmos. Es ist dieses Zusammenspiel von Forschung, Unternehmertum und industrieller Anwendung, das Europas Start-ups besonders macht. Sie sind Bindeglied und Beschleuniger zugleich und sie zeigen: Innovation braucht nicht nur einen Businessplan, sondern oft auch einen Werkstattplan.

Oder, wie es Mariana Mazzucato so treffend formulierte: *„Innovationen müssen nicht laut sein – sie müssen funktionieren."* (Mazzucato, 2013)

Der unterschätzte Riese – Warum der Mittelstand Europas Innovationsgeheimwaffe ist

Während Konzerne Presseabteilungen und Start-ups Pitchdecks haben, hat der Mittelstand etwas anderes: Geduld, Expertise und einen klaren Blick auf den Kunden. Und genau das macht ihn zu einem der effektivsten Innovationsmotoren Europas, auch wenn er selten darüber spricht. Denn wenn es um Innovation geht, denkt man gerne an flackernde Bildschirme, junge Gründer mit Kaffeebechern und futuristische Labore. Was man seltener sieht: den Ziegelhersteller in Österreich, der seine Produktion mit KI steuert. Oder den Pumpenbauer aus Dänemark, der ein globales Forschungsnetzwerk betreibt. Willkommen im Mittelstand – der leisen Innovationsmacht Europas.

Der Begriff „Hidden Champions“ stammt vom deutschen Ökonomen Hermann Simon (Simon, 2012) und beschreibt mittelständische Unternehmen, die in ihrem Segment Weltmarktführer sind, aber außerhalb ihrer Branche kaum jemandem ein Begriff. Europa hat davon erstaunlich viele: Ob Maschinen für Käsereien, Hightech-Schrauben oder Laborzentrifugen. Irgendwo zwischen Schwarzwald, Piemont und dem französischen Jura sitzt wahrscheinlich der Weltmarktführer für genau das. Diese Unternehmen zeichnen sich nicht durch große Sprüche, sondern durch konsequente Innovation aus: Sie investieren überdurchschnittlich viel in Forschung & Entwicklung, arbeiten eng mit Fachhochschulen oder Instituten zusammen und verbessern ständig ihre Produkte, Prozesse und Services. Nicht disruptiv, sondern inkrementell. Nicht laut, aber wirksam. Denn Veränderung bedeutet nicht zwangsläufig Fortschritt, aber um sich zu verbessern, ist Veränderung unumgänglich.

Was den Mittelstand so besonders macht, ist die enge Verzahnung von Wissen und Anwendung. Die Person, die die Maschine bedient, hat oft direkten Draht zur Entwicklungsabteilung. Und die Entwicklung sitzt meistens nicht in einem Glaspalast, sondern zwei Türen weiter im gleichen Gebäude.

Dadurch entsteht ein Innovationsmodell, das keine Prototypen für PowerPoints baut, sondern Lösungen für reale Probleme. Neue Werkstoffe, effizientere Prozesse, bessere Energieausnutzung, alles mit dem Ziel, wettbewerbsfähig und gleichzeitig ressourcenschonend zu bleiben. In der Bauwirtschaft bedeutet das: digitale Planungstools und nachhaltige Baustoffe. In der Chemie: geschlossene Wertstoffkreisläufe. Im Maschinenbau: predictive maintenance, statt regelmäßiger Stillstand. Der Mittelstand ist dabei selbst kein Forschungslabor, aber ein exzellenter Anwendungspartner. Deshalb entstehen viele erfolgreiche Innovationen gerade im Zusammenspiel mit Start-ups und Forschungseinrichtungen, etwa im Rahmen von regionalen Clustern, europäischen Programmen oder direkten Industriekooperationen.

Ein wichtiger, oft unterschätzter Innovationsfaktor: **Eigentumsverhältnisse.** Viele mittelständische Betriebe in Europa sind familiengeführt und das oft in der dritten oder vierten Generation. Das bedeutet: Kein Exit-Druck. Keine Quartalszahlen-Hektik. Sondern langfristige Entscheidungen, werteorientierte Führung und Mitarbeiterbindung als Teil der Strategie. Diese langfristige Perspektive fördert nachhaltige Innovationen von der Ausbildung eigener

Fachkräfte bis zur Investition in klimaneutrale Produktionsverfahren. So setzt etwa der familiengeführte Maschinenbauer **Trumpf** auf energieeffiziente Lasertechnologie und betreibt Forschung an der Schnittstelle zwischen Digitalisierung und Nachhaltigkeit, mit eigenen Innovationslaboren und engen Hochschulkooperationen (Trumpf, 2023). Auch der Bauchemie-Spezialist **MC-Bauchemie**, ein in zweiter Generation geführtes Unternehmen aus Nordrhein-Westfalen, entwickelt emissionsarme Produkte und nachhaltige Betonzusatzstoffe (MC-Bauchemie, 2023).

Manche halten den Mittelstand für technologiefern, weil in manchen Betrieben noch das Faxgerät an der Wand hängt. Das kann auch nicht zur Gänze abgestritten werden. Doch was übersehen wird: Wenn neue Technologien einen echten Nutzen bringen, ist der Mittelstand oft schneller als Konzerne oder Start-Ups. Denn die Entscheidungswege sind kurz, der Wille zur Umsetzung hoch und das Kapital vorhanden. Und die Geschäftsführung? Die versteht oft selbst am besten, was sie da entscheidet. KI, 3D-Druck, Cloudlösungen oder Plattformstrategien – all das wird bereits heute im Mittelstand eingesetzt. Und zwar nicht wegen des Trends, sondern wegen des Nutzens. Oder, wie Frau Gerda aus der Buchhaltung es ausdrücken würde: *„Ich muss nicht wissen, wie's heißt oder wer es erfunden hat – ich muss wissen, was es bringt."* Der europäische Mittelstand ist keine romantische Erinnerung an die Wirtschaftswunderjahre. Er ist anpassungsfähig, tief vernetzt und hoch motiviert für Innovation, wenn es Sinn stiftet. In der Logik des Innovationsdreiecks stellt er das dar, was jede große Idee braucht, um Wirkung zu entfalten: **Stabilität, Skalierung und Umsetzungskompetenz.** Ohne ihn bleibt so manche geniale Erfindung genau das – eine Idee.

Zusammenfassung: Forschung, Start-Ups & Mittelstand – das Europäische Dreieck der Innovation

Forschung, Start-ups und Mittelstand – wir haben sie einzeln kennengelernt, als kraftvolle Bausteine europäischer Innovationsfähigkeit. Doch die eigentliche Magie entsteht nicht im Einzelnen, sondern im **Miteinander**. Genau das ist die Idee hinter dem „**Europäischen Dreieck der Innovation**": ein funktionierendes Kooperationsmodell, das aus drei sehr unterschiedlichen Akteuren ein hochleistungsfähiges Innovationssystem macht. Und ja, manchmal braucht es dafür ein bisschen europäische Geduld und eine sehr große Excel-Tabelle.

In anderen Weltregionen dominiert entweder der Markt (USA), der Staat (China) oder einzelne Großkonzerne (Südkorea). Europa hingegen setzt auf Vernetzung. Nicht, weil es einfacher ist, sondern, weil es demokratischer, widerstandsfähiger und nachhaltiger ist. Das europäische Innovationsmodell basiert auf dem Prinzip der gegenseitigen Ergänzung:

- **Die Forschung** liefert das Wissen und die Grundlagen.
- **Start-ups** bringen Tempo, Mut und neue Geschäftsmodelle.
- **Der Mittelstand** sorgt für Skalierung, Stabilität und Marktzugang.

Kein Teil funktioniert für sich allein optimal, gemeinsam jedoch bilden sie ein System, das nicht nur neue Produkte schafft, sondern auch gesellschaftliche Verantwortung übernimmt.

Man sieht dieses Modell besonders gut dort, wo alle drei Akteure physisch oder organisatorisch eng zusammenarbeiten: in Innovationsclustern, Tech-Hubs oder Reallaboren. Regionen wie Baden-Württemberg, Katalonien, Skåne in Südschweden oder die Region um Eindhoven zeigen, wie das Dreieck ganz konkret funktioniert: Eine Universität entwickelt eine neue Sensorik, ein Start-up bringt sie in die Anwendung und ein Mittelständler integriert sie in seine Fertigung. Das ist keine Romantik, sondern Praxis. Und oft beginnt alles ganz unspektakulär mit einem Kaffee auf einer Netzwerkveranstaltung, einem Innovationsgutschein vom Bund oder einer EU-Förderung für kooperative Projekte. So entstand zum Beispiel im **BioRN-Cluster** um Heidelberg eine Kooperation zwischen einem Universitätsinstitut, einem Biotech-Start-up und einem familiengeführten Pharmazulieferer. Ergebnis: ein neues Diagnoseverfahren für seltene Erkrankungen vom Labor in die Klinik, dank Dreieckslogik (Gabriel, 2020).

Natürlich passiert das nicht von allein. Die EU spielt eine wichtige Rolle als Moderator und Finanzierer dieser Zusammenarbeit. Programme wie Horizon Europe, der European Innovation Council (EIC), EIT Knowledge & Innovation Communities (KICs) oder die IPCEI-Initiativen (Important Projects of Common European Interest) zielen genau darauf ab, dieses Zusammenspiel zu stärken. Durch Förderung von interdisziplinären, grenzüberschreitenden und sektorübergreifenden Kooperationen (European Commission, 2023). Man könnte sagen: Wenn es irgendwo auf der Welt eine Institution gibt, die die Fähigkeit hat, Forschung, Markt und Mittelstand in einem 38-seitigen Förderantrag zu vereinen, dann ist es Europa. Im Kern funktioniert das europäische Innovationsdreieck wie ein intelligentes Netzwerk: Forschung denkt vor, Start-ups denken quer, der Mittelstand denkt weiter. Diese kombinierte Denkleistung macht es möglich, dass Innovation nicht nur technologisch anspruchsvoll ist, sondern auch gesellschaftlich anschlussfähig.

Denn Europas Stärke liegt nicht nur in seinen Ideen, sondern darin, was es aus ihnen macht. Und vor allem: *mit wem*. Der Innovationsprozess wird hier nicht als Ego-Show inszeniert, sondern als gemeinsame Verantwortung verstanden. Vielleicht etwas langsamer. Aber auch robuster, gerechter und oft sogar klüger.

Oder, um es europäisch-pragmatisch zu sagen: Während anderswo Innovation eine Rakete ist, ist sie bei uns ein stabil gebautes Dreieck – mit Rücksicht auf Windlast und Tragfähigkeit. Das „Europäische Dreieck der Innovation“ ist mehr als ein hübsches Bild. Es ist eine real gelebte Struktur, die Europas Zukunftsfähigkeit ausmacht. In einer Welt, die zunehmend auf Extreme setzt, geht Europa einen anderen Weg: vernetzt statt zentralisiert, langfristig statt kurzfristig, verantwortungsvoll statt hype-getrieben.

Und das ist – bei aller Komplexität – vielleicht der innovativste Weg von allen.

Was europäische Industrieunternehmen jetzt brauchen

„Wir dürfen nicht nur auf das reagieren, was auf uns zukommt. Wir müssen selbst die Richtung bestimmen."
– Christine Lagarde, Präsidentin der Europäischen Zentralbank

„Die Zukunft kommt nicht – sie wird gemacht." Dieser Satz mag wie eine Plattitüde klingen, aber für die europäische Industrie ist er 2025 mehr Überlebensstrategie als Kalenderweisheit. Zwischen geopolitischen Spannungen, Klimakrise und einem technologischen Wandel, der eher einem Raketenstart als einer gemütlichen Zugfahrt gleicht, stehen die Unternehmen des europäischen Kontinents vor einer doppelten Herausforderung: Sie müssen gleichzeitig stabil und beweglich sein. Stabil genug, um Krisen zu überstehen. Beweglich genug, um Chancen zu ergreifen, bevor sie im Transrapid nach Shanghai verschwinden (Pisano & Shih, 2012). Die Ausgangslage ist widersprüchlich: Europas industrielle Basis ist nach wie vor eine der stärksten der Welt, geprägt von Ingenieurskunst, Qualitätsstandards und einer tiefen Einbettung in soziale Marktwirtschaft (Aiginger & Rodrik, 2020). Gleichzeitig kämpfen viele Unternehmen mit einer Innovationslücke, Fachkräftemangel und einer zunehmenden regulatorischen Komplexität, die nicht selten mehr Ressourcen bindet als Forschung und Entwicklung zusammen (McKinsey, 2023). Wer sich in diesem Umfeld behaupten will, braucht nicht nur neue Technologien, sondern auch ein neues Mindset.
Denn der globale Wettbewerb ist längst kein 100-Meter-Sprint mehr, sondern ein Triathlon unter Extrembedingungen: Neben dem klassischen Rennen um Kostenführerschaft und Qualität sind nun Nachhaltigkeit und digitale Souveränität als Pflichtdisziplinen hinzugekommen (Porter & Heppelmann, 2015). Unternehmen, die glauben, sich nur auf ihre traditionellen Stärken verlassen zu können, verkennen, dass industrielle Wertschöpfung heute in Plattformen, Datenökosystemen und resilienten Liefernetzen gedacht wird und nicht mehr allein in Tonnen, Stückzahlen und Fertigungstakten. Zudem verschiebt sich die Rolle der Industrie in der Gesellschaft. Sie ist nicht länger nur Produzent von Gütern, sondern wird zunehmend als Treiber gesellschaftlicher Transformation gesehen – von der Energiewende über

Kreislaufwirtschaft bis zur Qualifizierung der Arbeitskräfte von morgen (European Commission, 2023). Dieser Erwartungswandel ist Fluch und Segen zugleich: Fluch, weil er zusätzliche Verantwortung und Investitionsdruck bedeutet. Segen, weil er neue Märkte und Relevanz sichert. Vorausgesetzt, man nimmt diese Rolle ernst. Kurz gesagt: Was europäische Industrieunternehmen jetzt brauchen, ist mehr als eine Einkaufsliste an Technologien. Es geht um eine strategische Neuausrichtung, die Technik, Talente und Tempo gleichermaßen integriert und das in einem kulturellen Rahmen, der Fehler erlaubt, Experimente fördert und Kooperationen belohnt (Pisano, 2019). Oder, um es etwas bildhafter zu sagen: Europa muss vom geduldigen Uhrmacher zum agilen Orchesterleiter werden. Die Uhr läuft weiter, aber das Tempo geben wir selbst vor.

Vom Krisenmodus in den Gestaltungsmodus – Mut ist die knappste Ressource

Europa liebt seine Krisen. Vielleicht ein bisschen zu sehr. Ob Wirtschaftskrise, Eurokrise, Flüchtlingskrise, Energiekrise, Pandemie – wir haben inzwischen eine beeindruckende Erfahrung darin gesammelt, Probleme aus allen Richtungen zu analysieren, sie in Kommissionen zu diskutieren und am Ende ein 400-seitiges Whitepaper darüber zu verfassen. Was wir weniger gut können: den Schalter umlegen. Den Moment finden, an dem aus Krisenmanagement wieder Zukunftsgestaltung wird. Genau hier liegt die Herausforderung und genau hier zeigt sich: Mut ist die knappste Ressource, die europäische Industrieunternehmen derzeit haben. Denn nüchtern betrachtet ist der Dauerkrisenmodus ein Innovationshemmnis erster Klasse. Er verführt dazu, auf Sicht zu fahren, Investitionen zu verschieben und Risiken zu meiden (OECD, 2022). Dabei zeigen Studien klar: Unternehmen, die auch in Krisenzeiten offensiv investieren – in Technologie, neue Geschäftsmodelle und Märkte – schneiden langfristig deutlich besser ab als jene, die sich auf reines Kostenmanagement zurückziehen (McKinsey, 2020). Man könnte sagen: Wer im Sturm nur die Segel einholt, treibt irgendwann manövrierunfähig vor sich hin.

Historisch gesehen ist Europa nicht arm an Transformationsphasen. Vom Wiederaufbau nach dem Zweiten Weltkrieg über die Ölkrisen der 1970er-Jahre bis zum Binnenmarktausbau in den 1990ern. Jedes Mal stand der Kontinent vor der Wahl: defensive Stabilisierung oder mutige Neuausrichtung. Oft haben wir uns für einen Mix entschieden, was sicher klingt, aber nicht immer der Wachstumsbeschleuniger war, den wir gebraucht hätten (Aiginger, 2016).

Heute verschärft sich die Lage: Lieferketten sind fragiler denn je, geopolitische Rivalitäten verschieben Marktlogiken, und der Klimawandel ist nicht mehr eine ferne Sorge, sondern eine tägliche Kostenposition. Das reicht vom Hochwasserschutz in den Niederlanden bis zu Hitzeschäden an Schienen in Spanien (European Environment Agency, 2023). Die Reaktion vieler Unternehmen? Erstmal abwarten. Die Europäische Investitionsbank (EIB) hat 2023 ermittelt, dass knapp 40 Prozent der europäischen Industrieunternehmen geplante Investitionen in neue Anlagen oder Technologien verschoben haben „wegen unsicherer Rahmenbedingungen" (EIB, 2023). Das ist verständlich. Aber es ist auch gefährlich.

Interessanterweise zeigt sich in der Empirie: Größe allein schützt nicht. Laut einer Analyse des Fraunhofer ISI zu Krisenreaktionen in der Automobil- und Maschinenbauindustrie (2022) waren es oft mittelständische Unternehmen, die in der Pandemiezeit schneller auf Digitalisierung und Nachhaltigkeit umstellten als Konzerne mit milliardenschweren Rücklagen. Warum? Weil sie mussten. Wer nicht schnell reagierte, war raus. Bedeutete: Lieferverträge weg, Kundenbindung verloren, Fachkräfte abgewandert.

Ein Beispiel: Ein süddeutscher Maschinenbauer mit 300 Mitarbeitern investierte mitten im Lockdown in einen digitalen Showroom und Live-Demonstrationen seiner Anlagen via Augmented Reality. Das kostete zunächst mehr Mut als Geld, brachte aber einen Auftragsschub aus Asien, während Wettbewerber noch auf Messen warteten, die nie stattfanden. *„Wir hatten keine andere Wahl, als schnell zu werden. Das war unser Überlebensmodus und hat uns am Ende in den Gestaltungsmodus katapultiert"*, so der Geschäftsführer (zit. in VDMA, 2022).

Das Paradoxe: Europäische Unternehmen sind oft technologisch exzellent, aber kulturell risikoscheu. Der „Global Risk Report“ des World Economic Forum (2023) zeigt, dass Manager in Europa Risiken im Schnitt doppelt so hoch einschätzen wie ihre Kollegen in Nordamerika und daraus entsprechend konservativere Investitionsentscheidungen ableiten. In einer Welt, in der technologische Zyklen kürzer werden und Märkte volatiler sind, ist diese Vorsicht ein Wettbewerbsnachteil. Die Verhaltensökonomie kennt dafür einen Begriff: „Loss Aversion“ (Kahneman & Tversky, 1979) – die Angst vor Verlusten wiegt schwerer als die Aussicht auf Gewinne. Übertragen auf die Industrie heißt das: Wir fürchten den Fehltritt mehr als wir den Durchbruch wollen. Oder, wie es ein britischer CEO einmal trocken formulierte: *„In Europa braucht es drei Business Cases, um etwas zu starten und einen einzigen kritischen Kommentar, um es zu beenden.“*

Doch wie kommt man aus dieser Falle raus? Die Forschung gibt Hinweise. Erstens: Krisenstrategien müssen bewusst zwischen kurzfristiger Stabilisierung und langfristiger Transformation unterscheiden. Wer nur auf Sofortmaßnahmen setzt, verpasst den strategischen Hebel (Reeves et al., 2020). Zweitens: Es braucht einen klaren „North Star“ – ein strategisches Ziel, das über Krisen hinaus Orientierung gibt. Drittens: Führungskräfte müssen Mut institutionalisieren, etwa durch Innovationsbudgets, die auch in schlechten Zeiten nicht gekürzt werden dürfen (HBR, 2021).

Der Übergang in den Gestaltungsmodus gelingt vor allem jenen Unternehmen, die frühzeitig auf Megatrends setzen, statt reaktiv zu bleiben. Siemens etwa hat während der Energiekrise nicht nur kurzfristig Gasverbrauch reduziert, sondern parallel massiv in Wasserstoff- und Speichertechnologien investiert, in der klaren Erwartung, dass diese Felder künftige Wachstumsmotoren sind (Siemens AG, 2023). Ähnlich agierte BASF, das mitten in den Turbulenzen des Gasmarktes die Kreislaufwirtschaft als strategischen Kern ausbaute. Die Boston Consulting Group (2022) untersuchte 1.200 Unternehmen weltweit und fand: Firmen, die in Krisen proaktiv investierten, erzielten im Schnitt 14 Prozent höhere Gesamtaktionärsrenditen über fünf Jahre als rein defensive Wettbewerber. Besonders ausgeprägt war dieser Effekt in Branchen mit hohem Innovationsdruck, also genau dort, wo europäische Unternehmen oft unterwegs sind: Automobil, Chemie, Maschinenbau, Energie. Noch deutlicher

wird es bei Start-ups und Scale-ups: Laut dem „European Innovation Scoreboard“ (2023) sind die erfolgreichsten Jungunternehmen der letzten Dekade nicht diejenigen, die Risiken minimierten, sondern jene, die gezielt Marktlücken nutzten, während etablierte Player zögerten.
Natürlich heißt das nicht, dass wir ab morgen blindlings alles umkrempeln sollten. Mut ist nicht Tollkühnheit. Wer eine Lackieranlage über Nacht auf Quantencomputing umrüstet, hat vermutlich mehr Probleme als vorher. Aber zwischen „Wir machen gar nichts, bis wir absolute Sicherheit haben“ und „Wir werfen alles über Bord“ gibt es einen breiten Handlungsspielraum. Der wird derzeit oft verschenkt. Vielleicht brauchen wir eine Art „europäischen Innovationsführerschein“, eine offizielle Erlaubnis, auch mal in die Kurve zu gehen, bevor der Asphalt vermessen ist. Oder, um es mit etwas Humor zu sagen: Wenn wir immer warten, bis das Wasser perfekt temperiert ist, bevor wir ins Becken springen, dann sind die besten Bahnen schon vergeben und der Rest der Welt macht uns vom Sprungbrett aus noch ein Foto.
Unternehmen handeln nicht im luftleeren Raum. Die politischen Rahmenbedingungen können Mut belohnen oder bestrafen. Zu oft hemmt Bürokratie den Gestaltungswillen. Eine Umfrage des Deutschen Industrie- und Handelskammertages (DIHK, 2023) zeigt, dass 54 Prozent der Industrieunternehmen regulatorische Unsicherheit als Hauptgrund für Investitionszurückhaltung nennen. Hier liegt ein strategischer Hebel: vereinfachte Genehmigungsverfahren für Zukunftsinvestitionen, steuerliche Innovationsanreize und klare, langfristige Klimaziele. Länder wie Dänemark oder Finnland zeigen, dass sich mutige Industriepolitik auszahlt: Beide rangieren in den Top-5 des „Global Innovation Index“ (WIPO, 2023) und weisen zugleich hohe Investitionsraten in grüne Technologien auf.

Mut lässt sich auch trainieren, ähnlich wie ein Muskel. Unternehmen, die mutig handeln wollen, müssen Strukturen schaffen, die kalkuliertes Risiko fördern:

- **Pilotprojekte** mit klar definierten Lernzielen statt „Alles-oder-nichts“-Investitionen.

- **Cross-funktionale Teams**, die Silos aufbrechen und neue Perspektiven einbringen.

- **Fehlerkultur**, die aus Rückschlägen Lerneffekte zieht, statt Schuldige sucht.

Das mag trivial klingen, ist aber in vielen europäischen Industriebetrieben noch Zukunftsmusik. Die gute Nachricht: Dort, wo dieser Kulturwandel gelingt, wirkt er wie ein Turbo. Ein Chemieunternehmen in den Niederlanden führte etwa ein internes „Fast-Track-Programm" ein, das innovative Ideen innerhalb von 100 Tagen von der Skizze in den Markt bringt. Ergebnis: dreimal so viele Produktneueinführungen pro Jahr (Innovation NL, 2022).

Der Übergang vom Krisen- in den Gestaltungsmodus ist kein Luxus, sondern eine Überlebensfrage für Europas Industrie. Wer jetzt mutig handelt, kann nicht nur die eigene Wettbewerbsfähigkeit sichern, sondern auch Europas Rolle in der globalen Wirtschaft neu definieren. Mut ist damit kein romantisches Ideal, er ist eine ökonomische Notwendigkeit.

Der Werkzeugkasten der Zukunft: Technologie, Talente & Tempo

Es gibt drei Dinge, die europäische Industrieunternehmen in den nächsten Jahren brauchen wie der Bäcker seinen Ofen: die richtige **Technologie**, die richtigen **Talente** und das richtige **Tempo**. Alles andere ist nett, aber ohne diese drei Zutaten wird aus der industriellen Zukunft Europas eher ein lauwarmer Aufguss als ein Innovationsfeuerwerk. Klingt selbstverständlich? Ist es nicht. Denn während die Schlagworte „Digitalisierung" und „Green Tech" inzwischen in jeder Vorstandspräsentation mindestens dreimal vorkommen, sieht die Realität in vielen Werkshallen noch so aus, wie in den 1990ern – nur dass der Kaffeautomat mittlerweile WLAN hat.

Fangen wir mit dem Offensichtlichen an: Ohne Technologie kein Fortschritt. Aber „Technologie" ist heute mehr als neue Maschinen oder schicke Roboterarme. Es geht um integrierte digitale Systeme, die Daten kontinuierlich erfassen, verarbeiten und in Entscheidungen übersetzen, die sowohl Effizienz als auch Nachhaltigkeit steigern (Porter & Heppelmann, 2015). Empirisch zeigt sich: Unternehmen, die konsequent auf digitale Fertigung, KI-gestützte Prozesssteuerung und IoT-Sensorik setzen, erreichen im Schnitt 15–25 Prozent Produktivitätssteigerung und 10–20 Prozent Material- und Energieeinsparungen (McKinsey, 2022). In der Chemieindustrie lassen sich durch KI-basierte Reaktionskontrolle die Ausschussraten um bis zu 50 Proeznt reduzieren, was nicht nur den CFO freut, sondern auch den Nachhaltigkeitsbericht (Deloitte, 2023).

Aber Vorsicht: Technologieinvestitionen ohne klare Strategie sind wie eine Werkzeugkiste ohne Anleitung. Schön anzusehen, aber im Zweifel schraubt man mit dem Hammer. Eine Studie des Fraunhofer IPA (2023) ergab, dass über 30 Prozent der Industrie-4.0-Projekte in Europa scheitern, weil sie ohne klares Ziel oder Einbettung in Geschäftsprozesse gestartet werden. Der digitale Zwilling allein ist eben noch keine Strategie. So wenig wie ein Akkuschrauber ohne Akku.

Und hier kommen wir zum zweiten Werkzeug: **Menschen**. Die europäische Industrie ist im Maschinenbau Weltklasse, aber beim „People-Building" oft Mittelmaß. Laut European Skills Index (2023) fehlen der Industrie aktuell rund 2,5 Millionen Fachkräfte in Bereichen wie Data Science, Automatisierungstechnik und grüner Prozessgestaltung. Gleichzeitig sind 40 Prozent der Beschäftigten in Industrieunternehmen laut OECD (2022) in Tätigkeiten, die bis 2035 automatisiert werden könnten. Die Lösung liegt nicht nur im Recruiting, sondern vor allem im **Upskilling**, also der gezielten Weiterqualifizierung bestehender Mitarbeiter. Unternehmen wie **Bosch** haben interne „Learning Factories" aufgebaut, in denen Beschäftigte an realen Produktionslinien neue digitale und nachhaltige Prozesse trainieren können (Bosch, 2023). Ergebnis: höhere Produktivität, weniger Fehler und eine Belegschaft, die beim Wort „KI" nicht sofort an Science-Fiction-Horrorfilme denkt.

Technologie und Talente sind schön, aber ohne **Tempo** verpuffen sie wie ein schlechter Witz auf einer Vorstandsklausur. Denn wer zu spät digitalisiert, den bestraft der Markt. Hier liegt eine der größten Schwächen europäischer Industrie: Wir sind Meister der gründlichen Analyse, aber oft Schnecken im Rollout. Laut dem „Global Manufacturing Index" (World Economic Forum, 2023) dauert es in Europa im Schnitt 20 Prozent länger, neue Produktionstechnologien flächendeckend einzuführen als in Nordamerika oder Ostasien. Teilweise liegt das an komplexen Genehmigungsverfahren, teilweise an einer Kultur der „perfekten Vorbereitung“. Oder, um es drastisch zu sagen: Während in China eine neue Fabrik schon die ersten Container belädt, diskutieren wir in Europa noch über die Dachfarbe der Solarpanels und den am besten zu verwendende Befestigungsmethode.

Es gibt aber Ausnahmen und die zeigen, dass Geschwindigkeit möglich ist. Beispiel: **Vestas** in Dänemark hat seine Produktionsprozesse für Windkraftanlagen in nur 18 Monaten komplett auf modulare Fertigung umgestellt. Das verkürzte die Produktionszeit pro Turbine um 35 Prozent und senkte den Materialverschnitt um 20 Prozent (Vestas, 2023). Und das ohne Qualitätsverlust, ganz im Gegenteil.

Die wirklich spannenden Effekte entstehen, wenn Technologie, Talente und Tempo zusammenwirken. Das lässt sich an der Automobilindustrie gut zeigen:

- **Technologie**: Einsatz von KI-gestützter Qualitätskontrolle in Echtzeit.
- **Talente**: Schulung der Produktionsmitarbeiter in der Interpretation dieser Daten.
- **Tempo**: Flächendeckende Implementierung innerhalb von zwölf Monaten statt fünf Jahren.

Ein OEM in Norditalien hat genau diesen Dreiklang umgesetzt und damit nicht nur die Produktionsfehler um 28 Prozent gesenkt, sondern auch den Energieverbrauch pro Fahrzeug um 15 Prozent reduziert. Und das bei gleichzeitig schnellerer Markteinführung neuer Modelle (European Automobile Manufacturers Association, 2023).

Natürlich ist das alles leichter gesagt als getan. Gerade im Maschinenbau gibt es immer noch die legendäre „Wir-haben-das-immer-schon-so-gemacht“-Fraktion. Sie erkennt man daran, dass sie eine neue Produktionssoftware erst freigibt, wenn der Kollege, der 1985 das letzte Update eingespielt hat, seinen Segen gibt – und zwar schriftlich, in dreifacher Ausfertigung. Der Werkzeugkasten der Zukunft ist nicht optional. Er ist Pflichtausstattung. **Technologie** liefert die Möglichkeiten, **Talente** die Umsetzungskraft, und **Tempo** entscheidet, ob man Marktführer oder Fußnote in einem

Wirtschaftsbericht wird. Europa hat die Chance, diesen Dreiklang perfekt zu beherrschen. Aber nur, wenn wir lernen, Mut und Geschwindigkeit genauso zu schätzen wie Ingenieurskunst und Präzision.
Oder, um es in einer etwas zugespitzten Formel zu sagen:
Technologie + Talente + Tempo = Zukunft.
Alles andere ist Nostalgie.

Europäischer Schulterschluss – Kooperation als Wettbewerbsvorteil

Europas Industrie hat viele Stärken: Präzision, Qualität, Innovationskraft. Und eine Schwäche: Wir sind nicht immer gut darin, gemeinsam zu performen. Während in den USA Start-ups und Konzerne sich gegenseitig mit Risikokapital und Pilotprojekten befeuern, und in Asien ganze Industrie-Ökosysteme in Rekordzeit hochgezogen werden, diskutieren wir hier oft noch über die Harmonisierung der Formularvorlagen und das natürlich in 24 Amtssprachen.

Dabei ist klar: Kooperation ist im 21. Jahrhundert kein Nice-to-have, sondern ein knallharter Wettbewerbsvorteil. In einer Welt, in der Wertschöpfungsketten global, Technologien komplex und Investitionen kapitalintensiv sind, kann kein Unternehmen, keine Region und kein Land alles alleine stemmen (European Commission, 2023). Kooperation setzt nicht nur Technik und Verträge voraus, sondern ein Fundament aus gemeinsamen Werten. Demokratie ist dabei kein schmückendes Beiwerk, sondern die Voraussetzung dafür, dass Zusammenarbeit auf Augenhöhe funktioniert. In offenen Gesellschaften können Ideen frei zirkulieren, Kritik geäußert und Fehler korrigiert werden. Das ist der Nährboden für Innovation und Vertrauen (Acemoglu & Robinson, 2012). Autokratische Systeme mögen kurzfristig Entscheidungen beschleunigen, doch sie ersticken auf Dauer Vielfalt, Kreativität und den Wettbewerb der besten Lösungen. Wenn wir uns als Europäer begreifen, dann nicht als Summe einzelner Nationalinteressen, sondern als Gestalter eines gemeinsamen Projekts. Länderspezifische Eitelkeiten und kleinliche Streitfragen gehören im Zweifel hintenangestellt, wenn es darum geht, den Kontinent zukunftsfähig zu machen. Die industrielle

Stärke Europas war immer das Ergebnis von Vernetzung und diese Vernetzung funktioniert nur, wenn alle mitgestalten dürfen. Demokratie ist deshalb kein Luxus, sondern das Betriebssystem unseres wirtschaftlichen Erfolgs. Die Zeiten, in denen Kooperation als „Schwäche“ galt, sind vorbei. Heute wissen wir: Wer seine Wertschöpfung vernetzt, gewinnt an Geschwindigkeit, Innovationsfähigkeit und Krisenresistenz (BCG, 2022).

Empirische Belege? Bitte sehr: Eine Metaanalyse von Deloitte (2023) zu europäischen Industrieclustern zeigt, dass Unternehmen in kooperativen Netzwerken im Schnitt 13 Prozent schneller neue Produkte auf den Markt bringen und bis zu 17 Prozent höhere F&E-Renditen erzielen als isolierte Wettbewerber. Das gilt besonders in technologieintensiven Branchen wie Automobil, Pharma und Maschinenbau. Und Kooperation ist nicht nur eine Frage der Technik, sondern auch der Kultur. Die CEPS-Studie „Industrial Alliances in Europe“ (2022) kommt zu dem Schluss: Je stärker das Vertrauen zwischen Partnern, desto robuster sind die Netzwerke in Krisenzeiten und desto eher wird in neue Technologien investiert.

Best Practices: Wenn Europa gemeinsam Gas gibt (oder Wasserstoff)

- **IPCEI-Projekte** (*Important Projects of Common European Interest*): Ob Mikroelektronik, Batteriezellen oder Wasserstoff – hier bündeln Mitgliedsstaaten, Unternehmen und Forschungseinrichtungen ihre Kräfte. Beispiel: Das IPCEI Hydrogen Project vernetzt 35 Unternehmen aus 15 Ländern, um eine komplette Wasserstoff-Wertschöpfungskette in Europa aufzubauen (BMWK, 2023). Ergebnis: Milliardeninvestitionen, schneller Technologietransfer und ein seltener Moment, in dem EU-Förderlogik und Marktdynamik harmonisch zusammenarbeiten.

- **Automotive Cells Company (ACC)**: Joint Venture von Stellantis, Mercedes-Benz und TotalEnergies zur Batterieproduktion in Europa. Ziel: europäische Unabhängigkeit von asiatischen Zelllieferanten. In nur drei Jahren vom Konzept zur ersten Gigafactory – für europäische Maßstäbe fast Lichtgeschwindigkeit.

- **Bio-based Industries Consortium**: Kooperation zwischen über 240 Unternehmen, Universitäten und Verbänden, um biobasierte

Wertschöpfungsketten zu skalieren. Von Recyclingkunststoffen bis zu chemischen Grundstoffen aus Pflanzen. Hier zeigt sich, dass Nachhaltigkeit nur im Team funktioniert.

Zugegeben, es läuft nicht jede Kooperation wie im Bilderbuch. In der Praxis sieht „europäischer Schulterschluss" manchmal so aus: Zwei Industrieunternehmen wollen eine gemeinsame Plattform entwickeln. Es folgt ein halbes Jahr Diskussion darüber, wessen Logo größer aufs Titelblatt darf. Dann gibt's noch ein Datenschutzgutachten, das streng geheim ist, aber an alle 27 Partner geschickt wird. Am Ende steht eine Pressemitteilung mit dem Satz: „Man habe wichtige Synergien identifiziert." Kurz gesagt: Wir haben in Europa die Tendenz, die Zusammenarbeit so gründlich zu organisieren, dass wir manchmal vergessen, sie auch zu leben. Damit Kooperation funktioniert, braucht es eine Ressource, die weder im Quartalsbericht noch im „North Star" auftaucht: Vertrauen. Das ist die Währung, mit der Daten geteilt, geistiges Eigentum geschützt und Gewinne fair verteilt werden. Eine Studie des Fraunhofer IMW (2023) belegt, dass 78 Prozent der erfolgreichen Industrieallianzen in Europa explizite Vertrauensbildungsmaßnahmen implementiert haben. Von gemeinsamen Schulungsprogrammen bis zu transparenten Governance-Strukturen. Das klingt trocken, ist aber der Schmierstoff für jedes funktionierende Netzwerk.

Strapazieren wir noch einmal den Begriff „Lieferkette", der eigentlich irreführend ist. Er suggeriert eine lineare Abfolge. In Wahrheit sind moderne industrielle Ökosysteme eher wie Spaghetti: vernetzt, verschlungen, manchmal ein bisschen chaotisch, aber im Ganzen ein funktionierendes System. Das Ziel muss sein, diese Spaghetti so zu organisieren, dass im Krisenfall nicht alles reißt. Das bedeutet: Mehr regionale Wertschöpfung, gemeinsame Standards, offene Innovationsplattformen. Beispiel: Die „European Raw Materials Alliance" (ERMA) koordiniert Recyclingprojekte, Rohstoffimporte und Forschung zu Substitutionsmaterialien. Ergebnis: weniger Abhängigkeit, mehr Innovationspotenzial. Kooperation heißt aber auch nicht Kuschelkurs. Sie funktioniert am besten, wenn sie von gesundem Wettbewerb begleitet wird. Das Konzept „Coopetition", also Kooperation mit Wettbewerbern in bestimmten Bereichen, ist in der europäischen Industrie längst etabliert. Airbus ist das Paradebeispiel: vier Länder, dutzende

Partnerfirmen, und trotzdem ein knallharter Wettbewerb um Effizienz und Innovation innerhalb des Projekts (Gnyawali & Park, 2011).
Vielleicht brauchen wir in Europa weniger „Papiertiger-Allianzen“ und mehr „Werkzeugkisten-Kooperationen“: Projekte, die so praxisnah sind, dass man den Fortschritt sehen, anfassen und exportieren kann. Ein Vorschlag: Ein EU-weiter „Kooperationsführerschein“ – Theorieprüfung in Brüssel, Praxisprüfung im Industriepark. Wer besteht, darf grenzüberschreitend Projekte starten, ohne dass erst drei Ministerien und ein Notar zustimmen müssen. Der europäische Schulterschluss ist kein romantisches Ideal, sondern ein strategisches Muss. Ob es um Technologieentwicklung, Lieferkettenresilienz oder nachhaltige Produktion geht. Alleine ist man langsamer, teurer und verletzlicher. Gemeinsam können wir Geschwindigkeit, Skaleneffekte und Innovationskraft erreichen, die es mit jeder Weltregion aufnehmen kann. Oder, um es pragmatisch zu sagen: Wenn Europa sich endlich traut, seine Talente, Technologien und Ideen konsequent zu vernetzen, dann reden wir nicht mehr darüber, wie wir aufholen, sondern darüber, wie andere versuchen, uns einzuholen.

Zusammenfassung: Was europäische Industrieunternehmen jetzt brauchen

Mut, Technologie, Talente, Tempo und der unbedingte Wille, über den eigenen Tellerrand hinaus zu kooperieren: Das sind die Bausteine, aus denen Europas industrielle Zukunft gezimmert wird. Jedes einzelne dieser Elemente ist wichtig, doch ihre wahre Kraft entfalten sie nur im Zusammenspiel. Mut ohne Technologie bleibt eine gute Absicht. Technologie ohne Talente wird zum Papiertiger. Talente ohne Tempo verlieren den Anschluss. Und Tempo ohne Kooperation? Führt meist nur dazu, dass man alleine im Ziel steht und niemand da ist, der die Produkte kauft (BCG, 2022).

In einer Welt, in der Lieferketten so vernetzt sind wie ein Spaghetti-Teller, geopolitische Spannungen zum Geschäftsalltag gehören und technologische Zyklen kürzer sind als der Sommer in Nordschottland, reicht es nicht mehr, sich auf alte Stärken zu berufen. Wir brauchen eine neue Mischung aus

Ingenieurskunst, politischer Klugheit und europäischer Handschlagqualität (European Commission, 2023).

Dabei ist klar: Das Fundament bleibt unsere demokratische Kultur. Sie ist kein romantisches Ideal, sondern der Garant dafür, dass Ideen frei entstehen, Kritik gehört und Entscheidungen gemeinsam getragen werden können. Autokratische Reflexe, nationale Eitelkeiten und der reflexhafte Griff zur Blockade bremsten schon oft genug. Wenn wir uns als Europäer verstehen, ordnen wir das Kleine dem Großen unter – nicht, weil es bequem ist, sondern weil es klug ist (Acemoglu & Robinson, 2012).

Kapitel 8 zeigt: Die Werkzeuge liegen bereit. Jetzt kommt es darauf an, sie zu benutzen. Nicht in Einzelprojekten, die als Leuchttürme glänzen, während der Rest im Dunkeln bleibt, sondern in einem breit angelegten Umbau, der alle mitnimmt – vom High-Tech-Cluster in Skandinavien bis zur Fertigungshalle in Süditalien. Akzeptieren wir die Komplexität, um die nächsten Schritte zu setzen und die richtigen Lösungen zu finden.

Der Übergang vom Krisenmodus in den Gestaltungsmodus ist keine abstrakte Managementübung. Er ist Handwerk. Er beginnt mit dem Mut, die ersten Schritte zu gehen, bevor alle Eventualitäten durchgerechnet sind und mit der Bereitschaft, Tempo zu machen, ohne den Kompass der europäischen Werte aus der Hand zu geben. Denn die Zukunft, das ist vielleicht die wichtigste Erkenntnis, wartet nicht höflich, bis wir bereit sind. Sie ist längst unterwegs.

Also: Ärmel hoch, Werkzeugkasten auf, zusammenarbeiten und zusammen etwas großartiges Schaffen. Für eine Industrie, die nicht nur produziert, sondern gestaltet. Für eine Wirtschaft, die nicht nur wächst, sondern verbindet. Für eine **Zukunft made in Europe**.

Was die Politik und die Gesellschaft beitragen kann

„Demokratie ist die einzige Staatsform, die man lernen muss – und jeden Tag verteidigen." – Václav Havel

Europa kann vieles. Exportieren, Erfinden, Regulieren und manchmal sogar alles gleichzeitig. Aber wenn es um die Zukunftsfähigkeit des Kontinents geht, wird oft ein Faktor unterschätzt: **die Gesellschaft** selbst. Und die Politik, die sie unterstützen (oder zumindest nicht behindern) sollte. Denn ohne gesellschaftlichen Rückhalt, ohne demokratische Strukturen und ohne politische Handlungsfähigkeit wird kein Industrieprojekt, kein Start-up-Cluster, keine digitale Offensive von Dauer sein. Klar ist: Die großen Transformationen – Digitalisierung, Dekarbonisierung, Demografie – lassen sich nicht allein im Labor, im Vorstand oder am Verhandlungstisch bewältigen. Es braucht eine politisch legitimierte Richtung und eine mitdenkende Bevölkerung. Wenn der Strom grün wird, die Produktion smarter und die Arbeitsplätze mobiler, dann sollten auch unsere Grundwerte nicht im Museum verstauben, sondern mitwachsen, mitlernen und mitentscheiden dürfen. Denn Demokratie lebt nicht vom Stillstand, sondern vom Dialog. Sie ist kein Denkmal, sondern ein Werkstattprojekt mit Kreativität, Konflikten und Kompromissen. Denn auch Freiheit, Gerechtigkeit und Solidarität brauchen ab und zu ein Update. Nicht im Sinne einer Neufassung, sondern als Weiterentwicklung im Geiste der Aufklärung.

Die Europäische Union ist dabei nicht nur ein politisches Gebilde, sondern ein Versprechen auf Frieden, Freiheit, Teilhabe und Zusammenarbeit. Ein Versprechen, das sich in den letzten Jahrzehnten immer wieder als erstaunlich belastbar erwiesen hat trotz Brexit, Bankenkrise, Corona, Kriegen und Kleinstaaterei. Und doch ist dieses Versprechen unter Druck. Demokratien wackeln, Polarisierung wächst, Fakten geraten ins Visier. Der Sturm der Veränderung trifft also nicht auf ruhiges Wasser, sondern auf ein politisches und gesellschaftliches System, das sich selbst neu sortieren muss.

Warum ist das für die Industrie relevant? Ganz einfach: Weil Vertrauen ein Wirtschaftsfaktor ist. Unternehmen investieren dort, wo die Regeln verlässlich sind. Wo Verträge gelten, Bildung funktioniert und Konflikte zivil gelöst werden. Kein KI-Chip und kein Windrad entsteht im luftleeren Raum. Sie brauchen ein politisches Fundament, das langfristig denkt und kurzfristig handlungsfähig bleibt. Gleichzeitig darf Politik nicht zum Technokratie-Simulator verkommen. Menschen wollen nicht nur durchregiert, sondern mitgenommen werden. Sie wollen wissen: Warum ist das wichtig? Was habe ich davon? Was kostet es mich? Und: Werde ich gefragt? Das ist keine Schwäche der Demokratie, es ist ihre Stärke. Denn nur wer Kritik aushält, kann Kurs halten.

Die Gesellschaft wiederum hat ihre eigene Verantwortung: Aufzustehen, wo sich Gleichgültigkeit breitmacht. Zu widersprechen, wenn Grundrechte relativiert werden. Und sich einzumischen, bevor Algorithmen die Meinung übernehmen. Bildung, Medienkompetenz, Debattenkultur – das sind keine weichen Themen. Es sind die tragenden Säulen einer Zukunft, in der Europa souverän und solidarisch bleibt. Wer also glaubt, dass Industriepolitik allein ein Fall für Subventionen, Clusterstrategien und regulatorische Rahmenwerke ist, irrt. Ohne demokratische Stabilität, gesellschaftliche Teilhabe und eine kritische Öffentlichkeit ist jedes Wirtschaftsmodell auf Sand gebaut. Es braucht eine politische Kultur, die nicht nur Verwaltung betreibt, sondern Gestaltung ermöglicht. Und eine Gesellschaft, die nicht alles glaubt, sondern genug weiß, um mitreden zu können. Wobei: genug wissen bedeutet eben nicht, das erste YouTube-Video oder den lautesten Social-Media-Post für bare Münze zu nehmen. Es heißt, sich die Mühe zu machen, Informationen zu prüfen, Perspektiven abzuwägen und zwischen Meinung und fundiertem Wissen zu unterscheiden, so mühsam das manchmal auch sein mag. Demokratie verlangt keine Expertenpflicht, aber sie braucht Bürger, die bereit sind, auch unbequeme Fakten auszuhalten. Wer nur in der eigenen Empörungsblase scrollt, hat zwar schnell eine Meinung, aber noch lange kein Verständnis. Und wer Wissen durch Glauben ersetzt, darf sich nicht wundern, wenn am Ende Populismus statt Politik den Takt angibt. Wissen ist anstrengend – aber alternativlos.

Die Frage ist also nicht nur: Was kann Europa technologisch? Sondern auch: Wie wollen wir zusammenleben, arbeiten und entscheiden?

Politik zwischen Führung und Vertrauen: Wie viel Steuerung braucht die Zukunft?

Die Frage, wie viel politische Lenkung nötig oder gar wünschenswert ist, beschäftigt nicht nur Ministerien, sondern auch Fabrikshallen, Vorstandsetagen und Wohnzimmer. Vor allem dann, wenn Transformationen anstehen, die mehr verändern als nur den Stromanbieter oder das Tempolimit. Denn wir leben in einer Zeit, in der wir alles gleichzeitig wollen: mehr Nachhaltigkeit, weniger Bürokratie, technologische Führerschaft, soziale Gerechtigkeit und bitte alles mit sofortiger Wirkung, aber ohne persönliche Einbußen. Wie also kann die Politik führen, ohne zu dominieren? Und wie gelingt es ihr, Vertrauen zu schaffen, wo Misstrauen zum Standard geworden ist?

Die Europäische Union ist Weltmeisterin der Normierung. Ob Gurkenkrümmung, Staubsaugerleistung oder Lieferketten-Transparenz: Kaum eine Region auf dem Globus denkt so gründlich darüber nach, wie etwas gemacht werden *sollte*, bevor es überhaupt jemand gemacht *hat*. Dieses vorausschauende Denken hat Vorteile – Stichwort: Verbraucherschutz, Umweltsicherheit oder digitale Ethik. Aber es bringt auch das Risiko mit sich, dass Innovation dort erstickt, wo sie eigentlich gefördert werden sollte. Industrieunternehmen in Europa klagen daher nicht selten über regulatorischen Überhang: zu viele Regeln, zu wenig Handlungsspielraum. Das Problem ist nicht die Idee von Steuerung an sich, sondern das Maß. Ein Beispiel: Die EU-Taxonomie zur Einstufung nachhaltiger Investitionen ist ein wichtiges Instrument, um Kapitalflüsse in grüne Technologien zu lenken. Gleichzeitig berichten Unternehmen von zunehmender Rechtsunsicherheit, weil sich die Definition dessen, was „grün“ ist, ständig weiterentwickelt (vgl. European Commission, 2023).

Und hier kommen wir zum psychologischen Kern der Sache: Menschen mögen Kontrolle nur, wenn sie freiwillig ist. Was unfreiwillig daherkommt, wird als Eingriff empfunden. Und was unklar bleibt, schafft Misstrauen. Wer Politik gestalten will, muss auch ein bisschen Psychologe sein. Die klassische Führungsforschung (Lewin et al., 1939) zeigt, dass autoritäre Führung kurzfristig effizient sein kann aber langfristig Demotivation und Widerstand erzeugt. Demokratische Führung hingegen schafft Beteiligung und damit Akzeptanz, kostet aber Zeit und Nerven. In einer industrialisierten Demokratie wie der unseren lässt sich dieser Grundsatz übertragen: Politik, die nur durchregiert, verliert Rückhalt. Politik, die nur moderiert, verliert Wirksamkeit.

Die Soziologin Eva Illouz beschreibt in ihren Arbeiten zur emotionalen Moderne, dass Vertrauen nicht durch Worte, sondern durch Handlungen entsteht (Illouz, 2007). Das bedeutet: Wer Transformation ernsthaft will – zum Beispiel die ökologische Modernisierung der Industrie –, muss nicht nur Ziele formulieren, sondern verlässlich den Weg dorthin ebnen, ohne unterwegs die Spielregeln zu ändern.

Politische Führung in der Transformation ist also ein Drahtseilakt: zu viel Lenkung lähmt, zu wenig lässt alles in Beliebigkeit zerfließen. Was fehlt, ist häufig eine emotionale Erzählung, ein Warum. Oder, wie es der Psychologe Daniel Kahneman ausdrückt: *„Menschen denken nicht in Fakten – sie denken in Geschichten."* (Kahneman, 2011)

Wenn also Europa seine Industrie nachhaltiger, autonomer und krisenfester machen will, muss es handeln. Doch politische Führung besteht nicht nur aus großen Worten und langfristigen Zielen. Sie zeigt sich vor allem dort, wo es konkret wird: bei der Umsetzung, der Regulierung und der Kommunikation. Die Europäische Union verfügt über eine beachtliche Auswahl an Steuerungsinstrumenten, mit denen sie Industriepolitik gestalten will. Doch wie in jeder gut sortierten Werkstatt nützt das beste Werkzeug wenig, wenn es nicht sachgerecht eingesetzt wird. Entscheidend sind vier Stellschrauben: **Förderungen**, **Sanktionen**, **Verordnungen** und **die Einigkeit unter den Mitgliedsstaaten.**

Förderungen – und das ist am offensichtlichsten – sind die politisch charmanteste Form der Einflussnahme. Wer subventioniert, muss nicht zwingen. Man setzt Anreize, weckt Investitionslust und kann sich dabei sogar als innovationsfreundlich inszenieren. Die EU nutzt dieses Mittel intensiv, insbesondere über sogenannte IPCEIs („Important Projects of Common European Interest"), die staatliche Beihilfen in Milliardenhöhe ermöglichen, jenseits der sonst restriktiven Beihilfevorschriften. So entstehen strategische Industrieprojekte, etwa im Batterie- oder Wasserstoffbereich oder bei Energie und „raus aus fossilen Brennstoffen", die europaweite Wertschöpfungsketten anstoßen sollen (European Commission, 2021). Das klingt gut, ist aber komplizierter, als es aussieht. Denn die Förderlogik der EU ist oft schwer durchschaubar. Antragsverfahren sind langwierig und nur große Unternehmen verfügen über die nötige Expertise und Verwaltungskraft, um sich durch das Brüsseler Dickicht zu kämpfen. Kleine und mittlere Unternehmen bleiben häufig außen vor. Zudem konzentrieren sich die Mittel auf wirtschaftlich starke Staaten, was nicht nur den Wettbewerb verzerrt, sondern auch politische Spannungen zwischen Nord, Süd, Ost und West verschärft (Financial Times, 2023). Ein Steuerungsinstrument, das helfen soll, Europa zusammenzubringen, kann also – wenn schlecht justiert – genau das Gegenteil bewirken.

Und selbst wenn das Geld fließt, braucht es Regeln. Hier kommen die **EU-Verordnungen** ins Spiel. Direkt geltendes Recht, das eigentlich für Klarheit sorgen soll. Doch Brüssel denkt im Singular, die Mitgliedstaaten handeln im Plural. Eine Verordnung ist nur so effektiv wie ihre Auslegung vor Ort. In der Praxis führt das zu einem regulatorischen Dialektwirrwarr: Was zum Beispiel von einem EU-Mitgliedsstaat streng kontrolliert wird, wird in anderen Ländern eher pragmatisch gehandhabt.

Die neue EU-Batterieverordnung etwa, die seit 2023 gilt, verpflichtet Hersteller zur Offenlegung des CO_2-Fußabdrucks ihrer Produkte, zu Mindestanforderungen im Recycling und zur lückenlosen Rückverfolgbarkeit (Official Journal of the EU, 2023). Klingt ambitioniert, ist es auch. Doch während einige Mitgliedsstaaten ihre Aufsichtsbehörden aufrüsten, herrscht anderswo noch administratives Schweigen. Die Unternehmen? Sitzen dazwischen – verunsichert, ob ihre Planung morgen noch rechtskonform ist. Einheitlicher Binnenmarkt? In der Theorie ja – in der Umsetzung oft ein Flickenteppich.

Verordnungen ohne einheitliche Durchsetzung verkommen zu zahnlosen Empfehlungen. Das führt uns zum dritten Steuerungsinstrument: den **Sanktionen**. Auch sie liegen häufig in der Verantwortung der Mitgliedstaaten. Und das ist ein strukturelles Problem. Denn Sanktionen, die nicht flächendeckend durchgesetzt werden, erzeugen nicht nur Unmut, sie schaffen ungleiche Wettbewerbsbedingungen. Wenn ein Unternehmen in einem Land für Regelverstöße hart sanktioniert wird, während ein anderes in einem Nachbarstaat unbehelligt bleibt, dann wird Recht zur Glückssache. Oder, psychologisch betrachtet: Vertrauen zerbröselt. Wer sich anstrengt, will nicht der Dumme sein. Und wer die Regeln bricht, darf nicht belohnt werden. Sonst funktioniert weder Markt noch Moral (Luhmann, 1968).

Am Ende bleibt die Frage: Wie gelingt Steuerung in einem politischen System, das 27 Köche kennt, aber keinen Küchenchef? Denn die stärksten Werkzeuge nützen wenig, wenn keine Einigkeit herrscht, wofür und wie sie eingesetzt werden sollen. Industrie- und Nachhaltigkeitspolitik sind hochgradig konfliktreich. Zwischen nationalen Interessen, politischen Lagern und wirtschaftlichen Realitäten. Während Frankreich auf Atomkraft setzt, um klimaneutral zu produzieren, setzt Österreich auf erneuerbare Energie. Während südliche Länder zusätzliche Fördermittel fordern, um ihren Standortnachteil auszugleichen, warnen nördliche Länder vor der Zerfaserung des Binnenmarkts (Bruegel, 2023).

In der Debatte um den Green Deal Industrial Plan – der europäischen Antwort auf das milliardenschwere US-Subventionsprogramm (Inflation Reduction Act) – zeigte sich genau diese Fragmentierung. Während einige Mitgliedstaaten schnell Milliarden mobilisierten, zögerten andere aus Sorge um Wettbewerbsverzerrung. Die Folge: Verzögerungen, Kompromisse, Unsicherheit. Und genau hier liegt das tieferliegende Problem europäischer Steuerung: Es fehlt häufig nicht an Ideen, sondern an Kohärenz. Kohärenz in der Zielsetzung, in der Kommunikation und in der Umsetzung. Politische Führung, die Vertrauen schaffen will, muss konsistent handeln und nicht nur punktuell fördern, sondern nachhaltig erklären. Nicht nur regulieren, sondern auch durchsetzen. Und nicht nur einen gemeinsamen Markt schaffen, sondern auch gemeinsam denken.

Denn Steuerung ist keine Excel-Tabelle. Sie ist ein soziales Geschehen, geprägt von Psychologie, Kommunikation und gegenseitiger Verlässlichkeit. In einer Demokratie funktioniert sie nur, wenn sie nachvollziehbar, gerecht und wirksam ist. Sonst wird sie zur Farce. Oder schlimmer: zur Vorlage für jene, die behaupten, dass „Brüssel“ ohnehin alles falsch macht.

Hier liegt ein tieferes Problem begraben: Die Beziehung zwischen Politik und Wirtschaft ist in vielen europäischen Ländern gestört. Die Politik traut der Industrie nicht, die Industrie traut der Politik nicht und beide trauen manchmal nicht mal der eigenen Bevölkerung. Es ist ein Bermuda-Dreieck des Misstrauens, in dem langfristige Vorhaben schnell versinken. Doch Vertrauen ist nicht bloß ein Bauchgefühl, sondern eine gesellschaftliche Notwendigkeit. Der Soziologe **Niklas Luhmann** beschrieb Vertrauen als einen Mechanismus zur Reduktion von Komplexität. In seiner Theorie (Luhmann, 1968) geht es darum, dass Menschen und Institutionen nur dann handlungsfähig bleiben, wenn sie nicht jede Entscheidung neu absichern müssen. Vertrauen bedeutet, sich auf etwas einzulassen, trotz der Möglichkeit, enttäuscht zu werden. Es ist also ein bewusster Schritt in Richtung Zukunft, ohne alle Konsequenzen im Voraus zu kennen. Luhmann unterscheidet dabei zwischen Vertrauen und bloßem Zutrauen. Vertrauen entsteht, wenn über längere Zeit **verlässliches, nachvollziehbares und risikoarmes Verhalten** gezeigt wird. Es ist nichts, das man verordnen oder auf Zuruf einfordern kann. Es muss erarbeitet werden. Und das gilt für Staaten ebenso wie für Unternehmen oder zwischenmenschliche Beziehungen. Wer einmal enttäuscht wurde, wird vorsichtiger. Wer mehrmals enttäuscht wurde, zieht sich zurück. Und wer sich dauerhaft betrogen fühlt, wendet sich ab und im schlimmsten Fall populistischen Narrativen zu.

In einer komplexen Welt wie wir sie heute erleben, ist politische Führung daher nicht mehr Befehl und Gehorsam, sondern ein dynamisches Aushandeln von Interessen, Informationen und Intuition. Besonders in Demokratien bedeutet Führung nicht, den Ton anzugeben, sondern den Takt zu halten, auch wenn einige aus dem Takt tanzen. Es braucht einen stabilen Rhythmus, damit alle mitspielen können. Und Rhythmus bedeutet vor allem eins: **Planbarkeit.**

Und schon befinden wir uns im nächsten wichtigen, aber zutiefst komplexen Thema: die kurzfristige politische Logik. In vielen Mitgliedsstaaten der europäischen Union wird Politik heute von Legislaturperiode zu Legislaturperiode gedacht. Und das bedeutet: Es wird häufig das umgesetzt, was kurzfristig wirkt, gut aussieht oder sich in der nächsten Pressekonferenz verwerten lässt. Für Unternehmen, die Investitionsentscheidungen über Jahre oder gar Jahrzehnte treffen müssen, ist das ein Alptraum. Noch schlimmer wird es, wenn auch die Wirtschaft sich dieser Kurzfristlogik unterwirft. Denn wo Politik nur bis zur nächsten Wahl denkt, denken manche Vorstände nur noch bis zum nächsten Bilanzstichtag. Nachhaltige Transformation, Forschung, Standortbindung – all das kostet zunächst Geld und zahlt sich erst später aus. Doch wenn „später" in keinem Kalender mehr auftaucht, dann wird alles dem kurzfristigen Shareholder Value untergeordnet. Das Ergebnis? Kein Vertrauen, kein Fortschritt, aber dafür jede Menge Unsicherheit, gefühlte Unfähigkeit und Frustration.

Was es braucht – in Brüssel ebenso wie in den Hauptstädten Europas – ist ein langfristiger, parteiübergreifender Transformationsplan, der nicht bei jedem Regierungswechsel in die Tonne getreten wird. Ein solcher Plan muss ambitioniert, aber realistisch sein. Verlässlich, aber anpassbar. Er muss langfristige Investitionen absichern, klare Leitplanken setzen und dabei nicht nur technisch, sondern auch kulturell verankert sein. Nur wenn Unternehmen wissen, worauf sie sich einstellen können – nicht nur morgen, sondern in fünf, zehn oder fünfzehn Jahren – werden sie bereit sein, in grüne Technologien, neue Standorte und faire Beschäftigung zu investieren. Und nur wenn Bürger spüren, dass Politik nicht auf Sicht fährt, sondern für sie und mit ihnen arbeitet, wächst auch das Vertrauen in das „Projekt Europa". Denn Vertrauen heißt auch: zu glauben, dass jemand einen Plan hat und nicht nur ein gutes PR-Team.

Ein konkretes Beispiel dafür, wie langfristige politische Planung Vertrauen schaffen oder verspielen kann, ist der **Net-Zero Industry Act** der EU. Er wurde im März 2023 von der Europäischen Kommission vorgeschlagen und ist ein zentrales Element des „Green Deal Industrial Plans". Ziel des Gesetzes ist es, die europäische Industrie in die Lage zu versetzen, bis 2030 mindestens 40 Prozent des eigenen Bedarfs an grünen Schlüsseltechnologien selbst zu produzieren. Darunter Solarpanels, Windturbinen, Wärmepumpen, Elektrolyseure und Batterien (European Commission, 2023c).

Auf dem Papier ist das ambitioniert, klar definiert und langfristig gedacht. Also eigentlich genau das, was Politik heute leisten sollte. Doch in der Realität zeigt sich schnell: Ohne eine stabile, koordinierte und glaubwürdige Umsetzung bleibt auch ein solches Vorhaben ein Papiertiger. Bereits kurz nach Veröffentlichung des Gesetzesentwurfs entbrannte unter den

Mitgliedsstaaten ein Streit um Zuständigkeiten, Finanzierung und nationale Ausnahmen. Während Länder wie Frankreich und Italien weitreichende Subventionen forderten, war Deutschland zunächst zurückhaltend, aus Sorge, dass der EU-Haushalt überstrapaziert wird oder andere klimapolitische Ziele leiden könnten (Bruegel, 2023). Auch die Industrie zeigte sich gespalten. Viele Unternehmen begrüßten die Initiative grundsätzlich, denn schließlich sorgt sie für eine europäische Antwort auf den US-amerikanischen Inflation Reduction Act. Doch sie forderten auch mehr Planungssicherheit, weniger Bürokratie und vor allem verlässliche Umsetzungsmechanismen. Denn was nützt ein strategischer Industrieplan, wenn Genehmigungsverfahren weiter Jahre dauern, Fördermittel nur schleppend abgerufen werden können und jede nationale Auslegung neue Unsicherheiten schafft? Ein besonders kritischer Punkt war die Ausgestaltung sogenannter „Net-Zero Strategic Projects", die bevorzugt behandelt werden sollen, etwa bei Genehmigungen oder im Zugang zu Finanzierungen. Doch was in Brüssel als „Fast-Track-Mechanismus" verkauft wird, ist vor Ort oft das Gegenteil: ein unklarer Kriterienkatalog, nationale Ermessensspielräume und fehlende digitale Schnittstellen machen die Abwicklung für Unternehmen zur Geduldsprobe (BusinessEurope, 2023). Kurz gesagt: Der Net-Zero Industry Act zeigt, wie groß die Lücke zwischen Anspruch und Umsetzung sein kann. Der politische Wille ist da, der Plan ambitioniert, doch ohne einheitliche Auslegung, rechtssichere Verfahren und langfristig abgesicherte Budgets bleibt das Gesetz eher ein Symbol als ein System.

Und damit sind wir wieder bei Luhmann: Vertrauen entsteht nur durch konsistente, nachvollziehbare und risikoarme Erfahrungen über Zeit. Wenn Europa bei jedem industriepolitischen Impuls wieder bei null beginnt, neue Förderbedingungen ausruft, Gesetze umschreibt oder Ausnahmen verhandelt, dann entsteht kein Vertrauen, sondern Erschöpfung. Und die ist selten ein guter Nährboden für Investitionen – weder wirtschaftlich noch demokratisch.

Bildung als strategische Ressource: Warum Aufklärung wichtiger wird denn je

In einer Zeit, in der man mit einem Daumenwisch durch halbe Weltanschauungen scrollen kann, wirkt Bildung manchmal wie ein müder Langstreckenläufer, der mit staubigem Lexikon dem TikTok-Zeitgeist hinterherstolpert. Doch unterschätzen wir diesen Langstreckenläufer nicht – er hat Ausdauer. Und vor allem: Er trägt die Demokratie auf den Schultern. Denn Bildung ist nicht bloß ein System zur Qualifikation von Arbeitskräften. Sie ist das Rückgrat einer Gesellschaft, die sich selbst ernst nimmt. Oder anders gesagt: Nur wer weiß, worum es geht, kann auch mitreden und mitentscheiden. Doch genau da hakt es zunehmend.

Meinung ≠ Wissen!
Es ist genau jene Zeit, in der sich jede Meinung innerhalb von Sekunden veröffentlichen lässt und Algorithmen sie genau jenen ausspielen, die sie sowieso schon teilen. Das nennt sich dann „Personalisierung“, ist aber oft nur ein anderes Wort für **digitale Echokammer**. Und wer nie Widerspruch hört, hält die eigene Meinung schnell für ein Naturgesetz. Der Unterschied zwischen Meinung und Wissen? Meinung braucht ein Gefühl, Wissen braucht Arbeit. Letzteres ist oft unbequem, widersprüchlich, zeitintensiv und lässt sich nicht immer in 280 Zeichen erklären. Doch genau das macht es so wertvoll. In Demokratien reicht es eben nicht, dass alle eine Stimme haben. Sie müssen auch verstehen, worüber sie abstimmen.

Die Soziologin **Shoshana Zuboff** spricht in ihrem Werk *„The Age of Surveillance Capitalism“* davon, dass Datenströme heute nicht nur Konsum, sondern auch Meinung steuern und das oft unbemerkt (Zuboff, 2019). Wenn Bildung versagt, bleibt das Bewusstsein für diese Beeinflussung aus. Und genau dann wird aus Meinungsfreiheit eine Bühne für Manipulation. Das funktioniert so gut, weil es an eine menschliche Eigenschaft andockt, die uralt ist: Wir mögen es, bestätigt zu werden. Und wir meiden Informationen, die uns verunsichern. In der Psychologie nennt man das **Bestätigungsfehler** oder *Confirmation Bias*. Wir neigen dazu, Inhalte auszuwählen, zu glauben oder weiterzugeben, die zu unserer bestehenden Sichtweise passen und ignorieren jene, die uns herausfordern (Nickerson, 1998).

In sozialen Medien wird dieser Effekt durch Algorithmen massiv verstärkt. Plattformen wie Facebook, YouTube, TikTok oder X (ehem. Twitter) zeigen uns bevorzugt Inhalte, mit denen wir bereits interagiert haben. Sei es durch Likes, Klicks oder Kommentare. Das nennt sich „Relevanzoptimierung", sorgt aber oft für einen **Filterblasen-Effekt**: Wir sehen zunehmend nur noch das, was wir ohnehin schon denken. Und irgendwann glauben wir, das sei „die Realität". Echokammern entstehen: virtuelle Räume, in denen alle dieselbe Meinung teilen oder zumindest so tun. Und weil dort keine Widersprüche auftauchen, wirkt diese Meinung plötzlich objektiv. Wer dagegenhält, wird blockiert, diffamiert oder schlicht ignoriert. Die Konsequenz? **Polarisierung.** Nicht weil die Themen schwieriger geworden sind, sondern weil der Diskurs verarmt.

Aber warum suchen wir täglich und oft viele Stunden am Tag diese Echokammern? Die Antwort ist so menschlich wie unangenehm: Weil sie bequem sind. In einer Welt voller komplexer Herausforderungen, fühlen sich einfache Wahrheiten wie Rettungsbojen an. Wer will sich schon nach Feierabend durch einen UN-Klimabericht quälen, wenn ein TikTok-Video in 20 Sekunden erklärt, „was *wirklich* dahinter steckt"? Dazu kommt ein weiterer psychologischer Mechanismus: **kognitive Dissonanz**. Das ist das unangenehme Gefühl, das entsteht, wenn unser Weltbild mit widersprüchlichen Informationen konfrontiert wird (Festinger, 1957). Unser Gehirn mag das gar nicht. Also verdrängt es lieber die störende Information oder versucht, sie so umzudeuten, dass das eigene Selbstbild ungestört bleibt. In Echokammern passiert genau das: Die eigene Meinung wird ständig gespiegelt – die Dissonanz bleibt aus. Und damit auch das kritische Nachdenken. Und genau hier wird es gefährlich. Wenn Bildung versagt, fehlt das Werkzeug, um Meinung von Wissen zu unterscheiden oder Wahrheit von Täuschung. Dann wird Meinungsfreiheit zur Einbahnstraße, auf der jede Aussage gleich viel Gewicht bekommt: wissenschaftlich belegte Fakten und völlig absurde Behauptungen. Wer laut genug schreit, bekommt Reichweite. Und wer Reichweite hat, wirkt glaubwürdig.

Fake News – also gezielt gestreute Falschinformationen – nutzen genau diese Mechanismen. Sie spielen mit unseren Ängsten, Vorurteilen und Wunschvorstellungen, sind oft emotional aufgeladen, einfach formuliert und visuell attraktiv. Genau das macht sie viraler als echte Nachrichten, die oft differenzierter, komplexer und, nun ja, unsexy sind. Untersuchungen zeigen, dass Falschinformationen auf Social Media sechsmal schneller verbreitet werden als korrekte Inhalte, vor allem, wenn sie schockieren oder polarisieren (Vosoughi et al., 2018). Und das ist kein Zufall, sondern Strategie. Hinter vielen dieser Inhalte stecken politische Interessen, wirtschaftliche Akteure oder schlicht Plattformen, die an Aufmerksamkeit verdienen.

Die gute Nachricht: Wir sind dieser Dynamik nicht hilflos ausgeliefert. Es braucht kein Informatikstudium, um der Manipulationsfalle zu entkommen. Aber es braucht Aufmerksamkeit, Reflexion und ein paar gute Kommunikationsregeln. Hier ein paar Empfehlungen, die sowohl für den Umgang in Social Media als auch im privaten Gespräch hilfreich sind:

- **Stopp, bevor sie teilen:** Fragen sie sich: *Woher kommt diese Information? Ist die Quelle seriös?* Wenn nicht: Finger weg vom Teilen. Jede Weiterleitung macht sie zum Teil der Verbreitungskette.

- **Lesen sie mehr als nur die Überschrift:** Viele Fake News leben davon, dass sie nur oberflächlich konsumiert werden. Wer weiterliest, erkennt oft schon Logikfehler, Quellenmangel oder Manipulation.

- **Stellen sie Rückfragen – auch an sie selbst:** Warum finde ich diese Information überzeugend? Weil sie wahr ist, oder weil sie mir gerade in den Kram passt?

- **Pflegen sie Widerspruch:** Folgen sie bewusst Menschen oder Medien, die andere Meinungen vertreten, auch wenn's nervt. Nur so bekommen sie ein Gefühl für den Horizont außerhalb der eigenen Blase.

- **Sprechen sie, aber hören sie auch zu:** Im persönlichen Gespräch bringt uns Empathie oft weiter als Argumente. Wer Verständnis zeigt, wird eher gehört und kann vielleicht sogar Zweifel säen, wo sonst nur Gewissheiten waren.

- **Und vor allem: Bleiben sie neugierig!** Bildung endet nie und genau das ist ihre Stärke. Wer sich weiterbildet, ist kein Besserwisser, sondern ein Weiterdenker.

Dabei ist Bildung die beste Verteidigung gegen Populismus und Desinformation. Das größte Missverständnis über Populismus ist, dass er „den Nerv der Zeit trifft". In Wahrheit ist er oft ein Symptom kollektiver Überforderung. Komplexe Probleme – Klimawandel, Migration, Wirtschaftskrisen – treffen auf einfache Antworten. Schuldige sind schnell gefunden, Lösungen angeblich kinderleicht. Bildung stellt sich dieser Vereinfachung entgegen. Sie trainiert Differenzierung, Kritikfähigkeit, Empathie und historische Einordnung. Besonders wichtig ist das angesichts der globalen Rückkehr autoritärer Narrative – ob aus Moskau, Peking, den U.S. oder bestimmten Ecken der EU selbst. Wer nicht einordnen kann, was ein Rechtsstaat ist, was Pressefreiheit bedeutet oder warum Gewaltenteilung nicht nur ein deutsches Wortungetüm ist, wird anfällig für Vereinfachung, Verklärung und Verschwörung.

Und Desinformation hat längst System. Laut einer Untersuchung des European Digital Media Observatory (EDMO, 2024) sind Falschinformationen über Klima, Migration und Gesundheit im europäischen Sprachraum in den letzten fünf Jahren um über 70 Prozent gestiegen. Bots, Trolle, aber auch fragwürdige „Alternativmedien" verzerren Diskurse. Oft so subtil, dass selbst erfahrene Leser ins Schlingern geraten. Die beste Antwort darauf? Kein Verbot. Sondern **Bildung. Medienbildung. Debattenbildung. Demokratiebildung.** Oder, wie es ein lieber Kollege einmal sagte: *„Denken ist schwer – darum urteilen die meisten."*

Wenn wir über Bildung reden, meinen wir nicht nur die Schule. Bildung muss **lebenslang** sein und **lebensnah**. In Zeiten, in denen Technologien ganze Branchen umkrempeln, kann kein Mensch glauben, nach der Matura (dem Abitur) oder Bachelor „ausgelernt" zu haben. Wer nicht weiterlernt, bleibt zurück – wirtschaftlich, sozial, politisch. Das betrifft nicht nur die Bürger, sondern auch die Industrie. Unternehmen, die heute auf Weiterbildung verzichten, sparen an der falschen Stelle. Gerade mit Blick auf grüne Technologien, digitale Transformation oder geopolitische Risikolandschaften wird Weiterbildung zur Überlebensstrategie. Die EU hat mit ihrer „Agenda für lebenslanges Lernen“ (European Commission, 2022) wichtige Impulse gesetzt, aber die Umsetzung ist national sehr unterschiedlich. Und oft genug fehlt es an Zeit, Geld oder schlicht Motivation.

Hier wäre kluge politische Führung gefragt, mit Anreizen, Pflichtmodellen für Arbeitgeberinnen zur steuerlichen Absetzbarkeit zu fördern und zu fordern. Denn eine resiliente Industrie ist nicht nur eine technisch starke, sondern auch eine klug besetzte. Doch dafür braucht es mehr als Weiterbildung nach Feierabend. Schon die schulische und akademische Ausbildung muss näher an die Realität rücken. Das Curriculum vieler höherer Schulen und Universitäten hinkt den tatsächlichen Anforderungen der Arbeitswelt oft Jahre, wenn nicht Jahrzehnte, hinterher. Während draußen in der Industrie längst mit KI, Kreislaufwirtschaft und grünen Lieferketten gearbeitet wird, wird drinnen noch über Modelle der 1990er Jahre gesprochen.

Hier sollte auch die Wirtschaft selbst Verantwortung übernehmen. Sie kann nicht auf „passende“ Fachkräfte warten wie auf bestellte Pakete. Vielmehr muss sie Praxiswissen, Tools und Problemstellungen aktiv in den Bildungssektor hineintragen und das durch Partnerschaften, Lehrkooperationen, Praktikumsmodelle oder sogar gemeinsame Curricula. Schulen und Universitäten sollten nicht als Wissensspeicher betrachtet werden, sondern als lebendige Schnittstellen zur Gesellschaft und zur Zukunft der Arbeit. Denn eines ist klar: Ein Lehrplan, der nicht regelmäßig mit dem Stand der Praxis abgeglichen wird, verfehlt seinen Zweck. Bildung muss so nah wie möglich am „State of the Art“ sein. Und das nicht nur technologisch, sondern auch ethisch, ökologisch und gesellschaftlich. Nur dann entsteht eine Generation, die nicht nur weiß, was auf sie zukommt, sondern auch, wie man damit umgeht.

Kritisches Denken, Kontextverständnis, Perspektivwechsel – das ist anstrengend, aber alternativlos. Und genau deshalb wird es oft durch einfache Meinungen ersetzt. Aber: Wer sich nicht die Mühe macht, Themen in ihrer Tiefe zu verstehen, kann zwar mitreden, aber nicht mitentscheiden und schon gar nicht davon ausgehen, ernst genommen zu werden. Und genau das ist der Knackpunkt: **Bildung ist keine elitäre Veranstaltung. Sie ist Voraussetzung für Demokratie.**

Denn wer Entscheidungen treffen will – sei es im Wahllokal, im Stadtrat oder im Vorstand – muss sie verstehen, beurteilen und einordnen können. Und wer sie verstehen will, muss lernen. Das klingt banal, ist aber revolutionär in einer Zeit, in der sich Bildung zu oft auf Tests, Zertifikate und Rankings reduziert. Die Aufklärung war kein Coachingprogramm. Sie war ein kulturelles Projekt. Und genau das brauchen wir wieder.

Zivilgesellschaft und Gemeinsinn: Warum Demokratie mehr ist als Wahlen

"Demokratie ist nicht die Herrschaft der Mehrheit, sondern der Schutz der Minderheit.", so Albert Camus. Denn alle vier Jahre ein Kreuz zu machen und dann den Rest der Zeit meckern? Das reicht nicht. Wer Demokratie auf Urnengänge reduziert, hat sie entweder nicht verstanden oder gibt sie langsam auf. Denn Demokratie ist kein Netflix-Abo, bei dem man passiv konsumiert, was andere entschieden haben. Sie ist ein Mitmachprojekt. Und wie bei jedem Gemeinschaftsprojekt gilt: Wer nie auftaucht, kann auch nicht gestalten.

Zivilgesellschaft – das klingt nach Podiumsdiskussion in der Bezirksbibliothek, nach „Bürgerschaftlichem Engagement“ und Thermoskannen-Kaffee im Gemeindesaal. Dabei ist es genau dieser Raum zwischen Staat, Markt und Privatleben, in dem Demokratie lebendig wird: In Bürgerinitiativen, Vereinen, NGOs, Debattierclubs, Kulturhäusern, Elternbeiräten oder Fridays-for-Future-Plakaten. Was diese Räume auszeichnet, ist ihre Offenheit: Hier zählt nicht, wie viel Macht oder Geld jemand hat, sondern ob er mitreden und mitmachen will. Und genau das macht die Zivilgesellschaft zum Prüfstein für funktionierende Demokratien. Denn dort, wo niemand mehr diskutiert, wird bald auch nicht mehr gewählt. Politikwissenschaftliche Studien zeigen, dass stabile Demokratien eine aktive, pluralistische und kritische Zivilgesellschaft brauchen. Nicht als „nice to have“, sondern als notwendige Infrastruktur demokratischer Kultur (Putnam, 1993; Merkel, 2021). Ohne sie droht das, was Soziologen „Demokratiedefizit“ nennen und was sich in sinkender Wahlbeteiligung, Politikverdrossenheit oder Verschwörungsfantasien äußert.

Demokratie beginnt nicht im Parlament, sondern im Alltag: in der Art, wie wir streiten, zuhören, Fragen stellen oder Verantwortung übernehmen. Sie ist kein einmaliger Akt, sondern eine Haltung. Und sie zeigt sich dort, wo wir nicht müssen, aber trotzdem etwas tun: freiwillig, unbezahlbar und oft unbemerkt. Gemeinsinn ist dabei der soziale Klebstoff, der uns zusammenhält. Er äußert sich nicht in Verzicht, sondern in Verantwortung. Nicht im ideologischen Gleichklang, sondern in der Bereitschaft, Kompromisse zu ertragen. Oder wie es der Philosoph **Jürgen Habermas** formulierte: *„Demokratie lebt vom Streit, aber auch von der Einsicht, dass niemand allein recht hat.“* (Habermas, 2018). Diese Einsicht braucht Übung – und Räume. Und genau hier kommt die Herausforderung: Viele dieser Räume schrumpfen. Jugendzentren, Büchereien, Nachbarschaftsprojekte – sie werden zusammengekürzt, kommerzialisiert oder marginalisiert. Gleichzeitig verlagert sich der Diskurs in die digitalen Räume, in denen Lautstärke oft wichtiger ist als Inhalt.

Und dieser Trend macht auch vor Unternehmen nicht halt. Früher gab es in vielen Industrieunternehmen feste Strukturen für Austausch, Beteiligung und Gemeinschaftssinn – Kantinengespräche, Betriebsversammlungen, Werkzeitschriften, Gewerkschaftstreffen oder auch einfach Zeit für ein Gespräch mit der Chefin auf dem Flur. Heute werden viele dieser Räume eingespart, optimiert, digitalisiert oder in ISO-konforme Feedbackprozesse gegossen. Kommunikation wird effizienter, aber oft nicht menschlicher. Wo früher echte Beteiligung stattfand, herrscht heute manchmal nur noch der Eindruck von Partizipation. Mitarbeitende füllen Umfragen aus, klicken auf Tools, melden Ideen in Online-Plattformen, doch die echte Mitgestaltung bleibt oft aus. Und damit auch das, was man früher schlicht als Betriebsklima bezeichnete. Gemeinsinn verschwindet leise, nicht laut. Die Folgen zeigen sich nicht sofort in der Bilanz, aber langfristig in Vertrauensverlust, Innovationslähme und sinkender Loyalität. Denn wer sich nicht gesehen fühlt, zieht sich zurück – psychologisch wie physisch. Quiet quitting, Dienst nach Vorschrift und hohe Fluktuation sind weniger Zeichen von Faulheit als von strukturellem Stillstand. Und mehr noch: Wenn Unternehmen keine Räume für gemeinschaftliche Erfahrung, offene Diskussion und interne Demokratie mehr bieten, verlernen auch sie das Streiten, das Zuhören und das Aushandeln. Kurz: sie verlernen das, was Demokratien am Leben hält, nur eben im Kleinen.

Heute, wo Unternehmen als „Change Agents" gesehen werden. Als Treiber von Innovation, Nachhaltigkeit und gesellschaftlichem Fortschritt, dürfen sie nicht nur als Wirtschaftsräume, sondern auch als soziale Räume verstanden werden. Es braucht wieder Orte – reale wie symbolische – an denen Gemeinsinn spürbar, Kritik erwünscht und Beteiligung möglich ist. Denn Unternehmen, die nach außen Verantwortung zeigen wollen, müssen nach innen Demokratie leben. Wütende Posts sind keine politische Beteiligung. Und ein Hashtag ist noch kein Protest. Klar, auch digitale Debatten gehören heute zur Demokratie, aber sie sind kein Ersatz für körperliche Präsenz, sozialen Kontakt und gemeinschaftliches Handeln. Wenn alles in der Echokammer stattfindet, bleibt die Gesellschaft taub für andere Frequenzen.

Das Internet macht's bequem: Man kann sich empören, ohne aufzustehen. Likes statt Leserbriefe, Shitstorms statt Ortsbeirat. Das fühlt sich nach Beteiligung an, ist aber oft nur emotionales Reagieren statt politisches Handeln.

Studien zur politischen Kommunikation zeigen, dass digitale Empörung kurzfristig mobilisieren kann, aber selten in langfristiges Engagement mündet (Bennett & Segerberg, 2013). Wer sich über alles aufregt, verliert schnell den Überblick und das Vertrauen in jegliche Institution gleich mit.

Und dann gibt es noch die andere Seite: die **Gleichgültigkeit**. Die „Bringt doch eh nichts"-Haltung. Die „Ich bin unpolitisch"-Position. Doch: Niemand ist unpolitisch. Wer schweigt, stimmt dem Status quo zu, oft ohne es zu merken. Gerade in Europa, mit seiner teils bequemen Wohlstandserfahrung, hat sich ein gefährlicher Mythos verbreitet: Demokratie sei selbstverständlich. Doch sie ist nicht stabil „von selbst"! Sie ist stabil, weil Menschen sie tragen. Und wenn zu wenige sie tragen, tragen andere sie fort. In einer Zeit, in der autoritäre Kräfte weltweit lauter werden – von Russland, den Vereinigten Staaten über Ungarn bis zu einzelnen Abgeordneten im eigenen Parlament – ist zivilgesellschaftliches Engagement nicht nur wünschenswert, sondern überlebenswichtig. Wer will, dass Europa demokratisch bleibt, muss mithelfen, dass Demokratie lebt. Auch außerhalb der Wahlkabine. Denn dort, wo Bürger nicht mehr mitgestalten, gestalten andere ohne Bürger. Und das sind nicht immer die, die das Gemeinwohl im Blick haben. Demokratie beginnt im Kleinen: beim Mitmachen, Mitdenken, Mithelfen. Man muss nicht gleich

Politikerin werden oder eine NGO gründen. Manchmal reicht es schon, beim Nachbarschaftsprojekt auszuhelfen, sich im Elternbeirat zu melden oder auf der kommunalen Plattform konstruktiv mitzureden.

Auch Unternehmen können Gemeinsinn stärken. Etwa durch Freistellungen für Ehrenämter, durch Kooperationen mit lokalen Initiativen oder durch Förderung politischer Bildung am Arbeitsplatz. Demokratievertrauen ist ein Teil der gesellschaftlichen Resilienz. Und Resilienz ist längst auch ein wirtschaftlicher Standortfaktor. Wer Demokratie nur als Regierungssystem versteht, hat ihren Kern verfehlt. Sie ist kein Möbelstück, das man einmal kauft und dann stehen lässt. Sie ist ein Mietvertrag auf Gegenseitigkeit – kündbar, aber auch verlängerbar. Und dafür braucht es Menschen, die nicht nur meckern, sondern mitmachen. Die zuhören, streiten, Kompromisse aushalten und Verantwortung übernehmen, auch wenn keiner klatscht. Denn am Ende sind es nicht die Politiker allein, die Europa demokratisch halten. **Es sind die Menschen, die Europa lebendig machen.**

Der schmale Grat zwischen Orientierung und Autorität: Warum wir nicht blind folgen dürfen

Europa steht inmitten tiefgreifender Umbrüche: Klimakrise, geopolitische Spannungen, digitale Transformation, neue Technologien, soziale Ungleichheit und Populismus fordern unsere Gesellschaften heraus wie selten zuvor. In solchen Zeiten sehnen sich viele nach klarer Orientierung: einfache Antworten, starke Führung, jemanden, der „den Laden zusammenhält". Doch hier beginnt das Problem: **Zwischen Orientierung und Autorität liegt ein schmaler Grat** und wer diesen Grat aus dem Blick verliert, riskiert mehr als nur schlechte Entscheidungen. Er riskiert die Grundlagen unserer Demokratie. Oder um es mit den Worten von Immanuel Kant zu sagen: *„Aufklärung ist der Ausgang des Menschen aus seiner selbstverschuldeten Unmündigkeit."* beziehungsweise übersetzt in eine etwas moderne Formulierung: *„Selbst denken ist Pflicht, nicht Kür."*.

Orientierung und Sicherheit ist ein menschliches Grundbedürfnis. In Krisenzeiten suchen wir Halt, da unser Gehirn keine Überforderung mag. Die

Psychologie nennt das ein **Bedürfnis nach kognitiver Entlastung**: Wenn die Welt zu komplex wird, greifen wir nach klaren Narrativen und Führungspersönlichkeiten, die Ordnung versprechen und Komplexitäten reduzieren (Kahneman, 2011). Unser Verstand neigt dann dazu, einfache Geschichten, klare Feindbilder und starke Führungspersönlichkeiten zu bevorzugen. Das ist kein moralisches Versagen, sondern schlicht ein uralter Überlebensmechanismus.

Der Psychologe und Nobelpreisträger **Daniel Kahneman** beschreibt dieses Prinzip in seinem Buch *Thinking, Fast and Slow* (2011) sehr anschaulich. Er unterscheidet zwischen zwei Denksystemen:

- **System 1**: schnell, intuitiv, automatisch. Es springt auf Muster, Emotionen und Geschichten an.

- **System 2**: langsam, rational, anstrengend. Es prüft Fakten, wägt Alternativen ab und verarbeitet Komplexität.

Im Alltag ist System 1 unser bester Freund: Es hilft uns, im Straßenverkehr schnell zu reagieren, Gesichter zu erkennen oder Routinen abzuarbeiten. Aber in Krisenzeiten übernimmt System 1 oft die komplette Kontrolle, selbst in Situationen, in denen System 2 dringend gebraucht würde.

Beispiel 1: Die Illusion der einfachen Erklärung
Stellen Sie sich vor, die Energiepreise explodieren. Nachrichtenportale überschlagen sich, Social Media brennt, Talkshows liefern Schuldige frei Haus. Unser Gehirn liebt solche einfachen Kausalitäten, weil sie Angst reduzieren: „Wenn *X* schuld ist, dann müssen wir nur *Y* ändern." Aber oft ist Realität komplizierter: Energiekrisen entstehen durch ein Zusammenspiel aus geopolitischen Abhängigkeiten, Marktmechanismen, Regulierungen und Wetterextremen. Für System 2 ist das lösbar – aber anstrengend. System 1 hingegen sagt: „Ah, da ist ein klarer Gegner, Problem erledigt." Das erklärt, warum populistische Erzählungen in unsicheren Zeiten so leicht verfangen.

Beispiel 2: Verlustaversion
Kahneman zeigt auch, dass wir **Verluste doppelt so stark empfinden wie Gewinne**. In Krisenzeiten führt das dazu, dass wir Entscheidungen treffen, die kurzfristig emotional richtig, aber langfristig schädlich sind.
Beispiel: Wenn Lebensmittelpreise steigen, reagieren viele reflexartig mit Hamsterkäufen. Rational betrachtet ist das unsinnig, weil es Engpässe erst verschärft. Aber System 1 flüstert: „Sicherheit zuerst, du musst dich schützen." Das Ergebnis: Regale leer, Panik groß, obwohl die Faktenlage stabil bleibt.

Beispiel 3: Autorität und „kognitive Abkürzungen"
Kahneman erklärt außerdem, dass unser Gehirn in unsicheren Zeiten gern Abkürzungen nimmt. Anstatt jede Information selbst zu prüfen, orientieren wir uns an Autoritätspersonen oder Menschen, die „sicher" wirken.
Beispiel: Während der Corona-Pandemie waren Wissenschaftler der **WHO** (World Health Organisation) für viele Menschen wichtige Orientierungspunkte und das war grundsätzlich gut. Doch gleichzeitig führte diese starke Personalisierung zu einer gefährlichen Dynamik: Wer eine andere Meinung vertrat, wurde oft automatisch als „Feind" wahrgenommen, nicht als Teil einer legitimen Debatte. Orientierung wurde zur Polarisierung.

Kahnemans Forschung macht deutlich: Unser Gehirn will Energie sparen. Es liebt Muster, klare Linien, Schuldige und Helden. Doch in einer Welt, die immer komplexer wird, ist diese „Abkürzungsstrategie" riskant. Denn je mehr wir auf einfache Antworten setzen, desto anfälliger werden wir für Manipulation – sei es durch Populismus, Fake News oder wirtschaftliche Interessen. Mit anderen Worten: Unser Wunsch nach Orientierung ist verständlich. Aber wenn wir uns ausschließlich auf System 1 verlassen, landen wir in gefährlichem Fahrwasser. Wir reagieren statt zu reflektieren, folgen statt zu prüfen und geben Verantwortung ab, ohne es zu merken.

Gerade in der Europäischen Union zeigt sich diese Spannung besonders stark. Bürgerinnen und Bürger wünschen sich einerseits klare Orientierung bei Themen wie Klima, Energie, Sicherheit und Digitalisierung. Andererseits reagieren viele empfindlich, wenn die EU zu viel Autorität beansprucht.

Ein Beispiel: Die Debatte um den **Green Deal**. Während Brüssel ambitionierte Klimaziele setzt, wehren sich einzelne Mitgliedsstaaten gegen verbindliche Vorgaben und fürchten, nationale Souveränität zu verlieren. Gleichzeitig kritisieren Unternehmen die „Regulierungsflut", fordern aber zugleich verlässliche Rahmenbedingungen, um investieren zu können. Hier zeigt sich das Dilemma: Ohne gemeinsame Regeln verliert Europa seine Handlungsfähigkeit. Aber wenn Regeln als Zwang empfunden werden, droht gesellschaftlicher Widerstand und eine gefährliche Lücke entsteht, in die Populisten gern stoßen.

Aber selbst wenn uns Kahnemans Systeme 1 & 2 bewusst sind, warum fällt es uns so schwer, Autoritäten zu hinterfragen? Dazu gibt es aus der Forschung mehrere Ansätze und die Geschichte unterstreicht jeden einzelne davon.

Der Status-quo-Bias – warum wir lieber beim Alten bleiben
Der Status-quo-Bias beschreibt unsere Neigung, am Bestehenden festzuhalten, selbst wenn objektiv bessere Alternativen verfügbar sind (Samuelson & Zeckhauser, 1988). Evolutionär macht das Sinn: Stabilität bedeutete früher Überleben. Doch in modernen Gesellschaften kann diese Tendenz Stillstand verursachen und sie prägt die Geschichte mehr, als wir oft glauben. Ein anschauliches Beispiel liefert **Rutger Bregmann** in seinm Bich *„Im Grunde gut"* (2019): Die Abschaffung der Sklaverei. Bereits im 18. Jahrhundert war für viele aufgeklärte Denker klar, dass Sklaverei moralisch unhaltbar ist. Dennoch dauerte es bis weit ins 19. Jahrhundert, bis umfassende Reformen umgesetzt wurden. Warum? Die ökonomischen Interessen der Eliten, soziale Trägheit und der Wunsch, bestehende Machtverhältnisse zu bewahren, verhinderten Veränderungen, selbst angesichts eindeutiger Fakten und Argumente. Der Status quo wurde verteidigt, weil er bekannt war, nicht weil er gerecht war. In Zeiten massiver Transformation wie Digitalisierung, Dekarbonisierung, geopolitische Unsicherheit, kann der Status-quo-Bias fatal sein. Wer sich an alten Strukturen klammert, blockiert nicht nur Fortschritt, sondern auch Resilienz.

Der Autoritätseffekt – warum wir „denen da oben" so leicht glauben
Der Autoritätseffekt beschreibt unsere Tendenz, Menschen in Machtpositionen automatisch mehr Kompetenz und Glaubwürdigkeit zuzuschreiben (Cialdini,

2009). Schon kleine Signale wie Titel, Uniformen oder offizieller Sprachstil reichen, um unser Vertrauen zu gewinnen, oft unabhängig von tatsächlicher Expertise. **Daron Acemoglu und James Robinson** zeigen in ihrem populärwissenschaftlichen Werk „*Macht und Fortschritt*“ (2023), wie dieser Mechanismus die industrielle Entwicklung Europas prägte. Neue Technologien – etwa frühe Fabriksysteme – setzten sich dort am schnellsten durch, wo Eliten und Meinungsführer sie aktiv befürworteten. Arbeiter und Bürger vertrauten ihren Empfehlungen, selbst wenn die kurzfristigen Folgen oft prekär waren, z. B. lange Arbeitszeiten und unsichere Bedingungen. Die Autorität der wirtschaftlichen und politischen Führungspersonen genügte, um die gesellschaftliche Akzeptanz für massive Umbrüche zu sichern. Auch aktuelle Debatten, etwa um KI-Regulierungen oder Energiewenden zeigen, wie sehr wir uns an Autoritäten orientieren. Die Frage ist nicht, ob wir Autoritäten brauchen, sondern wie wir sicherstellen, dass ihre Entscheidungen überprüfbar und transparent bleiben.

Der Bestätigungsfehler– warum wir hören, was wir hören wollen

Der Bestätigungsfehler (*Confirmation Bias*) ist das psychologische Phänomen, dass wir Informationen bevorzugen, die unsere bestehenden Überzeugungen stützen, während wir widersprüchliche Fakten ausblenden oder abwerten (Nickerson, 1998). In „*Im Grunde gut*“ (Bregmann, 2019) findet sich ein eindrucksvolles Beispiel in der Kolonialpolitik des 19. Jahrhunderts. Europäische Eliten waren überzeugt, dass Kolonialismus „zivilisatorischen Fortschritt“ bringe. Diese Überzeugung wurde durch selektive Wahrnehmung gestützt: Berichte über wirtschaftliche Gewinne und kulturelle „Erfolge“ erhielten Aufmerksamkeit, während Hinweise auf Ausbeutung, Gewalt und Widerstand systematisch ignoriert wurden. Der Bestätigungsfehler wirkte wie ein Filter, der unbequeme Wahrheiten ausblendete und machte das System stabiler, als es hätte sein dürfen. In Zeiten von Social Media verstärkt sich dieser Effekt massiv. Algorithmen sortieren Informationen nach unseren Vorlieben, Echokammern zementieren unser Weltbild und der Raum für differenzierte Debatten schrumpft.

Kognitive Dissonanz – warum wir uns selbst belügen

Kognitive Dissonanz tritt auf, wenn unser Handeln nicht mit unseren Überzeugungen übereinstimmt. Diese innere Spannung ist unangenehm und statt unser Verhalten zu ändern, rechtfertigen wir es oft nachträglich

(Festinger, 1957). Bregmann beschreibt diesen Mechanismus am Beispiel der modernen Energiepolitik: Viele Unternehmen wissen, dass fossile Energien langfristig nicht haltbar sind. Gleichzeitig halten sie an ihnen fest – aus Kostengründen, aus Angst vor Wettbewerbsnachteilen oder schlicht aus Bequemlichkeit. Um diesen Widerspruch auszuhalten, werden Argumente konstruiert: *„Die Technik ist noch nicht reif"* oder *„Die Nachfrage der Kunden ist nicht da".* Das Ergebnis: Ein Verhalten, dass den eigenen Überzeugungen widerspricht, wird rationalisiert und so zementiert sich Stillstand. In einer Welt, die schnelle Transformation erfordert, dürfen wir uns diesem Mechanismus nicht hingeben. Transparenz, Bildung und offene Debatten helfen, Dissonanzen aufzudecken und Entscheidungen zu treffen, die langfristig tragfähig sind.

Diese vier psychologischen Mechanismen – **Status-quo-Bias, Autoritätseffekt, Bestätigungsfehler und kognitive Dissonanz** – erklären, warum wir uns als Gesellschaft so schwer mit Wandel tun. Sie zeigen auch, warum wir gerade in Europa mehr Aufklärung, mehr Diskursräume und mehr Beteiligung brauchen. Der Schlüssel liegt nicht darin, Autoritäten abzuschaffen, sondern sie transparent und überprüfbar zu machen. Und er liegt darin, uns selbst immer wieder zu hinterfragen, besonders dann, wenn uns eine Lösung zu einfach vorkommt.

Die aktuelle geopolitische Lage verstärkt diese Dynamiken. Populistische Bewegungen nutzen gezielt die Sehnsucht nach Klarheit und Gemeinschaft, um einfache Lösungen für komplexe Probleme zu verkaufen. Dabei werden Emotionen gezielt über Fakten gestellt. Ein Beispiel ist der Umgang mit Migration: Während Studien belegen, dass Zuwanderung langfristig Wohlstand schafft (OECD, 2023), dominieren Narrative von „Überforderung" und „Identitätsverlust" die öffentliche Debatte. Diese Rhetorik ist kein Zufall – sie wird in sozialen Medien verstärkt, oft unterstützt durch gezielte **Desinformationskampagnen** aus autoritären Staaten (EDMO, 2024). Digitale Plattformen verstärken diese Effekte durch Algorithmen, die Empörung, Angst und Wut bevorzugen, schlicht, weil diese Emotionen mehr Klicks generieren. Damit wird der Diskurs anfälliger für Fake News, Verschwörungserzählungen und Polarisierung. Die EU investiert zunehmend in Programme zur **Medienkompetenz**, etwa über das „Digital Education Action Plan" (European Commission, 2022). Ziel ist es, Bürgerinnen und Bürger in die Lage zu versetzen, Informationen einzuordnen, Widersprüche auszuhalten und manipulative Inhalte zu entlarven. Aber ohne permanente Lernbereitschaft verliert Europa nicht nur Innovationskraft, sondern auch seine demokratische Resilienz.

Europa braucht Orientierung! Gerade jetzt, in Zeiten globaler Unsicherheit. Aber diese Orientierung darf nicht auf Kosten unserer demokratischen Prinzipien gehen. Autorität ist wichtig, solange sie Rechenschaftspflicht und Transparenz einschließt. Blindes Folgen hingegen öffnet Tür und Tor für Populismus, Manipulation und gesellschaftliche Spaltung. Der Weg nach vorn ist unbequem: Wir müssen **mehr wissen, mehr denken, mehr hinterfragen**. Und genau darin liegt Europas Stärke. Die Zukunft wird nicht von denen gewonnen, die am lautesten schreien, sondern von denen, die verstehen, was sie tun und warum.

Zusammenfassung: Was die Politik und die Gesellschaft beitragen kann

Europa steckt mitten in einem Stresstest und zwar einem dieser langen, zähen Tests, die nicht in Multiple-Choice zu lösen sind. Klimawandel, geopolitische Spannungen, digitale Disruptionen, Energieabhängigkeiten und soziale Spaltungen treffen aufeinander und stellen Gesellschaft, Politik und Wirtschaft vor Fragen, die komplexer sind als die meisten PowerPoint-Folien, auf denen sie gerade beantwortet werden sollen. Kapitel 9 hat gezeigt, dass wir in dieser Lage **Orientierung** brauche und nicht blindes Vertrauen. Denn zwischen kluger Führung und gefährlicher Bevormundung liegt ein schmaler Grat.

Menschen brauchen Orientierung, besonders in Krisenzeiten. Die Psychologie nennt das das **Bedürfnis nach kognitiver Entlastung** (Kahneman, 2011). Wenn die Welt chaotisch wirkt, suchen wir einfache Erklärungen und starke Persönlichkeiten. Das ist nachvollziehbar, aber riskant: Denn wer einfachen Antworten zu schnell vertraut, läuft Gefahr, komplexe Probleme mit simplen Rezepten zu bekämpfen, oft mit hohen Folgekosten. Die Industrie fordert klare Regeln, die Politik sucht Handlungsspielräume, und die Gesellschaft will

Sicherheit **und** Freiheit. Der Trick? Langfristige Strategien, die nicht von Legislaturperiode zu Legislaturperiode springen und Rahmenbedingungen, die Transformation planbar machen, damit Vertrauen entstehen kann.

Die Grundlage für informierte Entscheidungen, kritischen Diskurs und demokratische Resilienz liegt nicht in Instagram-Stories, sondern in fundiertem Wissen, was mit Bildung einhergeht. Doch genau hier gibt es Nachholbedarf: Die Curricula vieler Schulen und Hochschulen sind oft Jahre hinter der Realität zurück. Während draußen in der Industrie längst mit KI, grünen Lieferketten und Kreislaufwirtschaft experimentiert wird, diskutiert drinnen noch so mancher Professor Modelle der 1990er Jahre. Damit das nicht so bleibt, braucht es eine viel engere Verzahnung zwischen Bildungseinrichtungen und Industrie. Unternehmen müssen Praxis, Technologien und Wissen aktiv in Schulen und Universitäten tragen. Bildung muss näher am State of the Art sein, um Bürgerinnen und Bürger auf die Arbeitswelt von morgen vorzubereiten und auf eine Gesellschaft, die Fake News und digitale Manipulationen erkennt, bevor sie ihnen verfällt (Zuboff, 2019).

Dazu brauchen wir Räume, um Demokratie zu leben. Viele klassische Diskursräume – Jugendzentren, Bibliotheken, Nachbarschaftsprojekte – schrumpfen oder verschwinden. Stattdessen verlagert sich der Austausch in digitale Plattformen, auf denen Lautstärke oft wichtiger ist als Inhalt. Das betrifft auch Industrieunternehmen. Früher boten sie Räume für echten Austausch wie Werkzeitschriften, Betriebsversammlungen, informelle Gespräche in der Kantine. Heute sind viele dieser Strukturen rationalisiert oder durch Tools ersetzt worden, die zwar Effizienz steigern, aber selten Gemeinschaft fördern. Das Ergebnis: sinkendes Vertrauen, „Quiet Quitting“ und weniger Innovationskraft. Wer Demokratie nach außen verteidigen will, muss sie auch nach innen leben und Unternehmen spielen dabei eine entscheidende Rolle.

Aber warum klammern wir uns so gerne an einfache Lösungen? Die Forschung von Kahneman (2011) und anderen zeigt, dass unser Gehirn ständig Abkürzungen nimmt: Wir halten am Vertrauten fest (**Status-quo-Bias**), wir glauben Autoritäten oft reflexhaft (**Autoritätseffekt**), wir suchen gezielt nach Informationen, die unsere Meinung bestätigen (**Bestätigungsfehler**), und wenn unser Handeln nicht zu unseren Werten passt, reden wir uns das Problem schön (**kognitive Dissonanz**) (Festinger, 1957; Cialdini, 2009; Bregmann, 2019; Acemoglu & Robinson, 2023). Geschichte und Gegenwart sind voll von Beispielen: die späte Abschaffung der Sklaverei, die Beharrlichkeit kolonialer Ideologien, die Energiepolitik vieler Unternehmen. Diese Muster zu verstehen, ist entscheidend, um Manipulation, Populismus und gefährliche Vereinfachungen zu entlarven.

Kapitel 9 macht klar: **Demokratie braucht aktive Mitgestaltung.** Sie braucht Bürger, die mehr tun, als Likes zu vergeben. Sie braucht Politik, die über Wahlzyklen hinausdenkt. Sie braucht Unternehmen, die Verantwortung nicht nur kommunizieren, sondern auch leben. Und sie braucht Bildung, die nicht nur Wissen vermittelt, sondern konstruktiv kritisches Denken trainiert. Europa muss lernen, Unsicherheit auszuhalten, Widersprüche zu akzeptieren und Vielfalt produktiv zu nutzen. Orientierung ist wichtig – blinder Gehorsam ist gefährlich.

Oder um es auf den Punkt zu bringen: Wer glaubt, dass die Zukunft einfach wird, hat nicht aufgepasst. Aber wer versteht, wie komplex sie ist, hat schon den ersten Schritt gemacht. Europa hat keine Garantie auf Zukunft. Aber es hat alle Voraussetzungen. Wenn wir bereit sind, Mut zu zeigen, Haltung zu bewahren und Verantwortung nicht zu delegieren, dann wird aus dieser oft komplizierten, aber wunderbaren Gemeinschaft mehr als die Summe ihrer Teile. Dann wird aus Politik Gestaltung. Aus Wirtschaft Teilhabe. Und aus Gesellschaft ein Raum, in dem Freiheit nicht nur erlaubt ist, sondern gebraucht wird.

Die Zukunft ist kein Zuschauerraum. Sie ist ein Ort für Mitmacher.

Epilog

Europa ist kein Museum. Kein Archiv der Vergangenheit, sondern eine Werkstatt der Zukunft. Wir tragen Narben – ja. Aber diese Narben sind Beweise unserer Widerstandsfähigkeit. Sie zeigen, dass wir mehr können, als zu überstehen: Wir können gestalten. Europa hat die Kraft, nicht nur Geschichte zu bewahren, sondern Geschichte neu zu schreiben.

Wenn wir an Europa denken, dann denken wir an Athen, wo Demokratie geboren wurde. Wir denken an Florenz, wo die Renaissance den Menschen neu entdeckte. Wir denken an Paris, wo Freiheit, Gleichheit und Brüderlichkeit zu Schlagworten einer ganzen Epoche wurden. Wir denken an Berlin, wo Mauern fielen und Menschen sich nicht länger trennen ließen. Europa ist ein Kontinent, der mehr als einmal bewiesen hat, dass aus Krisen Aufbrüche entstehen können. Doch jede Generation muss ihr eigenes Versprechen erneuern. Unsere Gegenwart ist nicht weniger dramatisch als die Jahre zuvor. Klimakrise, digitale Revolution, gesellschaftliche Spannungen, geopolitische Machtverschiebungen. Wir sind wieder an einem Punkt, an dem die Geschichte uns prüft. Werden wir abwarten? Oder werden wir handeln? Werden wir die Zukunft passiv ertragen? Oder aktiv gestalten?

Unsere Vergangenheit verpflichtet uns. Wir dürfen nicht nur erinnern. Wir müssen übersetzen. Europa ist nicht fertig. Europa ist ein Entwurf und es liegt jetzt in unseren Händen.

Wir stehen heute inmitten einer Transformation, die zwei Motoren hat: Nachhaltigkeit und Digitalisierung. Viele sehen darin noch Gegensätze. Doch in Wahrheit sind es Geschwister. Nachhaltigkeit ist der Kompass. Digitalisierung ist das Werkzeug. Nur gemeinsam ergeben sie Richtung und Geschwindigkeit. Europa hat die einmalige Chance, diesen doppelten Wandel nicht nur zu bewältigen, sondern zu prägen. Wir müssen zeigen, dass es möglich ist, eine industrielle Welt zu gestalten, die nicht zerstört, sondern schützt. Dass Technologie nicht entmenschlicht, sondern Menschen stärkt. Dass Effizienz nicht gegen Gerechtigkeit ausgespielt werden muss. Das ist keine Illusion, das ist eine Aufgabe. Und Europa ist prädestiniert dafür.

Warum? Weil wir gelernt haben, dass Fortschritt ohne Werte gefährlich ist und Werte ohne Fortschritt wirkungslos. Wir sind der Kontinent, der Technik immer auch mit Ethik verband, der Marktkräfte in den Sozialstaat einbettete und Freiheit nie ohne Verantwortung dachte.

Europa ist kein monolithischer Block. Wir sind 27 Länder, mehr als 200 Sprachen, hunderte Kulturen. Und doch verbindet uns mehr, als uns trennt. Vielfalt ist nicht unsere Schwäche – sie ist unser Kapital. Denn wer Vielfalt managen kann, kann auch Komplexität meistern. Und die Zukunft wird komplex sein. Jedes europäische Land trägt eigene Schätze bei: deutsche Ingenieurskunst, französische Innovationskultur, skandinavische Sozialmodelle, südeuropäische Kreativität, osteuropäischer Pragmatismus. Wenn wir es schaffen, diese unterschiedlichen Stärken zu bündeln, entsteht etwas, das größer ist als die Summe seiner Teile. Europa ist die Werkstatt, in der aus Gegensätzen Innovation wird.

Die entscheidende Ressource Europas sind nicht Rohstoffe, sondern Köpfe. Universitäten, Forschungsinstitute, Start-ups, Mittelstand, sie sind das Herzstück unserer Zukunft. Doch Wissen allein reicht nicht. Es braucht auch Mut, dieses Wissen umzusetzen. Mut, zu scheitern. Mut, neu anzufangen. Mut, groß zu denken. Zu lange haben wir Fehler als Makel betrachtet. In Wahrheit sind sie Treppenstufen. Silicon Valley lebt von dieser Haltung, aber Europa hat mehr zu bieten. Wir können Fehlerfreundlichkeit mit Verantwortungsbewusstsein verbinden. Wir können Innovation so gestalten, dass sie nicht nur disruptiv, sondern konstruktiv ist. Forschung ist unser Rohstoff. Bildung ist unsere Infrastruktur. Mut ist unsere Energie.

Europa darf nicht länger Wohlstand über Bruttoinlandsprodukt und Börsenkurse definieren. Der Wohlstand von morgen misst sich an Resilienz, Lebensqualität und ökologischer Stabilität. Ein Wirtschaftssystem, das Wälder abholzt, Böden vergiftet und Menschen ausbrennt, ist nicht wohlhabend – es ist bankrott, auch wenn die Zahlen stimmen. Darum müssen wir die Spielregeln ändern. Nachhaltigkeit ist kein „Nice-to-have". Sie ist das Fundament. Digitalisierung ist kein Selbstzweck. Sie ist das Mittel. Und Wohlstand ist nicht der Zweck an sich, er ist die Bedingung für Freiheit, Gerechtigkeit und Zukunftssicherheit. Europa muss die erste Region der Welt werden, die diesen Dreiklang ernst nimmt.

Europa wird oft auf Brüssel reduziert: auf Verordnungen, Bürokratie, Ausschüsse. Aber Europa ist viel mehr. Europa ist eine Idee. Die Idee, dass Kooperation stärker ist als Konfrontation. Die Idee, dass Frieden kein Zufall ist, sondern Arbeit. Die Idee, dass Vielfalt nicht trennt, sondern bereichert. Diese Idee muss neu erzählt werden. Nicht in technokratischer Sprache, sondern in Geschichten, die Menschen erreichen. Geschichten von Unternehmen, die zeigen, dass grüne Technologien Arbeitsplätze schaffen. Geschichten von Städten, die beweisen, dass Digitalisierung Lebensqualität erhöhen kann. Geschichten von Bürgerinnen, die spüren, dass Europa nicht fern, sondern nah ist. Europa braucht wieder eine Erzählung, die Menschen begeistert. Eine Erzählung, die nicht nur Experten überzeugt, sondern Herzen erreicht.

Andere Kontinente exportieren Öl, Gas oder Chips. Europas größtes Exportgut kann Verantwortung sein. Verantwortung für Klima, für Menschenrechte, für Datenschutz, für faire Märkte. Schon heute schauen andere Länder auf unsere Standards: von der DSGVO über den Green Deal bis zu neuen KI-Gesetzen. Wir dürfen diese Rolle nicht kleinreden. Wir sind Vorbild, ob wir wollen oder nicht. Aber Verantwortung ist nicht nur moralisch. Sie ist strategisch. Wer faire Regeln setzt, gewinnt Vertrauen. Wer Nachhaltigkeit ernst nimmt, wird resilient. Wer Transparenz bietet, zieht Talente und Investoren an. Verantwortung ist nicht die Bremse der Wirtschaft – sie ist ihr neuer Motor.

Es gibt Epochen, in denen kleine Schritte genügen. Dies ist keine solche Epoche. Unsere Zeit verlangt große Sprünge. Nicht die Verwaltung der Gegenwart, sondern die Gestaltung der Zukunft. Wir können nicht warten, bis andere handeln. Wir müssen den Takt vorgeben.

Die Frage ist: Haben wir den Mut, unbequem zu sein? Haben wir den Mut, alte Denkmuster abzulegen? Haben wir den Mut, Europa nicht nur als Markt, sondern als Gemeinschaft zu sehen? Haben wir den Mut, zu glauben, dass die Zukunft nicht in Kalifornien oder Shanghai geschrieben wird, sondern auch hier, in Europa?

An die Politik: Hört auf, nur Regeln zu schreiben. Fangt an, Chancen zu schaffen. Reduziert Bürokratie. Investiert in Bildung, Forschung und

Infrastruktur. Seid mutig genug, europäische Projekte nicht nur zu beschließen, sondern umzusetzen.

An die Wirtschaft: Seht Nachhaltigkeit nicht als Last, sondern als Chance. Nutzt Digitalisierung nicht nur für Effizienz, sondern für Innovation. Habt den Mut, voranzugehen, auch wenn der Markt noch zögert. Mutige Unternehmen werden die Märkte von morgen gestalten.

An die Gesellschaft: Europa ist nicht „die da oben". Europa sind wir alle. Jeder Konsum, jede Wahl, jede Entscheidung zählt. Zukunft ist nicht abstrakt. Sie wird in Werkhallen, an Stammtischen, in Klassenzimmern und im Wohnzimmern gemacht. Sie wird durch unser Handeln entschieden.

Darum endet dieses Buch nicht mit einem „Punkt", sondern mit einem Ruf:
Lasst uns Europa nicht nur verteidigen, lasst uns Europa erneuern.
Lasst uns zeigen, dass Wohlstand und Nachhaltigkeit kein Widerspruch sind.
Lasst uns beweisen, dass Technologie Menschlichkeit stärken kann.
Lasst uns Zukunft machen.

Wir haben alles, was wir brauchen: Wissen, Mut, Vielfalt. Was fehlt, ist nur der Entschluss.

Die Zukunft wird nicht geliefert. Sie wird gemacht. Von uns. Heute.

Und wenn wir den Mut haben, dann wird man in hundert Jahren auf diese Zeit zurückblicken und sagen: Hier, in Europa, wurde Zukunft neu erfunden. Denn Europa war nie nur eine Vergangenheit. Europa war immer eine Möglichkeit.

Und diese Möglichkeit heißt jetzt: **Zukunft. Made in Europe.**

Danksagung

Kein Buch entsteht im Alleingang.

An erster Stelle danke ich meiner geliebten Ehefrau **Margit** – für Geduld, Humor und den unerschütterlichen Glauben an mich. Du hast die langen Abende, meine stillen Zweifel und die kleinen Siege mitgetragen. Diese Seiten tragen deine Handschrift mit.

Meiner Tochter **Katharina** danke ich dafür, dass du mir die Welt Tag für Tag mit deinen Augen zeigst. Dein Staunen und deine Fragen haben mir Orientierung gegeben und mich erinnert, worauf es wirklich ankommt.

Meinen **Geschäftspartnern und Wegbegleitern aus Wirtschaft, Politik und Bildung** danke ich für Vertrauen, Klarheit und die Freude am gemeinsamen Denken. Eure kritischen Nachfragen, die offenen Türen und die Bereitschaft, Wege mit mir zu gehen, haben dieses Buch geschärft – stellvertretend all jenen, deren Rat stets zur rechten Zeit kam.

Dank gilt auch den Menschen im Hintergrund – Familie, Kolleg:innen, Lektor:innen und Freund:innen –, für ehrliche Rückmeldungen, geteilte Zeit und Rückenwind.

Und schließlich **Ihnen, liebe Leserinnen und Leser**: Danke, dass Sie sich auf diese Reise einlassen. Wenn dieses Buch Ihnen einen Gedanken schenkt, den Sie behalten möchten, hat es seinen Zweck erfüllt.

Quellen

Abrams, A.B. (2023). *China & America's Tech War from AI to 5G*. New York: TechPress.

Acemoglu, D. & Johnson, S. (2023) *Macht und Fortschritt: Unsere tausendjährige Auseinandersetzung mit Technologie und Wohlstand*. München: DVA.

Acemoglu, D. & Restrepo, P. (2020) *The Wrong Kind of AI? Artificial Intelligence and the Future of Labour Demand. Economics Working Papers*, MIT.

Acemoglu, D. & Robinson, J.A. (2012): *Why Nations Fail: The Origins of Power, Prosperity, and Poverty*. New York: Crown Business.

Acemoglu, D. & Robinson, J.A. (2019): *The Narrow Corridor – States, Societies, and the Fate of Liberty*. New York: Penguin Press.

Adreani, M. et al. (2023): *Use of Snap4City in Florence: a participatory real-time digital twin for urban sustainability*. Verfügbar unter: https://org/abs/2309.13394
[Zugriff am 20. Juli 2025].

Aghion, P., Antonin, C. & Bunel, S. (2021): *The Power of Creative Destruction: Economic Upheaval and the Wealth of Nations*. Cambridge, MA: Harvard University Press.

Agora Energiewende (2023) *Strommarktanalyse Deutschland 2022*. Berlin. Verfügbar unter: https://www.agora-energiewende.de
[Zugriff am 17. Mai 2025].

Aiginger, K. (2016): *New Dynamics for Europe: Reaping the Benefits of Socio-ecological Transition*. Vienna: Policy Crossover Center.

ALG (2024). *EU-Taxonomy and the Construction Sector*. Verfügbar unter: https://www.algoodbody.com/insights-publications/eu-taxonomy-and-the-construction-sector [Zugriff am 28. April 2025].

Androulaki, E. et al. (2018): *Hyperledger Fabric: A Distributed Operating System for Permissioned Blockchains*. Proceedings of the Thirteenth EuroSys Conference. Verfügbar unter: https://dl.acm.org/doi/10.1145/3190508.3190538 [Zugriff am 19. Juli 2025].

ArcelorMittal (2023) *XCarb® and Hydrogen Strategy*. Luxemburg. Verfügbar unter: https://corporate.arcelormittal.com [Zugriff am 18. April 2025].

Arnold, J. et al. (2024). *Digital Product Passport: A Pathway to Circularity and Sustainability. Sustainability*, Seite 396.

Atlas Copco (2024): *Sustainability Report 2024*. Verfügbar unter: https://www.atlascopco.com/en/sustainability [Zugriff am: 3. Mai 2025].

Autodesk (2023): *The Role of Digital Twins in CO_2 Monitoring and Reporting*. Whitepaper, Autodesk Europe. Verfügbar unter: https://www.autodesk.com [Zugriff am 15. Juli 2025].

BAG (2019): Entscheidung vom 11. Dezember 2019 – 1 ABR 34/18. Verfügbar unter: https://www.bundesarbeitsgericht.de/entscheidung/1-abr-34-18/ [Zugriff am: 22. Juli 2025].

BAG (2021): Entscheidung vom 21. Januar 2021 – 8 AZR 488/19. Verfügbar unter: https://www.bundesarbeitsgericht.de/entscheidung/8-azr-488-19/ [Zugriff am: 29. Juli 2025].

BASF (2021): *Beteiligung neu gedacht – Lessons Learned aus der Pandemie*. Unternehmensbericht.

Barilla (2022) *Sustainability Report*. Parma: Barilla Group. Verfügbar unter: https://www.barillagroup.com/en/sustainability/ [Zugriff am 28. Juni 2025].

BASF (2022) *Nachhaltigkeitsbericht 2022*. Ludwigshafen: BASF SE. Verfügbar unter: https://www.basf.com [Zugriff am 8. Juli 2025].

Bassi, F. & Guidolin, M. (2021). *Resource efficiency and Circular Economy in European SMEs.*

Bauernhansl, T., Diedrich, C. & Fleischer, J. (2023). *Nachhaltigkeit und Digitalisierung in der Produktion*. Fraunhofer IPA.

Bayer AG (2022): *Social Responsibility & Supplier Audits Report*. Leverkusen: Bayer.

BCG (2022): *Bold Moves in Times of Uncertainty*. Boston: Boston Consulting Group. Verfügbar unter: https://www.bcg.com/publications/2022/bold-moves-in-times-of-uncertainty [Zugriff am 09. August 2025].

BCG (2022): *The Power of Industrial Clusters*. Boston: Boston Consulting Group. Verfügbar unter: https://www.bcg.com/publications/2022/power-of-industrial-clusters
[Zugriff am 09. August 2025].

Bertelsmann Stiftung (2023) *Weiterbildung und digitale Transformation*. Gütersloh. Verfügbar unter: https://www.bertelsmann-stiftung.de
[Zugriff am 4. April 2025].

Bertrand, M. & Mullainathan, S. (2004): Are Emily and Greg More Employable than Lakisha and Jamal? A Field Experiment on Labor Market Discrimination. *American Economic Review*, 94(4), Seiten 991–1013.

Bialek, J. (2022). *Tech: Wie digitale Macht entsteht*. Berlin: Econ.

BioRN (2023): *Regional Innovation through Triple-Helix Collaboration*. Heidelberg: BioRN Network.

Birol, F. (2025): *AI is set to drive surging electricity demand from data centres*. IEA. Verfügbar unter: https://www.iea.org/news/ai-is-set-to-drive-surging-electricity-demand-from-data-centres [Zugriff am 17. Juli 2025].

BloombergNEF (2023) *Levelized Cost of Electricity Update*. New York.

BMW Group (2023): *Sustainability in the Supply Chain – Annual Report*. München: BMW AG.

BMWK (2023) *Industriepolitische Leitlinien 2030*. Berlin. Verfügbar unter: https://www.bmwk.de [Zugriff am 13. Juni 2025].

BMWK (2023): *IPCEI Hydrogen – Projektbeschreibung*. Berlin: Bundesministerium für Wirtschaft und Klimaschutz. Verfügbar unter: https://www.bmwk.de/Redaktion/DE/Dossier/ipcei.html [Zugriff am 29. April 2025].

BMWK (2023) *Monitoringbericht zur Versorgungssicherheit 2022*. Berlin. Verfügbar unter: https://www.bmwk.de [Zugriff am 10. Juni 2025].

BMWK (2023) *Wasserstoffstrategie – Fortschrittsbericht*. Berlin. Verfügbar unter: https://www.bmwk.de [Zugriff am 1. Mai 2025].

Bock, L. (2015): *Work Rules! Insights from Inside Google That Will Transform How You Live and Lead*. New York: Twelve Books.

Borealis (2023). *Unternehmensbericht Linz Resilienz-Cluster*. Borealis Group.

Bosch (2023): *Learning Factories for Industry 4.0*. Stuttgart: Robert Bosch GmbH. Verfügbar unter: https://www.bosch.com/stories/learning-factory-industry-4-0 [Zugriff am 19. Mai 2025].

Bradford, A. (2020) *The Brussels Effect*. Oxford: Oxford University Press.

Bregmann, R. (2019): *Im Grunde gut: Eine neue Geschichte der Menschheit*. Frankfurt: Rowohlt.

Budson, D. (2022) *Six Myths about Dementia*. Harvard Health.

Bundesministerium für Arbeit und Soziales (2021): *Lieferkettensorgfaltspflichtengesetz*. Verfügbar unter: https://www.bmas.de/DE/Service/Gesetze/lieferkettensorgfaltspflichtengesetz.html [Zugriff am: 29. Juli 2025].

Bundesnetzagentur (2023) *Jahresbericht Energie 2022*. Bonn. Verfügbar unter: https://www.bundesnetzagentur.de [Zugriff am 16. Juni 2025].

Byrne, D. (1971): *The Attraction Paradigm*. New York: Academic Press.

Carrefour Group (2023). *Annual Sustainability Report*. Verfügbar unter: https://www.carrefour.com/en/group/annual-reports [Zugriff am 14. Mai 2025].

Catena-X (2023): *European data space for the automotive industry*. Verfügbar unter: https://catena-x.net [Zugriff am 19. Juli 2025].

CEA (2022): *Annual Research Report*. Commissariat à l'énergie atomique et aux énergies alternatives.

CEPS (2022): *Industrial Alliances in Europe: Drivers and Barriers*. Brussels: Centre for European Policy Studies. Verfügbar unter: https://www.ceps.eu/ceps-publications/industrial-alliances-in-europe [Zugriff am 10. Juni 2025].

Chystoforova, K. & Reviglio, U. (2025). *Framing the Role of Experts in Platform Governance. Internet Policy Review*, 14(1).

Cialdini, R. (2009): *Influence: Science and Practice*. 5th ed. Boston: Pearson Education.

Climate Neutral Data Centre Pact (2025): *Self-regulatory initiative among European cloud and data centre operators*. Verfügbar unter: https://www.climateNeutralDataCentre.net [Zugriff am 18. Juli 2025].

Crippa, M. et al. (2021). Food systems are responsible for a third of global anthropogenic GHG emissions. Nature Food, 2 (3), Seiten 198–209.

Davis, M. & Patterson, D. (2012). Ethics of Big Data: Balancing Risk and Innovation. O'Reilly Media.

Deloitte (2022): *Predictive Maintenance and Asset Performance in the European Industrial Sector.* Deloitte Insights. Verfügbar unter: https://www.deloitte.com
[Zugriff am 16. Juli 2025].

Deloitte (2023): *AI in Process Industries*. London: Deloitte Insights. Verfügbar unter: https://www2.deloitte.com/insights/us/en/focus/industry-4-0/ai-in-manufacturing.html [Zugriff am 5. Juli 2025].

Deloitte (2023): *Compliance-Kostenindex 2023: Entwicklungen in der Industrie*. Frankfurt: Deloitte.

Deloitte (2023): *European Industrial Collaboration Report*. London: Deloitte. Verfügbar unter: https://www2.deloitte.com/eu/en/pages/strategy-operations/articles/european-industrial-collaboration.html
[Zugriff am 4. August 2025].

DIHK (2023): *Unternehmensbarometer Bürokratie*. Berlin: Deutscher Industrie- und Handelskammertag. Verfügbar unter: https://www.dihk.de/de/themen-und-positionen/wirtschaftspolitik-und-finanzierung/wirtschaftspolitik/buerokratiebarometer [Zugriff am 10. April 2025].

Dosi, G. (1988): Sources, Procedures, and Microeconomic Effects of Innovation. *Journal of Economic Literature*, 26(3), Seiten 1120–1171.

Dosi, G., Malerba, F., Ramello, G.B. & Silva, F. (2006): *The Economics of Innovation*. Oxford: Oxford University Press.

DSGVO (2018): Verordnung (EU) 2016/679. Verfügbar unter: https://eur-lex.europa.eu/eli/reg/2016/679/oj [Zugriff am: 29. Juli 2025].

Dweck, C. (2006) *Mindset: The New Psychology of Success*. New York: Random House.

Ebbinghaus, H. (1885): *Über das Gedächtnis: Untersuchungen zur experimentellen Psychologie*. Leipzig: Duncker & Humblot.

Ecoligo (2023) *Impact Report*. Berlin. Verfügbar unter: https://www.ecoligo.com/impact-report [Zugriff am 14. Mai 2025].

EDMO – European Digital Media Observatory (2024): *Disinformation Trends in the EU*. Brussels: EDMO. Verfügbar unter: https://edmo.eu [Zugriff am 23. Juli 2025].

Edmondson, A. (2019): *The Fearless Organization: Creating Psychological Safety in the Workplace for Learning, Innovation, and Growth*. Hoboken: Wiley.

EIB (2023): *EIB Investment Survey 2023*. Luxembourg: European Investment Bank. Verfügbar unter: https://www.eib.org/en/publications/eibis-2023 [Zugriff am 2. August 2025].

EMCO GmbH (2023) *Smart Industry Solutions*. Hallein: EMCO. Verfügbar unter: https://www.emco-world.com [Zugriff am 30. Juni 2025].

Enel Group (2023). *Sustainability Report: Smart Grids and Digital Energy Management*. Verfügbar unter: https://www.enel.com/company/sustainability [Zugriff am 08. April 2025].

ENISA (2024): *Threat Landscape Report for Industrial Systems*. Europäische Agentur für Cybersicherheit. Verfügbar unter: https://www.enisa.europa.eu/publications [Zugriff am: 4. Juni 2025].

ERC (2023): *European Research Council Results & Statistics*. Brussels: European Commission. Verfügbar unter: https://erc.europa.eu [Zugriff: 6. August 2025].

European Automobile Manufacturers Association (2023): *Sustainability Report 2023*. Brussels: ACEA. Verfügbar unter: https://www.acea.auto/publication/sustainability-report-2023 [Zugriff am 9. April 2025].

European Commission (2020) *A European Green Deal – Striving to be the first climate-neutral continent*. Brussels. Verfügbar unter: https://commission.europa.eu
[Zugriff am 2. Juli 2025].

European Commission (2020). *Regulation (EU) 2020/852 on the Establishment of a Framework to Facilitate Sustainable Investment (EU Taxonomy).* Brussels: European

European Commission (2021). Verfügbar unter: https://eur-lex.europa.eu/legal-content/EN/TXT/?uri=CELEX%3A32020R0852 [Zugriff am 1. Mai 2025].

European Commission (2021). *Updating the 2020 New Industrial Strategy: Building a stronger Single Market for Europe's recovery.* Brussels: European Commission. Verfügbar unter: https://eur-lex.europa.eu/legal-content/EN/TXT/?uri=CELEX%3A52021DC0350 [Zugriff am 10. Juni 2025]

European Commission (2022) *Digital Economy and Society Index (DESI).* Verfügbar unter: https://digital-strategy.ec.europa.eu
[Zugriff am 16. Juni 2025].

European Commission (2022): *Digital Education Action Plan 2021–2027.* Brussels: Publications Office of the European Union. Verfügbar unter: https://education.ec.europa.eu [Zugriff am 22 April 2025].

European Commission (2022). *European Chips Act*. Brussels: European Commission. Verfügbar unter: https://digital-strategy.ec.europa.eu/en/policies/european-chips-act
[Zugriff am 14. Mai 2025]

European Commission (2022): *EU Strategy for Responsible and Sustainable Supply Chains*. Brussels. Verfügbar unter: https://commission.europa.eu
[Zugriff am 18. Juli 2025].

European Commission (2023): *AI Act – Regulation on Artificial Intelligence*. Brussels: European Commission. Verfügbar unter: https://digital-strategy.ec.europa.eu
[Zugriff am 12. Juni 2025].

European Commission (2023): *Annual Single Market and Competitiveness Report 2023*. Brussels: European Commission. Verfügbar unter: https://single-market-economy.ec.europa.eu/publications/annual-single-market-and-competitiveness-report-2023 [Zugriff am 4. August 2025].

European Commission (2023): *Corporate Sustainability Reporting Directive (CSRD)*. Verfügbar unter: https://finance.ec.europa.eu/capital-markets-union-and-financial-markets/company-reporting-and-auditing/company-reporting/corporate-sustainability-reporting_en [Zugriff am: 5. Juli 2025].

European Commission (2023). *Critical Raw Materials Act and European Industrial Policy Reports*. Brussels: European Commission. Verfügbar unter: https://single-market-economy.ec.europa.eu/sectors/raw-materials/areas-specific-interest/critical-raw-materials_en [Zugriff am 17. Mai 2025]

European Commission (2023): *Digital Europe Programme – Twin Transition Strategy*. Brussels. Verfügbar unter: https://digital-strategy.ec.europa.eu [Zugriff am 15. Juli 2025].

European Commission (2023): *European Innovation Council – EIC Accelerator Programme Guide*. Brussels: Publications Office of the European Union. Verfügbar unter: https://eic.ec.europa.eu [Zugriff: 7. Juli 2025].

European Commission (2023) *EU-Mercosur Trade Agreement*. Brussels. Verfügbar unter: https://policy.trade.ec.europa.eu [Zugriff am 10. Juli 2025].

European Commission (2023): *Gaia-X Initiative – Digital Sovereignty & Sustainable Data Infrastructure*. Brussels. Seite 12

European Commission (2023): *Green Deal Industrial Plan – Factsheet*. Brussels. Verfügbar unter: https://ec.europa.eu/commission/presscorner/api/files/attachment/874428/Factsheet.pdf [Zugriff am 15. Juli 2025].

European Commission (2023): *Horizon Europe – The EU Research and Innovation programme*. Brussels: Publications Office of the European Union. Verfügbar unter: https://research-and-innovation.ec.europa.eu [Zugriff: 16. Juni 2025].

European Commission (2023): *REPowerEU Plan: Accelerating Europe's Clean Energy Transition*. Brussels: European Commission. Verfügbar unter: https://commission.europa.eu/repowereu_en [Zugriff am 2. Mai 2025].

European Commission (2023): *SME Performance Review*. Brussels: Publications Office of the European Union. Verfügbar unter: https://single-market-economy.ec.europa.eu [Zugriff: 27. Juli 2025].

European Commission (2023). *Tech-war spillover: the EU's moment to scale.* Brussels: European Commission. Verfügbar unter: https://ec.europa.eu/info/publications/tech-war-spillover-eu-industrial-strategy_en [Zugriff am 4. Juli 2025].

European Commission (2024): *EIC Work Programme 2024*. Brussels: European Innovation Council. Verfügbar unter: https://eic.ec.europa.eu [Zugriff: 29. Juni 2025].

European Commission (2024): *Green Digital Transition Strategy – Infrastructure & Energy*. Brussels. Verfügbar unter: https://ec.europa.eu [Zugriff am 18. Juli 2025].

European Commission (2024). *EU Taxonomy for Sustainable Activities*. Verfügbar unter: https://finance.ec.europa.eu/sustainable-finance/tools-and-standards/eu-taxonomy-sustainable-activities_en [Zugriff am 7. Juli 2025].

European Commission (2025): *Omnibus Simplification Package for Sustainability Reporting*. Brüssel. Verfügbar unter: https://ec.europa.eu/info/publications [Zugriff am: 2. August 2025].

European Commission (2025): *Regulation on Corporate Sustainability Due Diligence (CSDDD)*. Brussels. Verfügbar unter: https://ec.europa.eu/info/law/csddd
[Zugriff am 20. Juli 2025].

European Environment Agency (2023): *Europe's Changing Climate Hazards*. Copenhagen: EEA. Verfügbar unter: https://www.eea.europa.eu/publications/europes-changing-climate-hazards
[Zugriff am 29. Juli 2025].

European Innovation Scoreboard (2023): Brussels: European Commission. Verfügbar unter: https://ec.europa.eu/research-and-innovation/en/statistics/performance-indicators/european-innovation-scoreboard [Zugriff am 30. Mai 2025].

European Skills Index (2023): Thessaloniki: CEDEFOP. Verfügbar unter: https://www.cedefop.europa.eu/en/tools/european-skills-index [Zugriff am 1. August 2025].

ESG Today (2025): *EU Unveils Reporting Relief for SMEs*. Verfügbar unter: https://www.esgtoday.com/eu-relief-smes-esg [Zugriff am: 3. Aug. 2025].

EY (2022): *Legal & Compliance in der Transformation*. Stuttgart: Ernst & Young GmbH.

Fareri, S. et al. (2023). *The Energy Worker Profiler for Energy Efficiency in Manufacturing*.

Fasel, M. & Meier, A. (2016). *Big Data: Chancen, Risiken, Geschäftsmodelle*. Springer.

Festinger, L. (1957) *A Theory of Cognitive Dissonance*. Stanford: Stanford University Press.

Flyvbjerg, B. (2013) *Five Misunderstandings About Case-Study Research*. Verfügbar unter: https://org/abs/1304.1186 [Zugriff am 11. Juli 2025].

FH Technikum Wien (2023). *Studienprogramme 2023*. Sustainable Manufacturing. FH Technikum Wien.

Folger, R. (1977): Distributive and Procedural Justice. *Journal of Personality and Social Psychology*, 35(2), Seiten 108–119.

Fraser, K.C., Nejadgholi, I. & Kiritchenko, S. (2021) *Understanding and Countering Stereotypes*.

Fraunhofer IMW (2023): *Trust in Industrial Alliances*. Leipzig: Fraunhofer-Zentrum für Internationales Management und Wissensökonomie. Verfügbar unter: https://www.imw.fraunhofer.de/de/publikationen.html
[Zugriff am 9. Februar 2025].

Fraunhofer IPA (2023): *Industrie 4.0 in der Praxis*. Stuttgart: Fraunhofer-Institut für Produktionstechnik und Automatisierung. Verfügbar unter: https://www.ipa.fraunhofer.de/de/publikationen.html
[Zugriff am 11. Mai 2025].

Fraunhofer ISI (2022): *Krisenreaktionen der Industrie*. Karlsruhe: Fraunhofer-Institut für System- und Innovationsforschung. Verfügbar unter: https://www.isi.fraunhofer.de/de/publikationen.html
[Zugriff am 23. April 2025].

Freeman, C. & Soete, L. (1997): *The Economics of Industrial Innovation*. Cambridge, MA: MIT Press.

Fronius (2023) *Energy Independence & Solar Solutions*. Wels. Verfügbar unter: https://www.fronius.com/de [Zugriff am 20. April 2025].

Furnham, A. & Hughes, D.J. (2014) *Myths and Misconceptions in Popular Psychology.* Teaching of Psychology, 41(3), Seiten 256–270.

Gabriel, M. (2020): *Speech at the European Innovation Summit*, Brussels, 9 December 2020. Verfügbar unter: https://ec.europa.eu
[Zugriff: 2. August 2025].

Gallup (2023): *State of the Global Workplace Report 2023*. Verfügbar unter: https://www.gallup.com/workplace/349484/state-of-the-global-workplace-2023-report.aspx [Zugriff am: 8. April 2025 & 3. Juli 2025].

Gaia-X: *A Federated Secure Data Infrastructure*. (o. J.). Verfügbar unter: https://gaia-x.eu/ [Zugriff am 6. Juli 2025].

Gaia-X: *Europe has a plan to break Google and Amazon's cloud dominance*. WIRED. (2020, 27. Januar). Verfügbar unter: https://www.wired.com/story/europe-gaia-x-cloud-amazon-google
[Zugriff am 02. Juli 2025].

Gaia-X: *the bid for a sovereign European cloud*. Polytechnique Insights. (2025).

Gnyawali, D.R. & Park, B.J. (2011): *Coopetition between Giants: Collaboration with Competitors for Technological Innovation. Research Policy*, 40(5), Seiten 650–663.

Goldin, C. & Rouse, C. (2000): Orchestrating Impartiality: The Impact of “Blind” Auditions on Female Musicians. *American Economic Review*, 90(4), Seiten 715–741.

Green Mountain (2024): *Hydro-powered and green data center operations in Norway*. Verfügbar unter: https://greenmountain.no
[Zugriff am 16. Juli 2025].

Gresb & Jones Day (2025): *Green Data Centres: Pioneering Energy Efficiency and Sustainability in the EU*. Verfügbar unter: https://www.jonesday.com
[Zugriff am 17. Juli 2025].

Grundfos (2023) *Sustainability Performance 2022/23*. Bjerringbro. Verfügbar unter: https://www.grundfos.com [Zugriff am 10. Juli 2025].

GS1 (2023): *Standards für Supply Chain Visibility and Traceability.* Verfügbar unter: https://www.gs1.org [Zugriff am 18. Juli 2025].

GS1 (2024): *Digital Product Passport & Global Standards for Supply Chains*. Verfügbar unter: https://www.gs1.org [Zugriff am 18. Juli 2025].

GT Law (2025): *ESG Reporting Simplification in the EU.* Greenberg Traurig Insights. Verfügbar unter: https://www.gtlaw.com [Zugriff am: 22. Juli 2025].

Harari, Y. N. (2018). *21 Lektionen für das 21. Jahrhundert*. München: C.H. Beck.

Harari, Y. N. (2024). Nexus: Die Zukunft beginnt jetzt. München: C.H. Beck.

Hardin, G. (1968) *The Tragedy of the Commons*. Science, 162 (3859), Seiten 1243–1248.

HBR (2021): *Leading Through Uncertainty. Harvard Business Review*, 99(4), Seiten 50–61. Verfügbar unter: https://hbr.org/2021/07/leading-through-uncertainty
[Zugriff am 14. März 2025].

Hegenberg, J. (2023). *Klima Bullshit Bingo*. München: dtv.

Hirm, W. (2021). *Der Tech-Krieg*. München: Droste.

Hirsch-Kreinsen, H. (2018). *Digitalisierung industrieller Arbeit. Die Vision Industrie 4.0 und ihre sozialen Herausforderungen.* Nomos.

Hirsch-Kreinsen, H. (2020). *Digitale Transformation von Arbeit. Entwicklungstrends und Gestaltungsansätze*. Kohlhammer.

Holcim (2023*). ECOCycle® – Closing the Loop on Construction.* Verfügbar unter: https://www.holcim.com/what-we-do/our-building-solutions/ecocycle [Zugriff am 7. Juli 2025].

Holcim (2024). *ECOPact – Sustainable Concrete Solutions*. Verfügbar unter: https://www.holcim.com/what-we-do/our-building-solutions/ready-mix-concrete/ecopact [Zugriff am 7. Juli 2025].

Holcim Retznei (2023). *Coprocessing Case Study – Austria*. Verfügbar unter: https://cembureau.eu/media/1mclmoxk/230801-coprocessing-case-studies-austria-detailed.pdf [Zugriff am 7. Juli 2025].

Holcim Vienna EPO (2024). *Circular Construction at the European Patent Office*. Verfügbar unter: https://www.linkedin.com/posts/holcim_buildingprogress-circularconstruction-activity-7232311096731136000-dnE0 [Zugriff am 7. Juli 2025].

Hunt, V. et al. (2020): *Diversity Wins – How Inclusion Matters*. McKinsey & Company. Verfügbar unter: https://www.mckinsey.com/featured-insights/diversity-and-inclusion/diversity-wins-how-inclusion-matters [Zugriff am: 26. Juli 2025].

Hyperledger Foundation (2022): *Hyperledger Fabric for industrial supply chains*. Verfügbar unter: https://www.hyperledger.org [Zugriff am 16. Juli 2025].

H&M Group (2023): *Sustainability Performance Report*. Verfügbar unter: https://hmgroup.com/sustainability [Zugriff am: 27. Juli 2025].

IEA (2023) *Energy Outlook – Global Energy Trends*. Paris: International Energy Agency. Verfügbar unter: https://www.iea.org [Zugriff am 10. Juni 2025].

Illeris, K. (2003): *Towards a Contemporary and Comprehensive Theory of Learning*. International Journal of Lifelong Education, 22(4), Seiten 396–406.

IKEA Group (2023): *Sustainability Report 2023*. Verfügbar unter: https://about.ikea.com/en/sustainability [Zugriff am: 12. Mai 2025].

Infineon (2023). *Sustainability Report*. München: Infineon Technologies AG.

Innovation NL (2022): *Fast-Track Innovation in the Dutch Chemical Sector*. The Hague: Innovation NL. Verfügbar unter: https://www.innovation.nl/en/projects/fast-track-innovation [Zugriff am 14. März 2025].

Institut für ökologische Wirtschaftsforschung (IÖW) (2021). *Nachhaltigkeitskriterien für den Einsatz von Künstlicher Intelligenz*. IÖW Berlin.

Interface (2023) *Sustainability Highlights*. Atlanta: Interface Inc. Verfügbar unter: https://www.interface.com [Zugriff am 16. Juni 2025].

Interview: Industry Dialogue Europe (2023) *Bericht zum Wandel im Produktionssektor*, interne Quelle.

IONOS (2024): *PUE und CO_2-Kennzahlen zertifizierter Rechenzentren*. Verfügbar unter: https://www.ionos.de [Zugriff am 16. Juli 2025].

IONOS (2025). *What is Gaia-X?* IONOS DigitalGuide. Verfügbar unter: https://www.ionos.com/digitalguide/server/know-how/what-is-gaia-x/ [Zugriff am 02. Juli 2025].

Jensen, S. et al. (2022). *Real-Time Logistics Optimization for Sustainable Food Supply Chains*. Technical University of Denmark.

Kahneman, D. (2011): *Thinking, Fast and Slow*. New York: Farrar, Straus and Giroux.

Kahneman, D. & Tversky, A. (1979): *Prospect Theory: An Analysis of Decision under Risk*. *Econometrica*, 47(2), Seiten 263–291.

Kemfert, C., Gupta, J. & Kronenberg, M. (2023) *Unlearn CO_2*. Hamburg: Murmann.

Kikuchi, L., Snyder, M. & Vincent, J. (2020): *The Zebra Movement: A New Paradigm for Startups*. New York: Zebra Research Collective.

Kiron, D. et al. (2023): *Reimagining Digital Governance: Human Factors in Tech-Driven Organizations*. MIT Sloan Management Review. Verfügbar unter: https://sloanreview.mit.edu/article/humanizing-digital-governance [Zugriff am: 8. April. 2025].

Kolk, M. and Witthaut, D. (2023): *How digitalisation can create a more sustainable European chemicals industry*. Arthur D. Little/Cefic. Verfügbar unter: https://manufacturingchemist.com [Zugriff am 17. Juli 2025].

KONE Corporation (2021) *Sustainability & Learning*. Helsinki. Verfügbar unter: www.kone.com/de [Zugriff am 16. Mai 2025].

LBBW (2024). *EU-Taxonomie: Nachhaltigkeit Messbar Machen*. Verfügbar unter: https://www.lbbw.de/magazin/specials/fit-for-55/eu-taxonomie/eu-taxonomie_aepoiou3ap_d.html [Zugriff am 17. Mai 2025].

Leclerc (2022). *Unternehmensbericht Lieferkettenstrategie*. Leclerc Group.

Lagarde, C. (2023): Rede auf dem World Economic Forum, Davos. Verfügbar unter: https://www.ecb.europa.eu/press/key/date/2023/html/ecb.sp230118~6bfaeaa26f.en.html [Zugriff am 7. Juni 2025].

Lieberman, D. (2023) *Harvard professor debunks the biggest exercise myths*. Big Think. Verfügbar unter: https://bigthink.com [Zugriff am 11. Juni 2025].

Malik, F. (2001). *Führen, Leisten, Leben. Wirksames Management für eine neue Zeit*. Campus Verlag.

Mazzucato, M. (2013): *The Entrepreneurial State: Debunking Public vs. Private Sector Myths*. London: Anthem Press.

MC-Bauchemie (2023): *Nachhaltigkeit in der Bauchemie – Unsere Verantwortung für morgen*. Bottrop: MC-Bauchemie Müller GmbH & Co. KG. Verfügbar unter: https://www.mc-bauchemie.de [Zugriff: 16. März 2025].

McKinsey & Company (2020): *The Quickening: How Crisis Catalyzes Transformation*. New York: McKinsey & Company. Verfügbar unter: https://www.mckinsey.com/capabilities/strategy-and-corporate-finance/our-insights/the-quickening-how-crisis-catalyzes-transformation [Zugriff am 6. Juni 2025].

McKinsey & Company (2022): *The Future of Manufacturing Productivity*. New York: McKinsey & Company. Verfügbar unter: https://www.mckinsey.com/industries/advanced-electronics/our-insights/the-future-of-manufacturing-productivity [Zugriff am 13. Juli 2025].

MDPI (2021): *Sustainable Supply Chains with Blockchain, IoT and RFID*. Sustainability. Verfügbar unter: https://www.mdpi.com [Zugriff am 16. Juli 2025].

Meindl, B. & Mendonça, J. (2021). Mapping Industry 4.0 Technologies: From Cyber-Physical Systems to AI.

Meixner, H. (2008): Rede zur Eröffnung des Deutschen Laserzentrums, Hannover, 5. Juni 2008. Dokumentiert in: Deutscher Industrie- und Handelskammertag (DIHK).

Merkel, A. (2019): Rede beim Deutschen Mittelstandstag, Berlin, 12. November 2019. Mitschnitt verfügbar unter: https://www.bundesregierung.de [Zugriff: 6. April 2025].

Metsä Fibre (2024). Äänekoski Bioproduct Mill: *Sustainability in Action*. Verfügbar unter: https://www.metsafibre.com [Zugriff am 22. Juni 2025].

Meyer, K. et al. (2022) *Myths in Psychology: Psychological Misconceptions among Spanish Adults*. PMC.

Microsoft (2025a): *Power BI Produktseite – Überblick & Funktionen*. Verfügbar unter: https://www.microsoft.com/de-de/power-platform/products/power-bi?market=de#tabs-pill-bar-ocb9d418_tab0 [Zugriff am: 10. Mai 2025].

Microsoft (2025b): *Power BI Produktseite – Copilot & KI-gestützte Analyse.* Verfügbar unter: https://www.microsoft.com/de-de/power-platform/products/power-bi?market=de#tabs-pill-bar-ocb9d418_tab1 [Zugriff am: 10. Mai 2025].

Milgram, S. (1974): *Obedience to Authority.* New York: Harper & Row.

MSC (2020). *Münchner Sicherheitskonferenz: Zeitenwende-Report.* München: MSC.

Müller, J., Becker, T. and Schmidt, H. (2023): *CHEMChain: Blockchain and IoT for transparent chemical supply chains in Europe.* Journal of Industrial Logistics, 12(4). Verfügbar unter: https://jil-online.org [Zugriff am 18. Juli 2025].

Müller, K., Rammer, C. & Trüby, J. (2020): *Innovation im Mittelstand – Zahlen, Fakten, Perspektiven.* Mannheim: ZEW.

Müller, K., Schmid, T., Schmidt, P. & Wagner, R. (2020): *Hidden Champions – Die Erfolgsstrategien unbekannter Weltmarktführer.* Wiesbaden: Springer Gabler.

Narayanan, A., Bonneau, J., Felten, E., Miller, A. and Goldfeder, S. (2016): *Bitcoin and Cryptocurrency Technologies: A Comprehensive Introduction.* Princeton University Press.

Nickerson, R. (1998): *Confirmation Bias: A Ubiquitous Phenomenon in Many Guises. Review of General Psychology*, 2(2), Seiten 175–220.

Nissen, S.B. et al. (2016) *Publication Bias and the Canonization of False Facts.*

Nomos eLibrary (2023). *Hochqualifizierte unter Globalisierungsdruck.* Nomos.

Novartis (2024): *ESG Highlights & Risk Management Disclosure.* Verfügbar unter: https://www.novartis.com/investors [Zugriff am: 13. Mai 2025].

OECD (2022). *Automation, Skills Use and Training*. OECD Publishing. Verfügbar unter: https://www.oecd.org [Zugriff am 4. April 2025].

OECD (2022): *Economic Outlook 2022*. Paris: OECD. Verfügbar unter: https://www.oecd.org/economic-outlook [Zugriff am 6. August 2025].

OECD (2022): *Employment Outlook 2022*. Paris: OECD. Verfügbar unter: https://www.oecd.org/employment-outlook [Zugriff am 5. August 2025].

OECD (2022) *The Digital Transformation of Jobs: Technology, Jobs and Skills*. Paris: OECD Publishing. Verfügbar unter: https://www.oecd.org [Zugriff am 18. Mai 2025].

OECD (2023): *International Migration Outlook 2023*. Paris: OECD Publishing. Verfügbar unter: https://www.oecd.org [Zugriff am 3. August 2025].

One Click LCA (2024). EU Taxonomy for Buildings and Construction. Verfügbar unter: https://oneclicklca.com/en/resources/articles/eu-taxonomy-for-buildings-construction [Zugriff am 7. Juli 2025].

OVHcloud (2023): *Sustainability Report & PUE Metrics 2023*. Verfügbar unter: https://www.ovhcloud.com [Zugriff am 16. Juli 2025].

Österreichische Post (2023). *Nachhaltigkeitsbericht: Digitale Logistikprozesse.* Verfügbar unter: https://www.post.at/nachhaltigkeit [Zugriff am 20. Juni 2025].

Paulhus, D.L. (1991): Measurement and Control of Response Bias. In: Robinson, J.P., Shaver, P.R. & Wrightsman, L.S. (eds): *Measures of Personality and Social Psychological Attitudes*. San Diego: Academic Press, Seiten 17–59.

PlusServer (2023): *Green Cloud Provisioning für Industrieprozesse: Case Study Covestro*. Verfügbar unter: https://www.plusserver.com [Zugriff am 16. Juli 2025].

Polman, P. (2020): *Speech on Sustainability and Global Supply Chains*, Sustainable Business Insights, Unilever.

PolyTec (2024). *Nachhaltigkeitsbericht*. Verfügbar unter: https://www.polytec-group.com [Zugriff am 03. Juli 2025].

Porter, M.E. & Heppelmann, J.E. (2015): *How Smart, Connected Products Are Transforming Companies*. *Harvard Business Review*, 93(10), Seiten 96–114. Verfügbar unter: https://hbr.org/2015/10/how-smart-connected-products-are-transforming-companies [Zugriff am 29. Juli 2025].

PwC (2024): *Sustainability & Data Integration in European Industry*. Verfügbar unter: https://www.pwc.com/ESGdata [Zugriff am: 15. Juni 2025].

Pymetrics: Whitepaper verfügbar unter: https://www.pymetrics.ai [Zugriff am: 19. Juni 2025].

Raconteur (2024). *Why Airbus is all-in on EU data project Gaia-X*. Verfügbar unter: https://www.raconteur.net/technology/why-airbus-is-all-in-on-eu-data-project-gaia-x [Zugriff am 01. Juli 2025].

Reeves, M., Lang, N. & Carlsson-Szlezak, P. (2020): *The Resilient Organization*. Boston: Boston Consulting Group. Verfügbar unter: https://www.bcg.com/publications/2020/resilient-organization [Zugriff am 9. Februar 2025].

Republik Österreich (2023). *Made in Austria – Sicherung kritischer Infrastruktur*. Bundesministerium für Arbeit und Wirtschaft.

RepRisk (2024). *Company Profile*. Verfügbar unter: https://www.reprisk.com/about-reprisk [Zugriff am 6. Juli 2025].

Riedl, R. (2021): *Digitales Lernen mit Hirn: Neurowissenschaftliche Perspektiven für die betriebliche Weiterbildung*. Wiesbaden: Springer Gabler.

Rifkin, J. (2014): *The Zero Marginal Cost Society*. New York: Palgrave Macmillan.

Roche (2023): *Annual Diversity and Inclusion Report*. Verfügbar unter: https://www.roche.com/sustainability/diversity [Zugriff am: 29. April 2025].

Roche (2023): *Employee Experience Report 2023*. Verfügbar unter: https://www.roche.com/sustainability/workplace [Zugriff am: 22. April 2025].

Rosling, H., Rosling, O. & Rönnlund, A.R. (2018) *Factfulness*. London: Sceptre.

Saint-Gobain (2023). *Rigips Recycling for Sustainable Building*. Verfügbar unter: https://www.saint-gobain.com/en/newsroom/news/rigips-recycling-pilot-program
[Zugriff am 7. Juni 2025].

Salah Uddin Ahmed et al. (2019). Analytics-Driven Digital Platform for Regional Growth and Development: A Case Study from Norway. arXiv preprint. Verfügbar unter: https://org/abs/1901.07584
[Zugriff am 7. Juli 2025].

Salis, A., Marguglio, A., De Luca, G. and Razzetti, S. (2022): *An Edge-Cloud based Reference Architecture to support cognitive solutions in the Process Industry*. Verfügbar unter: https://org/abs/2202.06622
[Zugriff am 15. Juli 2025].

Salzgitter AG (2023) SALCOS – *Sustainable Steel*.Verfügbar unter: https://www.salzgitter-ag.com [Zugriff am 14. Mai 2025].

Samuelson, W. & Zeckhauser, R. (1988): *Status quo bias in decision making*. *Journal of Risk and Uncertainty*, 1(1), Seiten 7–59.

Santarius, T. et al. (2023). *Digitalization and the Decoupling Debate*. European Journal of Futures Research.

SAP SuccessFactors: Whitepaper verfügbar unter
https://www.sap.com/products/hcm.html
[Zugriff am 17. Juni 2025].

Schneider Electric (2023) *Sustainability Impact Report. Rueil-Malmaison.* Verfügbar unter: https://www.se.com [Zugriff am 3. Juni 2025].

Schumpeter, J.A. (1934): *The Theory of Economic Development*. Cambridge, MA: Harvard University Press.

Schumpeter, J.A. (1942) *Kapitalismus, Sozialismus und Demokratie*. New York: Harper & Brothers.

ScienceDirect (2024). *Forging a green future: Synergizing Industry 4.0 technologies and circular economy*. ScienceDirect.

SHRM (2021): *Employee Feedback Fatigue and Survey Strategies*. Verfügbar unter: https://www.shrm.org [Zugriff am: 9. Juni 2025].

Siemens AG (2021) *Learning Factory Initiative – Empowering Employees for the Digital Future*. Verfügbar unter: https://new.siemens.com [Zugriff am 1. Mai 2025].

Siemens AG (2022) *Sustainability Report 2022*. München. Verfügbar unter: https://new.siemens.com [Zugriff am 3. Mai 2025].

Siemens (2023): *Blockchain fürs Klima: Das Estainium Network*. Siemens AG. Verfügbar unter: https://www.siemens.com/estainium [Zugriff am 18. Juli 2025].

Siemens AG (2023): *Hydrogen and Energy Storage Investments*. Munich: Siemens AG. Verfügbar unter: https://press.siemens.com/global/en/pressrelease/siemens-invests-hydrogen-and-energy-storage [Zugriff am 7. August 2025].

Siemens (2023). *Siemens Business Conduct Guidelines*. Verfügbar unter: https://assets.new.siemens.com/siemens/assets/api/uuid%3A46d5a79e-f5fb-40d0-8198-e459f1ca5f87/siemens-business-conduct-guidelines.pdf [Zugriff am 6. Juli 2025].

Siemens Gamesa (2023). *Sustainability Brief*. München: Siemens Energy.

Sigl, K. (2023). *Nachhaltigkeit und Digitalisierung – (k)ein unternehmerisches Dilemma*. Wiesbaden: Springer Gabler.

Simon, H. (2012): *Hidden Champions – Aufbruch nach Globalia: Die Erfolgsstrategien unbekannter Weltmarktführer*. Frankfurt am Main: Campus Verlag.

Sucharitha, G. et al. (2022). *The impact of green manufacturing in Industry 4.0 for future ecosystems*. Cloud Analytics for Industry 4.0. De Gruyter.

Taylor, L. & Kowalski, R.C. (2004) *Myths and Misconceptions: Beliefs That Are Held Contrary to Known Evidence*. In: Furnham & Hughes (2014).

TechRadar (2025). *Europe needs to decouple from Big Tech USA: Here's 5 ways it can be achieved*. Verfügbar unter: https://www.techradar.com [Zugriff am 6. Juli 2025].

Telekom (2022): *Diversity & Inclusion bei der Deutschen Telekom*. Verfügbar unter: https://www.telekom.com/de/verantwortung/vielfalt [Zugriff am: 16. Mai 2025].

Textio: Whitepaper verfügbar unter: https://textio.com [Zugriff am: 4. Juni 2025].

Too Good To Go (2024). *Unternehmensprofil*. Verfügbar unter: https://toogoodtogo.org/de [Zugriff am 14. Juni 2025].

Trumpf (2023): *Nachhaltigkeit bei TRUMPF – Technologien für morgen*. Ditzingen: TRUMPF GmbH + Co. KG. Verfügbar unter: https://www.trumpf.com [Zugriff: 20. Juni 2025].

TrusTrace (2024). *Product Traceability for Sustainable Fashion*. Verfügbar unter: https://www.trustrace.com [Zugriff am 01. Mai 2025].

Tunley Environmental (2025). *EPDs for Sustainable Construction*. Verfügbar unter: https://www.tunley-environmental.com/en/insights/epds-for-sustainable-construction-tunley-environmental [Zugriff am 18. Mai 2025].

Tyler, T.R. & Lind, E.A. (1992): A Relational Model of Authority in Groups. *Advances in Experimental Social Psychology*, 25, Seiten 115–191.

Umicore (2023) *Annual Report*. Brüssel. Verfügbar unter: https://www.umicore.com [Zugriff am 24. Mai 2025].

UNECE (2022): *Blockchain for Responsible Supply Chains in Agriculture and Apparel*. Geneva. Verfügbar unter: https://unece.org [Zugriff am 17. Juli 2025].

Uptime Institute (2024): *Global Data Center Power Trends*. London. Verfügbar unter: https://uptimeinstitute.com [Zugriff am 16. Juli 2025].

Vaude (2023) *Nachhaltigkeitsbericht*. Tettnang. Verfügbar unter: https://www.vaude.com [Zugriff am 3. April 2025].

VDMA (2022): *Industrie 4.0 im Mittelstand – Erfolgsfaktoren in der Krise*. Frankfurt am Main: Verband Deutscher Maschinen- und Anlagenbau e.V. Verfügbar unter: https://industrie40.vdma.org/viewer/-/v2article/render/63388964 [Zugriff am 17. April 2025].

VDMA (2023): *Stellenmarktstudie Legal/Reporting im Maschinenbau*. Frankfurt: Verband Deutscher Maschinen- und Anlagenbau.

Vestas (2023): *Annual Sustainability Report*. Aarhus: Vestas Wind Systems. Verfügbar unter: https://www.vestas.com/en/sustainability/sustainability-report [Zugriff am 4. August 2025].

Vestas (2023). *Sustainability Strategy*. Verfügbar unter: https://www.vestas.com/en/sustainability/sustainability-strategy [Zugriff am 05. Juli 2025].

Voestalpine (2024). *greentec steel – Sustainable Steel Production*. Verfügbar unter: https://www.voestalpine.com/blog/en/sustainability/steel-the-recycling-wonder/ [Zugriff am 17. Juni 2025].

Volkswagen AG (2023). *Nachhaltigkeitsbericht: CO_2-neutrale Produktion in Zwickau*. Verfügbar unter: https://www.volkswagen-newsroom.com [Zugriff am 1. Mai 2025].

Volvo Group (2024): *Sustainability Report*. Verfügbar unter: https://www.volvogroup.com/en/sustainability.html [Zugriff am: 17. Juli 2025].

VTT Technical Research Centre of Finland (2023). *Smart Grids and Household Demand Management*. Verfügbar unter: https://www.vttresearch.com [Zugriff am 13. April 2025].

Watzlawick, P., Weakland, J.H. & Fisch, R. (1974) *Change – Principles of Problem Formation and Problem Resolution*. New York: Norton.

Wienerberger (2022). *Modular Building Solutions for Circular Construction*. Verfügbar unter: https://www.wienerberger.com [Zugriff am 17. Juni 2025].

Wienerberger (2023). *Unternehmensbericht zur Elektrifizierung des Brennofens in Uttendorf*. Wienerberger Österreich. Verfügbar unter: https://www.wienerberger.com [Zugriff am 7. Februar 2025].

Wikipedia (2024). *Verordnung (EU) 2020/852 (Taxonomieverordnung)*. Verfügbar unter: https://de.wikipedia.org/wiki/Verordnung_%28EU%29_2020/852_%28Taxonomieverordnung%29 [Zugriff am 23. April 2025].

WIPO (2023): *Global Innovation Index 2023*. Geneva: World Intellectual Property Organization. Verfügbar unter: https://www.wipo.int/global_innovation_index/en/2023 [Zugriff am 11. März 2025].

World Economic Forum (2023): *Global Manufacturing Index 2023*. Geneva: WEF. Verfügbar unter: https://www.weforum.org/reports/global-manufacturing-index-2023 [Zugriff am 14. Apirl 2025].

World Economic Forum (2023): *Global Risk Report 2023*. Geneva: WEF. Verfügbar unter: https://www.weforum.org/reports/global-risks-report-2023 [Zugriff am 5. Juli 2025].

World Economic Forum (2024) *Global ESG Perceptions Survey*. Davos. Verfügbar unter: https://www.weforum.org [Zugriff am 17. Juni 2025].

Zampa Partners (2024). *EU Taxonomy in Practice*. Verfügbar unter: https://zampapartners.com/insights/eu-taxonomy
[Zugriff am 16. Mai 2025].

ZF Group (2022): *ZFiTback-Initiative 2022 – Interne Erfolgsanalyse*. Friedrichshafen: ZF Friedrichshafen AG.

Zuboff, S. (2019): *The Age of Surveillance Capitalism: The Fight for a Human Future at the New Frontier of Power*. New York: PublicAffairs.